해답집

수학없는 물리

엄정인 | 임동건 공역

CONCEPTUAL Physics

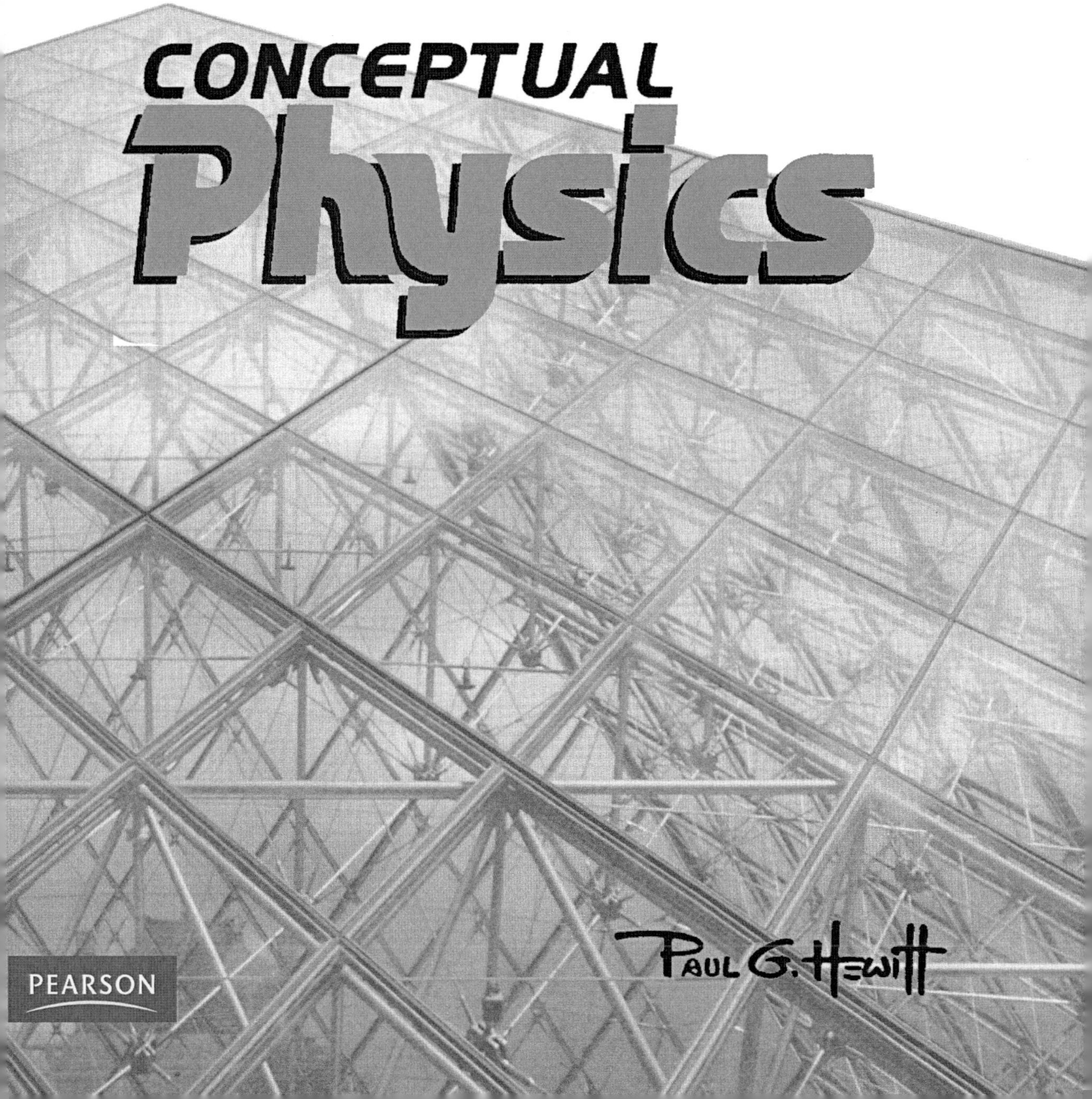

PAUL G. HEWITT

PEARSON

제 1 장
자연과학에 대하여

1장 연습문제

1. 과학적 사기행각에 대한 처벌은 전문직에서 제명이다.

2. (a) 이것은 잘못에 대한 테스트가 있었으므로 과학적인 가정이다. 예를 들면 풀에서 엽록소를 추출할 수 있으며 색깔을 확인할 수 있다.
   (b) 이 설명은 틀렸다는 것을 입증할 방법이 없으며 과학적인 가정이 아니다. 이것은 하나의 추론에 불과하다.
   (c) 이것은 과학적인 가정이다. 예를 들면 달의 위치에 대응되지 않는 조석을 입증함으로써 잘못된 것임을 입증할 수 있다.

3. 아리스토텔레스의 가정은 부분적으로 옳다. 식물을 구성하는 물질은 그 일부가 토양에서 오나 주로 공기와 물에서 공급된다. 흙이 담긴 그릇에서 식물배양실험을 생각해보자. 자라난 후 그릇의 식물은 무거워진다. 자라난 식물이 더 무거워진다는 사실은 이 식물은 토양이 제공한 것보다 많은 물질들로 구성되어 있다는 증거이다. 식물에 공급한 물량을 기록하고 증발로 사라지는 물을 최소화하도록 플라스틱 덮개로 흙을 덮어라. 그러면 자라난 식물의 무게는 흡수된 물의 무게와 비교될 수 있다. 식물이 흡수한 공기의 무게는 어떻게 어림잡을 수 있을까?

4. 공식적으로 여러분의 견해에 대한 심정을 바꾸는 것은 나약함이라기보다 강인함을 표시하는 것이다. 자기 견해를 확고히 하기보다 반대 증거와 대결할 때 견해를 바꾸는 데에는 더 큰 용기가 필요하다. 한 사람의 세계에 대한 견해와 의견이 평생의 수많은 경험 후에도 차이가 없다면 그 사람은 초년에 유별난 지혜 혹은 아무것도 배우지 않고 놀라운 축복을 받은 것이다. 아무것도 배우지 않은 경우가 더 그럴 것이다. 교육이란 현재까지 모르고 있던 것을 배우는 것이며 교육의 후기 단계에서 모든 것을 안다고 생각하는 것은 건방진 태도이며 교육시점에서 그렇게 생각하는 것은 어리석은 일이다.

5. 이와 같은 예들은 수없이 많다. 예를 들면 전기에 대한 지식은 매우 유용하다는 것이 입증되었다. 전기로 상처를 입고 전기를 이해하는 사람들은 전기로 상처를 입고 이해하지 못하는 사람들보다 극소수에 지나지 않는다. 전기에 대한 공포는 인간의 일반적인 건강과 태도에 유용하기보다 훨씬 해롭다.

6. 태양의 반경은 약 7×10^8m 이다. 지구와 달 사이의 거리는 약 4×10^8m 이다. 그러므로 태양의 반경은 지구와 달 사이의 거리의 거의 두 배가 되며 매우 크다. 현재의 거리에 있는 지구와 달은 태양 범위 내에 잘 맞는다. 태양은 놀랄만큼 크다.

7. 가장 있음직한 오해는 이론과 가정 사이의 차이점이다. 보편적인 관례에서 잠정적이거나 사색적인 이론은 추측 또는 가정을 의미할 수 있다. 그러나 과학에서 이론은 확인된 정보 체계의 종합체이다(즉, 세포이론 또는 양자이론). 이론의 가치는 유용성이다(이론의 진실성이 아닌).

8. 관계가 있다. 두 비 사이에는 기하학적인 연관성이 있다. 밑 그림이 보이는 바와 같이 이 값들은 거의 같다.

$$\frac{\text{장대그림자}}{\text{장대높이}}=\frac{\text{알렉산드리아}-\text{시에네거리}}{\text{지구반경}}$$

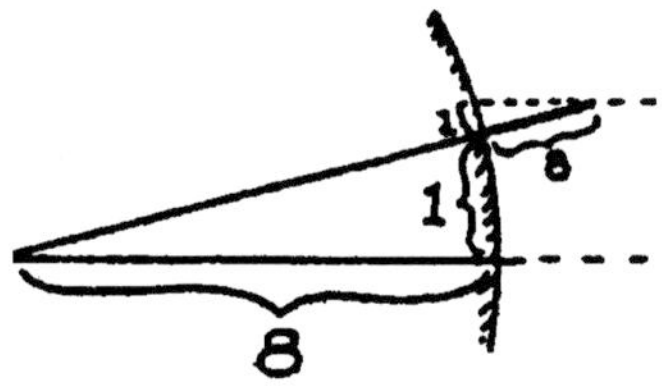

위의 한 쌍의 비에서 알렉산드리아와 시에네 사이의 거리가 주어지면 지구의 반경이 계산될 수 있다.

9. 작은 행성 표면에서 장대의 각은 햇빛에 상대적으로 클 것이기 때문에 그림자는 길어질 것이다. 그림자와 장대 높이의 비는 앞의 연습문제에서의 1:8보다 커질 것이다.

10. 그렇다. 많은 예들을 음악, 건축, 그림, 시 및 심지어 뛰어난 사색과 같은 분야에서 찾을 수 있다. 이 목록은 거의 끝없이 많다.

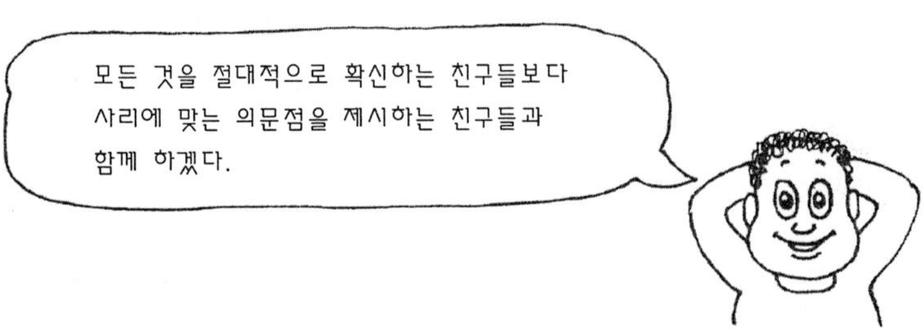

제 2 장
뉴턴의 제1 운동법칙

2장 연습문제

1. 외력이 없는 한 구르는 공은 계속 굴러갈 것이다. 속도가 떨어지는 것은 마찰력 때문이다.

2. 코페르니쿠스와 동시대의 다른 사람들은 지구가 계속 운동할 수 있도록 굉장한 힘이 지구를 연속적으로 밀고 있다고 생각하였다. 코페르니쿠스는 관성에 대한 개념에 익숙하지 않았다. 물체가 일단 운동 상태에 있으면 운동을 유지시켜 주는 데 힘이 필요치 않다는 것을 이해하지 못하였다(마찰이 없다고 가정).

3. 물체가 떨어지는 속도비율이 무게에 비례한다는 아리스토텔레스의 개념을 갈릴레오는 믿지 않았다.

4. 운동하는 물체는 운동을 계속하기 위해 힘이 요구된다는 개념을 갈릴레오는 제거하였다. 마찰을 무시하는 한 물체의 운동을 유지시키기 위해서가 아니라 운동을 “변화”시키는 데 힘이 필요하다는 것을 보였다.

5. 갈릴레오가 관성의 개념을 제안하였다(뉴턴이 태어나기 전).

6. 아무것도 소행성들의 움직임에 영향을 주지 않는다. 태양의 힘은 소행성들을 경로에서 벗어나게 하나 소행성들이 계속 움직이도록 영향을 주지는 않는다.

7. 아무것도 탐사위성을 움직이도록 영향을 주지 않는다. 추진력이 없으면 탐사위성은 일직선으로 계속 이동할 것이다.

8. 여러분의 친구는 다음과 같은 사실을 배워야 한다. 관성은 지구가 움직이는 것과 같이 물체의 운동을 유지시켜주는 어떤 종류의 힘이 아니라 힘이 작용하지 않을 때 물체의 운동을 계속하도록 하는 물체의 특성에 주어진 이름이다. 그러므로 여러분의 친구는 지구의 운동을 유지시켜 주는 데에는 아무 힘도 필요치 않다고 말해야 한다. 흥미롭게도 태양은 아무 힘도 작용하지 않으면 직선경로를 택하는 지구를 회전하도록 만드나 지구 운동을 지속시켜 주지는 않는다. 이것이 관성의 개념이다.

9. 동료 친구에게 동의하지 말아야 한다. 외력이 없으면 정지해 있는 물체는 계속 정지해 있으려고 하며 운동하는 물체는 계속 운동하려고 한다. 관성은 어떤 종류의 힘이 아니라 위와 같이 처신하는 물체의 "특성"이다.

10. 팀이 식탁보를 약하긴 하나 위로 끌어당기면 접시를 들어 올려 정지해 있는 접시는 계속 정지해 있으려고 하는 실험을 망가뜨릴 것이다. 식탁보는 접시가 정지 상태에 놓여있도록 수평으로 이동해야 한다.

11. 공의 경향은 정지 상태에 머물러 있으려고 한다. 상자 외부 입장에서 볼 때 상자의 뒷부분이 공을 향해 움직일 때에 공은 제자리에 머물러 있는다(마찰 때문에 공은 상자 면을 따라 구를 것이고 마찰이 없으면 면은 공 아래에서 미끄러질 것이다).

12. 전체 두루마리 관성은 종이 한 장과 종이를 재빨리 잡아당겨 생기는 가속도에 저항한다. 종이 수건을 천천히 잡아당기면 작은 가속도가 두루마리에 작용해 풀린다. 이것은 그림 2.4의 매달려 있는 공 및 줄의 상황과 유사하다.

13 뉴턴의 제1법칙에 따라 우리의 몸은 정지해 있으려고 한다. 뒷좌석이 여러분을 앞으로 민다. 머리 뒤에 받침힘이 없다면 머리는 몸과 함께 앞으로 밀리지 않아서 목 부상을 당하게 된다. 그러므로 의자에 붙어 있는 머리 베개를 권장한다.

14. 정지해 있는 차 안에서 사람은 정지해 있으려고 한다. 자동차가 뒤에서 충돌하면 차는 흔들리며 앞으로 돌진하여 몸과 머리는 앞쪽으로 움직인다. 머리 베개가 없으면 머리를 뒤에 남겨둔 채 몸을 앞으로 이동시키려 한다. 그러므로 목 부상을 당하게 된다.

15. 관성법칙은 두 경우 모두에 적용된다. 차가 속도를 늦출 때 사람은 처음 속력으로 계속 움직이려하여 앞으로 기울어진다. 차가 속력을 낼 때 탑승자는 속력을 내기 전(낮은) 속력을 유지하려고 하며 급히 뒤쪽으로 기울어진다.

16. 자동차는 처음 속력의 두 배 빠른 속력을 유지하지 않는다. 그 대신 뉴턴의 제1법칙에 따라 공기저항과 도로마찰로 인해 시간 내에 감소한 반속력을 유지할 것이다.

17. 쇼핑카트에 작용하는 마찰력이 없다면 미는 것을 중단하여도 계속 운동할 것이다. 그러나 마찰력이 작용하여 카트는 점점 느려질 것이다. 외력이 작용하고 있기 때문에 이것은 관성법칙을 위반하지 않는다.

18. 운동하는 물체는 계속 운동을 유지하려고 하므로 그림 2.5에서와 같이 망치머리가 손잡이에 압축을 가하듯이 척추 뼈들은 서로 압력을 가한다. 사람이 아침보다 밤에 키가 작아지는 것은 압축결과이다. 척추 뼈는 엎드린 자세에서 잘 때 분리되므로 아침이면 원래 신장을 회복하게 된다.

19. 볼링공에 작용하는 힘이 없다면 볼링공은 속력 감소 없이 운동을 계속할 것이다. 그러나 레인을 따른 가벼운 마찰과 공기 끌림이 작용하기 때문에 볼링공은 속력이 떨어진다. 외력이 작용하고 있기 때문에 이 현상은 전혀 관성법칙에 어긋나지 않는다.

20. 최대 알짜힘은 두 힘이 같은 방향으로 평행할 때 즉 32N이며 최소 알짜힘은 두 힘이 평행하고 서로 반대방향일 때 즉, 8N이다.

21. 역학적인 평형상태에서 모든 힘의 벡터 합, 즉 알짜힘은 필연적으로 영과 같다 : $\sum F=0$

22. 위로 향한 힘은 덩굴에 걸리는 장력이다. 아래로 향한 힘은 중력이다. 원숭이가 매달려 평형상태에 있을 때 두 힘은 크기가 같다.

23. 영이 아닌 단 하나의 힘이 물체에 작용한다면 물체의 운동은 변할 것이며 역학적인 평형상태에 있지 않다. 평형상태를 유지하려면 알짜힘이 영이 되도록 다른 힘들이 있어야 할 것이다.

24. 경로의 최고 정점(과 경로의 모든 점)에서 중력은 공의 운동을 변화하도록 작용한다. 최고 정점에서 순간적으로 정지한다 하여도 공에 작용하는 알짜힘은 영이 아니므로 공은 평형상태에 있지 않다.

25. 아이스하키 퍽이 속력변화 없이 직선으로 운동한다면 마찰력은 무시할 수 있다. 따라서 알짜힘은 실제로 영이며 퍽은 동역학적 평형상태에 있다고 볼 수 있다.

26. 정지해 있는 물체에는 알짜힘이 작용하지 않는다고 말할 수 있다. 그러나 알짜힘을 만드는 많은 힘들이 작용할 수 있다. 알짜힘이 영일 때 물체는 정적 평형상태에 있다.

27. 저울 눈금은 넬리 몸무게의 반을 표시할 것이다. 따라서 알짜힘(왼쪽 줄을 위로 끌어당기는 힘+오른쪽 줄을 위로 끌어당기는 힘−몸무게=0)은 영이다.

28. 왼쪽 그림에서 헤리의 무게(앞 문제의 어린 소녀와 같이)는 두 가닥 줄에 의해 유지된다. 그러므로 각 줄은 파괴점 이하 250N의 힘을 받는다. 줄이 공급하는 위로 향한 힘은 아래로 향한 몸무게와 같으므로 알짜힘은 영이며 가속도도 영이다.
오른쪽 그림에서 헤리는 한 줄에 매달려 있어 헤리의 안전은 500N의 장력을 요구한다. 이 힘은 줄이 지탱하는 파괴점을 넘어섰으므로 줄은 끊어진다. 헤리에 작용하는 알짜힘은 단지 아래 방향으로 가속되는 g에 의한 몸무게이다. 지상에 떨어져 갑자기 속도가 영이 되면 피해를 입어 휴가계획을 변경해야 한다.

29. 들어올릴 수 있는 한계는 그의 몸무게와 같은 짐이다. 이 한계를 넘으면 짐은 지면에 머문다.

30. 800N이다. 도르레는 단순히 작용력의 방향을 바꾼다.

31. 책이 아래 방향으로 가속되는 것을 막는 힘은 받침(수직)힘으로 책상이 책을 위로 밀어올리는 힘이다.

32. 두 가지 중요한 힘이 책에 작용한다. 중력에 의한 힘과 책상의 받침힘(수직항력)이다.

33. 탁자면이 수평일 때 수직항력은 가장 크며 탁자의 기울어지는 각이 증가함에 따라 감소한다. 기울어짐 각이 90° 에 근사적으로 접근함에 따라 수직항력은 영에 접근한다. 탁자면이 90° 일 때 책에는 어떤 압력도 작용하지 않으며 자유 낙하한다.

34. 관계없다. 책이 미끄러운 얼음 위에 또는 센드페퍼 위에 있거나 수직항력은 같다. 책이 책상면을 따라 미끄러지거나 또는 미끄러지려고 할 때가 아니라면 마찰은 아무런 역할도 하지 않는다.

35. 위로 향한 힘이 단지 작용하는 힘이라면 책은 떠오를 것이다. 그러나 중력에 의한 다른 힘이 알짜힘을 영으로 만들기 때문에 책은 떠오르지 않는다.

36. 마루에 서 있을 때 마루는 여러분의 무게인 중력과 같은 크기의 힘으로 여러분의 발을 위로 밀어 올린다. 이 위로 향한 힘(수직항력)과 여러분의 무게는 서로 반대 방향을 향하며 동일 신체에 작용하므로 알짜힘이 영이 되도록 상쇄되므로 여러분은 가속되지 않는다.

37. 물이 없을 때 수직항력은 W이다. 물이 채워졌을 때 수직항력은 $W+w$이다.

38. 상자에 작용하는 마찰력은 끌어당기는 힘과 반대로 향한 200N이다.

39. 마찰력은 일정한 속력에 대해 600N이다. 단지 $\sum F=0$이다.

40. 마루에 작용하는 상자 속 짐의 무게가 감소하면 상자에 작용하는 수직항력은 감소한다. 상자를 마루에서 완전히 들어 올리면 상자에 작용하는 마루의 수직항력은 영이다. 일꾼의 발에 작용하는 수직항력은 짐이 마루에서 일꾼으로 이전되므로 이에 대응해서 증가한다. 짐이 마루에서 떨어져 정지 상태에서 무게가 사람에게 이동되면 사람에게 작용하는 수직항력은 증가한다.

41. 줄에 작용한 알짜힘은 영이다. 줄이 두 사람 각각에 작용하는 힘은 300N(반대 방향으로)이다.

42. 이 두 힘은 알짜힘이 영이 되도록($\sum F=0$) 크기가 같고 방향이 반대이다. 따라서 낙하산병은 동적인 평형상태에 있다.

43. 우리들은 휩쓸려 쓰러지지 않는데 우리가 타고 있는 자동차가 굉장히 빨리 움직이는 것과 같이 우리들은 지구와 같이 빠르게 여행하고 있기 때문이다. 또한 지구가 통과하는 곳에는 우리가 쓰고 있는 모자를 날려버리고 날을 만한 대기는 없다.

44. 정지 상태에서 방출된다면 돌은 수직으로 떨어질 것이다. 돌이 움직이는 배의 돛대 꼭대기에서 떨어진다면 떨어질 때 공기끌림을 무시할 수 있고 배의 운동이 일정하고 직선이라고 가정하면 수평방향의 운동은 변하지 않는다. 이동하고 있는 배의 기준계에서 돌은 수직선 경로를 따라 돛대 밑에 안착할 것이다.

45. 운동 중에 있는 물체는 그 운동에 머무르려고 한다. 그러므로 여러분의 발이 지구와 접촉해있든 아니든 여러분의 발은 운동하는 지구와 같이 움직인다. 뛰어올랐을 때 수평운동은 지구의 운동과 같으며 지구와 같이 이동할 것이다. 따라서 벽이 여러분에게 다가와 닫지 않는다.

46. 동전을 위로 던져 올릴 때 동전은 여러분을 따라서 함께 움직인다. 공기 속에 머무는 동안 앞을 향한 운동을 계속하여 동전은 여러분 손에 떨어진다. 동전이 공중에 더 있는 사이에 기차가

천천히 움직이게 되면 동전은 여러분 앞에 떨어질 것이다. 또한 기차가 회전하면 동전은 여러분을 벗어나 옆으로 떨어질 것이다. 동전은 관성법칙에 따라 수평운동을 계속한다.

47. 이 경우는 문제 44와 유사하다. 일정한 속도(직선상의 일정한 속력)로 이동하는 열차에서 공을 쏜다면 발사 전후에 공의 수평방향 운동은 열차의 운동과 같으므로 공은 열차가 정지해 있을 때 예상과 같이 굴뚝에 떨어진다. 열차가 속력을 바꾸면 공의 수평방향 속력은 열차 속력에 맞아야 하기 때문에 공은 굴뚝에 떨어지지 않을 것이다. 마찬가지로 원 궤도에서 열차가 접선방향에서 벗어나 회전하는 동안 공은 궤도의 접선 방향을 따라 움직이므로 굴뚝에서 벗어날 것이다. 그러므로 첫 번째 경우 공은 굴뚝으로 돌아오나 두 번째 및 세 번째 경우에 공은 운동변화 때문에 굴뚝을 벗어나게 된다.

48. 연습문제 46의 답에서 이동하고 있는 열차에서 던져 올린 동전의 수평방향 속력은 기차의 속력에 영향 받지 않음을 알았다. 그리고 연습문제 45에서 지구 회전은 벽을 상대로 뛰어 오른 여러분의 운동에 영향을 주지 않음을 보았다. 마찬가지로 비행기의 지구에 대한 상대속력은 지구 회전에 의해 영향 받지 않는다. 모든 경우에 운동하는 기준 계에 대한 운동(기차, 방, 지구)은 마치 기준계가 정지해 있는 것과 같다. 비행기의 경우 비행기가 날고 있는 공기는 지구와 함께 이동되고 있으므로 공기에 상대적으로 고정된 속력으로 날고 있으므로 지구 표면에 대해 고정된 속력으로 비행하는 것이다.

실전문제

1. 두 저울의 눈금이 각각 350N을 표시하므로 루시의 무게는 700N이다.

2. 한 저울에 800N을 표시하므로 다른 저울은 400N을 표시한다.
($2x+x=1200\text{N}$; $3x=1200\text{N}$, $x=1200\text{N}/3=400\text{N}$)

3. 평형규칙으로부터 $\sum F=0$, 위로 향한 힘은 800N 및 아래로 향한 힘은 500N+발판의 무게. 그러므로 발판의 무게는 300N이다.

4. 평형규칙으로부터 $\sum F=0$. 위로 향한 힘은 (800N+오른쪽 저울에 나타나는 장력)이다. 이 힘의 합은 아래로 향한 힘 500N+400N+400N과 같아야 한다. 수치 계산은 오른쪽 저울에 나타난 눈금은 500N이다.

제 3 장
선형운동

3장 연습문제

1. 충돌속력은 상대속도이므로 2km/h임(100km/h − 98km/h = 2km/h).

2. 상대속력은 0이므로 강 상류로 이동해 가지 못함(8km/h − 8km/h = 0).

3. 벌칙금은 속력계나 전파탐지기에 기록된 순간속력에 대한 것이다.

4. 두 비행기의 속력은 정확히 같으나 속도는 다르다. 속도는 방향을 포함한다. 두 비행기의 방향이 서로 반대이므로 속도는 반대 방향이다. 두 비행기 속력과 방향이 같을 때에만 두 속도는 같아질 것이다.

5. 일정한 속도는 가속도를 갖지 않으므로 빛의 가속도는 0이다.

6. 가질 수 있다. 속도와 가속도는 같은 방향이 아닐 수 있다. 예를 들면 속도를 줄이면서 북쪽으로 달리고 있는 자동차는 남쪽으로 가속된다.

7. 자동차는 제한속력의 두 배로 접근하고 있다.

8. 바꿀 수 있다. 속도와 가속도는 같은 방향일 필요는 없다. 예를 들어 위로 던진 공은 최고점에 도달하여 진행방향을 반대로 바꾸는 반면에 아래 방향을 향한 g는 변하지 않는다(이 아이디어는 제4장에서 설명될 것이다). 공의 속력이 0인 점에서 공의 가속도가 영이라면 공의 속력은 영으로 남아서 궤도의 최고점에 머무를 것이다.

9. 속력계의 바늘 표시가 바뀔 때 가속도가 발생하며 바뀌지 않을 때 가속도는 영이다.

10. "가속질주용 경주차가 100km/h의 등속력으로 곡선도로를 달린다." 일정한 속도는 일정한 속력뿐만 아니라 일정한 방향을 가짐을 의미한다. 곡선을 따라 회전하는 차는 운동방향을 바꾼다.

11. (a) 그렇다. 방향이 변하기 때문에 속도가 변한다.
    (b) 그렇다. 속도가 변하기 때문에 가속도가 변한다.

12. 에밀리가 옳다. 제이콥은 속력을 설명하고 있다. 가속도는 속력의 시간변화율이므로 에밀리가 주장하는 바와 같이 "가속도란 얼마나 빨리 속도를 낼 수 있는가"를 의미한다.

13. 이 속도에 관여된 시간을 모른다면 어떤 차가 더 큰 가속도로 달리는 지 말할 수 없다.

14. 원이나 곡선을 따라 이동하는 물체는 방향이 변하기 때문에 속력이 일정하다고 할지라도 속도(가속되므로)가 변한다. 일정한 속도로 운동하는 물체는 일정한 방향과 일정한 속력을 가지므로 일정한 속도와 변하는 속력을 가지는 운동의 예는 없다.

15. 수직으로 던진 물체는 궤도의 제일 높은 점에서 속력은 0이지만 가속도 g를 갖는다.

16. 일정한 속력으로 원 경로를 따라 운동하는 물체는 속도가 방향을 바꾸기 때문에 일정한 속력에 가속이 적용되는 간단한 예이다. 일정한 속도는 영의 가속도를 의미하므로 두 번째 경우의 예는 보일 수가 없다. 일정한 속도로 운동하는 동안에는 가속도는 영이며 가속되지 않는다. 가속 없이 가속되는 물체의 예는 없다.

17. (a) 운동할 수 있다. 마찰이 없는 수평면 상에서 미끄러지거나 구르는 물체를 예로 들 수 있다.
(b) 가속될 수 있다. 수직으로 던진 물체가 궤도의 가장 높은 정점에 도달했을 때이다.

18. 속도가 감소할 때, 즉 공이 위로 올라가거나 자동차가 정지하기 위해 브레이크를 밟을 때 물체에 작용하는 가속도는 속도방향의 반대방향이다.

19. 단지 가운데 그림의 언덕에서 속력은 시간에 따라 감소하는데 언덕의 경사가 운동이 진행됨에 따라 낮아지기 때문이다. 언덕이 낮아져 평면이 되면 가속도는 영이 될 것이다. 오른쪽 그림의 언덕에서 경사가 급해지므로 가속도는 증가할 것이다. 위의 세 그림의 경우 속력은 증가한다.

20. 가운데 그림 속의 공이다. 시작점에서 경사가 가파르므로 공은 신속히 속력을 얻게 되므로 평균속력은 끝점에서 가속이 작다 할지라도 더 크다.

21. 속도에 변화가 없기 때문에 가속도는 영이다. 속도의 변화가 항상 영인 경우에 가속도는 영이다. 속도가 한결같거나 일정하게 또는 일정불변이라면 속도의 변화는 영이다. 가속도의 정의를 다시 한 번 살펴보아라.

22. 속도의 보다 큰 변화는 (100km/h − 96km/h = 4km/h)보다 (30km/h − 25km/h = 5km/h)에서 발생한다. 그러므로 같은 시간 동안에 낮은 속력의 물체가 더 큰 가속도를 갖게 된다.

23. 0°에서 가속도는 영이며 90°에서 가속도는 자유낙하 가속도 g이다. 그러므로 가속도의 범위는 0에서 g 또는 0에서 $10\,\mathrm{m/s^2}$의 범위이다.

24. 자유낙하는 공기저항 또는 중력이외의 어떤 힘도 작용하지 않으며 중력가속도만의 영향 하에서 낙하함을 의미한다. 그러므로 친구는 자유라는 단어를 삭제하여야 하며 "공기 저항은 낙하하는 동전보다 낙하하는 깃털의 속력을 줄이는 데 더욱 효과적이다."라고 이야기해야 한다.

25. 속도계의 눈금은 매 초 10m/s씩 증가할 것이다.

26. 거리계의 눈금은 매 초 더 큰 낙하거리를 표시할 것이다. 연속되는 매 초 동안에 물체는 더 빨리 낙하하며 더 먼 거리를 이동한다.

27. 5초, 10초에서 자유낙하 물체의 가속도는 g이다. 물체의 속도는 다른 시간에 다른 값을 가지나 공기의 저항이 없으므로 물체의 가속도는 일정한 값 g를 유지한다.

28. 공기저항이 없는 경우 공을 어떤 방향 또는 어떤 속도로 던지던 가속도는 g이다. 공의 가속도와 속력은 전혀 다르다.

29. 위 또는 아래 어느 방향으로 던지던 시간에 대한 속력 변화율은 10m/s^{2}이므로 위로 올라가면 매 초당 속력은 10m/s 만큼 감소하며 낙하랄 때는 매 초당 10m/s만큼 속력이 증가한다. 그러므로 공기저항이 없으면 상승시간이나 낙하시간은 같다.

30. 공기저항을 무시하면 두 공은 바닥에 같은 속력으로 충돌할 것이다. 위로 던진 공은 하강할 때 위로 출발할 때와 같은 속력으로 출발점을 통과할 것이다. 그러므로 아래로 향한 공의 경로는 같은 속력으로 아래로 던진 공과 같다.

31. 공기저항이 운동에 영향을 미칠 때 위로 던져진 공은 초속력보다 작은 속력으로 출발점에 돌아오며 이 속력은 아래로 던진 공의 초속도보다 느리다. 그러므로 아래로 던진 공이 보다 큰 속력으로 바닥에 충돌할 것이다.

32. 공기저항을 무시한다면 물체의 초속도와는 관계없이 가속도는 10m/s^{2}이다. 아래 방향으로 던지면 물체의 속도는 증가하나 가속도는 변하지 않는다.

33. 공기저항이 고속력에 마주쳐 물체의 운동을 저하시키면 가속도는 실제로 작아질 것이다(제4장에서 이 개념을 자세히 논할 것이다).

34. 20을 세는 것은 두 배의 시간을 의미한다. 두 배의 시간으로 공은 4배 멀리 굴러 간다(이동한 거리는 시간의 제곱에 비례한다).

35. 또 물체에 작용하는 공기저항과 같은 힘이 없는 한 중력에 의한 가속도는 경로의 모든 점에서 일정한 g값을 갖는다.

36.

시간(초)	속도(m/s)	거리(m)
0	0	0
1	10	5
2	20	20
3	30	45
4	40	80
5	50	125
6	60	180
7	70	245
8	80	320
9	90	405
10	100	500

37. 공기가 속력을 감소시키는 효과를 갖지 않았다면 빗방울은 고속총탄의 속력으로 지면을 칠 것이다.

38. 증가하지 않는다. 자유낙하 가속도는 일정하며 낙하속력의 일정한 증가에만 영향을 준다.

39. 공기저항은 속력을 감소시키므로 위로 던져진 공은 던져질 때의 초기 속력보다 작은 속력으로 출발점에 돌아온다.

40. B의 내려간 부분과 올라간 부분을 따라 생기는 평균속력이 A의 부분을 따라 생기는 평균속력보다 크기 때문에 B에 있는 공이 먼저 도착한다.

41. (a) B통로 상에 있는 공의 평균속력이 크다.
(b) B의 경우 아래로 향한 경로에서 얻어진 속력은 위로 향한 경로에서 잃는 속력과 같기 때문에 A와 B 통로의 끝에서 순간속력은 같다(많은 사람들은 공이 끝점에서 같은 시간 동안 굴러서 같은 속력으로 도달한다고 생각하기 때문에 문제 40에서 잘못된 답을 얻게 된다. 그렇지 않다).

42. 저자의 응답에 독자들은 동의하거나 동의하지 않을 수 있다: 모든 실제 상황들이 여러 가지 효과를 종합하여 표현하고 있으므로 물리학에서 순수한 예란 찾기 힘들다. 보통 어떤 상황에 기초를 이루는 일차효과가 있으나 역시 상호작용하는 이차, 삼차 심지어는 사차 혹은 다차 효과가 있다. 우리가 이와 같은 효과들의 영향을 분리해서 공부하기 전에 모든 효과들이 주는 어떤 개념에 대한 연구를 시작하여 이해한다는 것은 매우 어려울 것이다. 어떻게 진행되는가를 더 좋게 이해하려면 모든 상황을 분리하고 일차효과를 택하여 조사한다. 우리가 이것을 이해했을 때 보다 충분한 이해를 위하여 다른 효과에 대한 조사를 진행시킨다. 예를 들면 행성이 타원궤도를 따라 운동한다는 놀라운 발견을 알아낸 케플러를 생각해보자. 현재 각 행성들은 다른 행성들의 운동에 영향을 주기 때문에 완전한 타원궤도를 따라 움직이지 않는다는 것을 우리는 알고 있다. 그러나 만일 케플러가 이와 같은 이차효과에 따라 연구를 중단했다면 발견을 이루지 못했을 것이다. 마찬가지로 갈릴레오가 실제 세계에 존재하는 마찰로부터 벗어나 자유로운 사고를 할 수 없었다면 역학분야에서 그의 지대한 발견들을 성취하지 못했을 수도 있다.

43. 달표면에서 중력에 의한 가속도는 매우 작으므로 공중에서의 지체시간이 훨씬 길다.

44. 물은 떨어질 때 속력이 정해진다. 매 초 같은 양의 물이 수도꼭지에서 나오므로 거리가 증가할수록 퍼진다. 물은 계속 퍼져서 과자처럼 얇아진다. 물이 지나치게 퍼지면 깨져서 물방울이 된다.

45. 스스로 문제를 만들어 보아라.

실전문제

1. 30m/s로 수직 상방으로 오르기 시작하여 매 초당 10m/s으로 속력을 잃게 되므로 최고 정점에 도달하는 시간은 3초이다. 돌아오는 시간도 3초이므로 공중에 머무는 시간은 6초이다. 올라가거나(내려온) 거리는 $\frac{gt^2}{2} = 10 \times 3^2/2 = 45\text{m}$이다. 여기서 평균속력은 $(30+0)/2 = 15\text{m/s}$, 또 $d = vt$로부터 걸린 시간은 3초이며 $d = 15\,\text{m/s} \times 3\,\text{s} = 45\,\text{m}$ 이다.

2. (a) 수직 궤도의 최고 정점에서 공의 속도는 순간적으로 영이다.
   (b) 공이 최고 정점에 도달하기 1초 전의 공의 속도는 10m/s이다.
   (c) 1초 간격(어떤 다른 1초 간격에서도) 속도의 변화량은 10m/s이다.
   (d) 공이 최고 정점에 도달한 1초 후 공의 속도는 −10m/s이다.
   (e) 이 1초(또 다른 1초) 간격 동안에 속도변화량은 10m/s이다.
   (f) 2초 간격 사이에 속도변화량은 위쪽으로 10m/s에서 아래쪽으로 10m/s이므로 20m/s이다(영이 아님).
   (g) 공이 최고 정점에 도착하기 전, 도착할 때 및 도착 후에도 공의 가속도는 10m/s이다. 모든 경우에 가속도는 지구방향인 아래쪽을 향한다.

3. $g = 10\,\text{m/s}^2$를 사용하여 $v = gt = (10\text{m/s}^2)(10\text{s}) = 100\text{m/s}$를 얻는다.

$$v_{평균} = v_{av} = \frac{v_{시작} + v_{최종}}{2} = \frac{v_{beg} + v_{fin}}{2} = \frac{0+100}{2} = 50\text{m/s}\,(\text{아래방향})$$

얼마나 멀리 낙하하였는가는 $d = v_{av} \cdot t = (50\text{m/s})(10\text{s}) = 500\text{m}$,
또는 식 $d = \frac{gt^2}{2} = 10 \times (10^2)/2 = 500\text{m}$를 사용한다. 두 공식에서 같은 거리를 얻는다.

4. $a = \frac{\text{속도변화}}{\text{시간간격}} = \frac{25\text{m/s} - 0}{10\text{s}} = 25\text{m/s}^2$

5. $d = \frac{1}{2}gt^2$에서 $d = 5t^2$
   $t = \sqrt{d/5} = \sqrt{0.6/5} = 0.35$ 따라서 공중 지체시간은 0.7s이다.

6. (a) $\bar{v} = d/t$, $t = \frac{d}{\bar{v}} = \frac{L}{(v_f + v_0)/2} = \frac{2L}{v}$
   (b) $t = \frac{2L}{v} = \frac{2 \times 1.4\text{m}}{15.0\text{m/s}} = 0.19\text{s}$

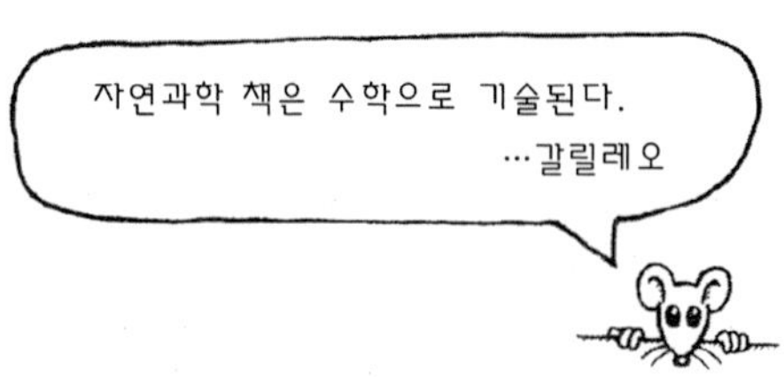

제 4 장

뉴턴의 운동 제2법칙

4장 연습문제

1. 공기 중에 수직으로 던져 올린 공으로 설명할 수 있다. 공의 속도는 초기에 위로 향하고 마지막에는 아래로 향하며 이 과정에서 일정한 가속도 g로 가속된다.

2. 공의 속력이 점점 느려지면 공기저항이나 공과 당구대 사이의 마찰력같이 운동의 반대방향으로 작용하는 힘이 존재한다.

3. 그렇지 않다. 힘이 작용할 때에만 물체는 곡선을 따라 이동할 수 있다. 힘이 없다면 경로는 곡선이 아니라 직선이다.

4. 달에는 공기가 없으며 달에서 던져진 공에는 공기저항이 작용하지 않기 때문에 돌에 작용하는 유일한 힘은 달과 돌 사이의 중력이다.

5. 그렇지 않다. 관성은 무게가 아니라 질량과 관계된다.

6. 사과와 같은 품목은 달에서 무게가 덜 나간다. 사과 1lb의 상자에 더 많은 사과가 들어간다. 질량은 다른 문제로 1kg의 가방에 들어있는 사과의 양은 달에서나 지구에서나 같다.

7. 상자에 작용하는 마찰력은 $-F$이어야 한다. 그러면 상자에 작용하는 알짜힘은 영이며 정지 상태를 나타낸다.

8. 일정한 속도로 미끄러져 내려옴은 가속도와 알짜힘이 영임을 의미한다. 마찰력이 곰의 무게, 4000N과 같으면 알짜힘이 영이다. 즉 곰의 무게$= mg = (400\text{kg})(10\text{m/s}^2) = 4000\text{N}$

9. 상자를 흔들어 보아라. 가속도에 더 크게 저항하는 상자가 더 질량이 큰 상자로 모래를 담고 있는 상자이다.

10. 무거운 짐을 운반할 때 더 큰 질량이 포함되어 움직이는 경우에 계속 움직이려는 경향이 있다. 물건을 든 손이 벽을 향해 이동한다면 접촉이 일어날 때도 계속 이동하려고 하므로 손이 눌려서 찌부러진다. 뉴턴의 운동 제1법칙과 관계된다.

11. 무거운 식칼은 야채를 자를 때 가벼운 식칼보다 효과적이다. 이것은 더 큰 질량을 가진 칼이 음식을 요리할 때 계속 움직이려는 더 큰 경향을 가지고 있기 때문이다.

12. 질량은 위치에 관계되는 중력의 끌어당김과 관계없는 물질이 갖는 양의 크기를 나타낸다. 우주비행사의 무게가 위치에 따라 변한다 할지라도 질량은 변하지 않는다.

13. 폐차를 부셔서 압착하여도 폐차의 질량이나 무게는 변하지 않는다. 변하는 것은 부피이며 질량 및 무게와 혼돈해서는 안된다.

14. 지구에서 10kg의 물체는 100N의 무게를 가진다. (무게$=mg=10\text{kg}\times10\text{m/s}^2=100\text{N}$, 혹은 $g=9.8\text{m/s}^2$를 택하면 98N이다.) 달에서 무게는 지구에서 무게의 1/6이므로 100N/6=16.7N (혹은 $g=9.8\text{m/s}^2$를 택하면 10.3N)이다.

15. 식이요법 중인 사람은 질량을 줄인다. 흥미롭게도 지구 중심으로부터 멀리 떨어진 곳, 예를 들면 산꼭대기에서 무게를 줄일 수도 있다.

16. 무게의 변화는 (질량의 변화)$\times g$이므로 질량이 2kg 증가하면 무게는 20N만큼 증가한다.

17. 질량 1kg은 지구표면에서 2.2파운드의 무게에 해당한다. 예를 들어 100파운드 무게라면 질량은 100lb/(2.2kg/lb)=45kg이다. (무게)=mg를 이용하여 무게를 계산하면 45kg×10N/kg = 450N이다.

18. 질량 1kg의 무게는 10N이므로 30kg의 무게는 300N이다. 식료품 봉지는 급하게 들어 올리지 않는 한 달에서도 30kg의 사과를 넣을 수 있다.

19. 트럭이 가속될 때 짐짝이 같은 속력을 갖도록 하는 힘은 마찰력이다. 마찰력이 없으면 가속되는 트럭은 짐짝을 뒤에 남기고 떠날 것이다.

20. 뉴턴의 운동 제2법칙은 힘과 가속도 사이의 관계를 설명한다. 알짜힘이 없으면 가속도는 존재하지 않는다. 이것이 바로 뉴턴의 운동 제1법칙이 무엇인지를 설명한다. 그러므로 뉴턴의 운동 제1법칙은 제2법칙과 일치하며 제2법칙의 결과라고 생각할 수 있다.

21. 가속도(자동차의 속도를 늦추는)는 속도(자동차가 이동하는 방향)에 반대방향이다.

22. 동의한다. 가속도(자동차의 속도를 늦추는)는 속도(자동차가 이동하는 방향)와 반대 방향이다.

23. 가속도는 힘과 질량의 비 : 힘/질량(뉴턴의 제2법칙)이며 자유낙하에서 무게/질량=$mg/m=g$이다. 무게는 질량에 비례하므로 물체의 무게가 무엇이건 (무게/질량)은 같다.

24. 상대방을 들어 올림은 땅이 상대방을 지지해주는 힘을 감소시키며 이에 상응해서 힘을 낼 수 있도록 해주는 마찰력을 감소시킨다. 감소된 마찰력은 상대의 운동능력을 제한한다.

25. 자동차에 수평으로 작용하는 힘은 타이어와 도로사이의 마찰력과 공기저항으로 발생하는 저항력, 즉 구동력이다. 이 힘들은 상쇄되어 알짜힘이 영인 동역학적 평형상태에 있다.

26. 30N은 세 나무토막을 끌어당긴다는 것에 유의하여라. 두 나무토막을 끌어당기려면 두 번째와 세 번째 나무토막 사이의 줄에 걸리는 장력에 해당되는 20N이 요구된다. 단지 세 번째 나무토막을 끌어당기는 데 줄에 걸린 장력은 10N이다(첫 번째 나무토막에 걸리는 알짜힘, 30N-20N=10N은 전체질량의 1/3인 한 나무토막을 가속시키는 데 필요한 힘임을 표시한다).

27. 마차에 작용하는 알짜힘인 (끌어당기는 힘)+(마찰력)=0이며 $\sum F=0$이다.

28. (a) 그렇지 않다. 공기저항은 항상 작용한다. 자유낙하라 함은 중력을 제외한 모든 힘이 작용하지 않음을 의미한다. 낙하물체는 공기저항을 받으나 자유낙하 물체에는 단지 중력만이 작용한다.
(b) 그렇다. 지구에 접근하지 않더라도 위성은 낙하한다(제10장에서 더 자세히 논한다).

29. 동전의 상승속도는 감소하며 동전에 작용하는 가속도는 일정하게 유지된다(공기저항이 없는 상황에서).

30. 위로 던진 동전에 공기저항을 제외한 유일하게 작용하는 힘은 mg이다. 그러므로 힘 mg는 궤도상 모든 점에서 동전에 작용한다.

31. 힘 벡터, mg는 모든 위치에서 같다. 가속도 g 역시 모든 위치에서 같다.

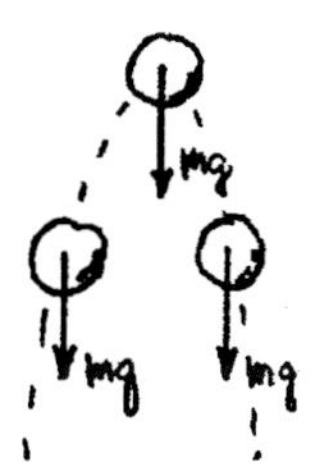

32. 여러분이 지상에 가하는 힘은 중력보다 크다. 지상은 아래를 향한 중력보다 큰 힘으로 여러분들을 밀어 올린다. 이 힘은 위쪽을 향한 최종 알짜힘으로 여러분들을 위쪽으로 가속시킬 것이다.

33. 높이뛰기에서 정점에 도달했을 때 작용하는 가속도는 g이다. 뉴턴의 제2법칙에서 가속도 방정식은 $a=F/m=mg/m=g$이다. 가속도가 영이라고 말한다면 높이뛰기에서 정점에 도달했을 때 중력이 작용하지 않는다는 것을 의미한다. 그렇지 않다.

34. 정점에서 또는 자유 낙하하는 어느 점에서나 아래로 향한 가속도는 $g=10\,\mathrm{m/s^2}$이다. 정점에서 돌의 속력은 순간적으로 영이지만 속도변화율은 여전히 존재한다. 뉴턴의 제2법칙에 의하면 중력은 어느 점에서와 같이 정점에서도 작용한다: 이 알짜힘을 질량으로 나누면 자유 낙하할 때의 가속도 g를 구한다. 즉, $a=F_{\text{알짜}}/m=mg/m=g$이다.

35. 여러분들이 갑자기 정지할 때 속도가 급속히 변하는 데 이것은 정지하는 큰 가속도를 의미한다. 뉴턴의 제2법칙에 의하면 여러분에 작용하는 힘이 크다는 것을 의미한다. 큰 힘을 체험함은 여러분을 다치게 한다.

36. 작용하는 힘과 알짜힘 사이의 차이를 설명한다. 정지해 있는 차에는 어떤 알짜힘도 작용하지 않는다고 말하는 것이 정확하다.

37. 일정한 속도로 운전할 때 자동차에 작용하는 알짜힘이 영인 것은 마찰 끌림에 대항하여 엔진이 공급하는 구동력의 결과이다. 차의 속도가 느려지지 않도록 끌림 힘을 상쇄시키는 구동력을 계속 공급한다.

38. 움직이지 않고 손에 들고 있을 때 위로 향한 버팀힘은 사과에 작용한 중력과 같으므로 알짜힘은 영이다. 사과를 떨어뜨리면 위로 향한 버팀힘은 그 이상 존재하지 않으며 알짜힘은 중력, 즉 1N이다(사과가 공기저항이 중요하리만큼 빠르게 낙하한다면 알짜힘은 1N보다 작을 것이며 공기저항이 1N으로 커진다면 결국 영이 될 것이다).

39. 지구의 대기를 스치며 통과하는 고속 모래 알갱이들은 공기에 대한 마찰로 인해서 다 타버린다.

40. 다이너마이트 및 그 어떤 것도 힘을 "갖고" 있지 않다. 다이너마이트는 어떤 상호작용이 발생할 때 힘을 만들 수 있는 에너지를 갖고 있음을 후에 보게 될 것이다.

41. 두 힘은 같은 크기를 갖고 있다. 위로 불고 있는 강한 바람 속에서 낙하산이 정지, 즉 평형상태에 있다고 상상한다면 보다 쉽게 이해된다. 평형이 정적이건 동적이건 상관없이 알짜힘은 영이다.

42. 그렇다 가속도가 감소하는 경우 속력증가는 매초마다 작으나 그럼에도 불구하고 지나간 시간에서보다 매초 증가한다.

43. 알짜힘은 mg이며 10N이다(보다 정확히 9.8N).

44. 알짜힘은 다음과 같다. 10N−2N=8N(혹은 9.8N−2N=7.8N)이다.

45. 동의한다. 가속도가 감소할지라도 공의 속력은 계속 증가한다. 이 증가는 종단속력에 도달할 때까지 계속되며 종단속력에 도달하면 그 이상 속력은 증가하지 않는다.

46. 종이 한 장은 공기 중에서 낙하하는 경우 넓은 면적을 제공하므로 작은 종단 속력을 갖는다. 뭉쳐진 종이 조각은 작은 면적을 가지므로 종단속력에 도달하기 전 보다 빨리 낙하한다.

47. 두 경우에 종이는 종단속력에 도달하는 데 공기저항은 종이의 무게와 같음을 의미한다. 따라서 공기저항은 같을 것이다. 물론 뭉쳐진 종이는 공기저항이 종이의 무게와 같으므로 빨리 낙하한다.

48. 속력이 작을 경우 공기저항은 낙하하는 물체의 무게에 비하여 작기 때문에 두 공의 가속도는 거의 같다. 보다 높은 곳으로부터 낙하하면 공기저항이 커지는 시간이 생겨서 이 효과를 더욱 두드러지게 관찰하게 된다.

49. 물체가 일정한 속도로 낙하할 때 공기저항과 중력은 같은 크기를 갖는다. 빗방울은 단지 하나의 예이다.

50. 책은 종이에 작용하는 공기저항을 막아주므로 책과 종이는 함께 낙하한다.

51. 낙하산 강하자가 낙하산을 펴면 속력이 떨어진다. 이것은 낙하산이 위쪽으로 가속됨을 의미한다.

52. 보통 두 개의 종단속력이 있는 데 하나는 낙하산을 펴기 전 빠른 속력이며 다른 하나는 낙하산을 편 후의 느린 속력이다. 그 차이는 주로 낙하하면서 공중에 펼쳐지는 면적 차이에 있다. 낙하산을 펼쳐서 제공되는 넓은 면적은 안전하게 착륙하기에 충분한 느린 종단속력을 제공한다.

53. 종단속력에 도달하기 직전까지 중력은 공기저항보다 크기 때문에 아래로 향한 가속도가 있다. 공기저항이 중력과 같게 커지면 종단속력에 도달한다. 그러면 공기저항은 중력과 크기는 같으며 방향은 반대이다.

54. 낙하하는 고양이가 도달하는 종단속력은 20층에서 떨어지나 50층에서 떨어지나 같다. 일단 종단속력에 도달하면 그 이상의 낙하거리는 속력에 영향을 주지 않는다(아주 작은 생명체의 낮은 종단속력은 큰 생명체를 죽이는 높이에서 떨어져도 해를 입지 않고 안전하게 낙하할 수 있다).

55. 공은 종단속력에 도달해서 평형상태에 있게 될 것이다. 공에 작용하는 중력은 유체의 저항력과 크기는 같고 방향은 반대가 되어 평형을 유지하기 때문이다.

56. 물체가 높은 곳에서 낙하할 때 공기저항은 무시할 수 없으므로 무거운 물체가 먼저 땅에 떨어진다(이 아이디어는 그림 4.16에서 밝혔다). 그러나 두 배로 무거운 공이 땅에 먼저 부딪힌다 하여도 단지 조금 더 빠를 뿐이다. 아리스토텔레스를 추종하는 사람들이 믿는 것처럼 두 배로 빠른 것은 아니다. 약간의 속력 차이는 마찰에 의한 것이며 공기저항이 무시되면 동시에 함께 떨어진다는 것을 갈릴레오는 인식하였다.

57. 그림 4.15에서 체중이 큰 낙하산 하강자가 지상에 먼저 도착함과 같은 이유에서 무거운 테니스 공이 지상에 먼저 떨어진다. 무거운 공에 작용하는 공기저항이 공의 무게에 비하여 상대적으로 작다할지라도 다른 가벼운 공에 작용하는 공기저항보다 실제로 크다. 왜 그런가? 무거운 공은 빨리 떨어지며 공기저항은 큰 속력에 더 크다.

58. 공기저항은 운동하는 물체의 속력을 감소시킨다. 그러므로 위로 던진 공이 던진 위치로 되돌아 왔을 때 속력은 초속력보다 작다. 이 효과는 고무줄 새총으로 깃털을 위로 쏘았을 때 쉽게 볼 수 있다. 깃털은 결코 초속도로 제자리에 돌아오지 않을 것이다.

59. 공은 낙하할 때보다 상승할 때 시간이 덜 걸린다. 앞 문제의 예제인 깃털을 과장하여 생각한다면 깃털이 최고점에서 펄럭거리는 동안 걸린 시간은 그 점에 도달하는 데 걸린 시간보다도 길다. 공의 불명확한 경우에도 똑같다.

60. 스스로 만들어 보아라.

실전문제

1. $1\text{N} \times \dfrac{1\text{lb}}{4.45\text{N}} = 0.22\text{lb}$

2. 카텔린의 질량은 다음과 같다.

$$500\text{N}/(10\text{N/kg}) = 50\text{kg}$$

카텔린의 무게를 lb로 표시하면 다음과 같다.

$$50\text{kg} \times \frac{2.2\text{lb}}{\text{kg}} = 110\text{lb}$$

3. $a = \dfrac{F}{m} = \dfrac{200\text{N}}{40\text{kg}} = 5\text{m/s}^2$

4. 각 물체의 가속도는 같다.

$$a = \frac{F}{m} = \frac{2\text{N}}{2\text{kg}} = \frac{1\text{N}}{1\text{kg}} = 1\text{m/s}^2$$

($1\text{N} = 1\text{kg} \cdot \text{m/s}^2$으로부터 $1\text{N}/1\text{kg}$은 1m/s^2과 같음을 알 수 있다.)

5. (a) $a = \dfrac{\Delta v}{\Delta t} = \dfrac{9.0\text{m/s}}{0.2\text{s}} = 4.5\text{m/s}^2$

(b) $F = ma = (100\text{kg})(45\text{m/s}^2) = 4500\text{N}$

6. 제트기의 경우

$$a = \frac{F}{m} = \frac{2(30000\text{N})}{30000\text{kg}} = 2\text{m/s}^2$$

7. (a) 버스에 작용하는 힘은 Ma이다.

$$\text{새로운 가속도} = \frac{\text{같은 힘}}{\text{새 질량}} = \frac{Ma}{(M+M/6)} = \frac{6Ma}{(6M+M)} = \frac{6Ma}{7M} = \frac{6}{7}a$$

(b) 새로운 가속도

$$\frac{6}{7}a = \frac{6(1.2\text{m/s}^2)}{7} = 1.0\text{m/s}^2$$

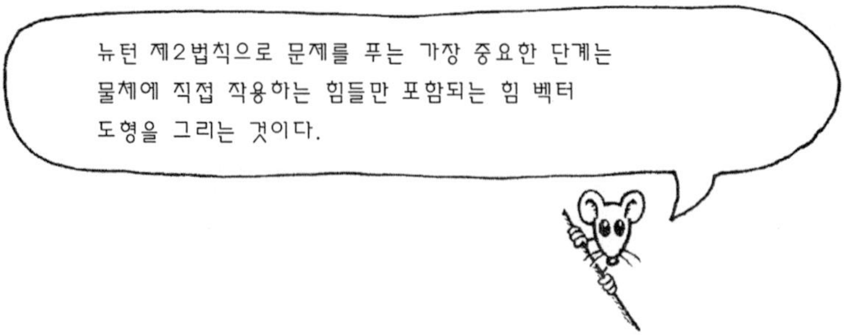

제 5 장
뉴턴의 운동 제3법칙

5장 연습문제

1. 답은 방정식 $a = F/m$에 주어져 있다. 연료가 타버리므로 로켓의 질량이 가벼워진다. 힘은 같게 유지되나 질량이 감소하므로 가속도가 증가한다. 연료가 소비됨에 따라 질량이 작아져서 가속도가 증가한다.

2. 뉴턴의 제3법칙에 따라 스티브와 그레첸은 서로 접촉한다. 한 사람이 접촉할 수 있으나 스티브와 그레첸 사이에 접촉없이 상호작용이 일어날 수는 없다. 사실 접촉을 통해서만 접촉을 할 수 있다.

3. 그렇지 않다. 뉴턴의 제3법칙에 따라 두 손이 서로 미는 경우에 한 손이 다른 손보다 더 세게 밀수는 없다.

4. (a) 작용 : 망치가 못을 친다.
   반작용 : 못이 망치를 친다.
   (b) 작용 : 지구가 책을 아래로 끌어당긴다.
   반작용 : 책이 지구를 위로 끌어당긴다.
   (c) 작용 : 헬리콥터의 날개가 공기를 아래 방향으로 밀어낸다.
   반작용 : 공기가 헬리콥터의 날개를 위 방향으로 밀어올린다.
   (위의 예들에서 작용과 반작용이 거꾸로 뒤바뀔 수도 있는데 중요한 것은 아니다).

5. (a) 두 힘이 작용한다 : 지구의 사과 끌어당김(작용)과 사과의 지구 끌어당김(반작용). 손은 사과를 위로 밀며(작용), 사과는 손을 아래로 민다(반작용).
   (b) 공기의 저항 없이 한 쌍의 힘이 작용한다 : 지구의 사과 끌어당김과 사과의 지구 끌어당김.

6. (a) 작용 : 지구가 사람을 아래로 끌어당긴다.
   반작용 : 사람이 지구를 위로 끌어당긴다.
   (b) 작용 : 학생이 선생님의 등을 건드린다.
   반작용 : 선생님의 등이 학생을 건드린다.
   (c) 작용 : 파도가 해변을 친다. 반작용 : 해변이 파도를 친다.

7. (a) 작용 : 야구방망이가 공을 친다.
반작용 : 공이 야구방망이를 친다.
(b) 공이 날아가는 동안에 두 가지 상호작용이 있다. 하나는 지구중력이며 다른 하나는 공기 저항이다.
작용 : 지구는 공을 아래로 끌어당긴다(무게).
반작용 : 공은 지구를 위로 끌어당긴다.
작용 : 공기는 공을 밀어 낸다.
반작용 : 공은 공기를 밀어낸다.

8. 뉴턴의 제1법칙에 의하면 탑승객은 등속운동 상태에 있으려고 한다. 비행기가 가속될 때 좌석은 승객을 앞으로 밀어낸다. 뉴턴의 제3법칙에 따라 승객은 동시에 좌석 뒤쪽으로 밀친다.

9. 공이 마루에 힘을 작용하면 마루는 크기가 같고 방향이 반대인 힘을 공에 작용하여 되튀게 만든다. 마루가 공에 작용하는 힘이 되튐을 제공한다.

10. 작용 : 발이 공에 힘을 가한다.
반작용 : 공이 발에 저항하여 힘을 작용한다. 뉴턴의 제3법칙에 따르면 이들 두 힘은 크기가 같다.

11. 지면을 끌어당기는 것은 사실이다. 동시에 지구를 위로 끌어당기는 힘이 없다면 지구는 낙하 물체를 아래로 끌어당길 수 없다. 지구의 질량이 너무 크기 때문에 지구의 가속도는 무시할 정도 작으며 무시할 수 있다.

12. 수십억 개의 힘쌍들은 책의 내부에 관계되며 책에 알짜힘을 작용하지 않는다. 외부 알짜힘이 책을 가속시키는 데 필요하다.

13. 저울의 눈금은 100N을 가리킨다. 이것은 저울의 다른 끝이 100N의 무게가 걸리는 대신 벽에 고정되는 경우에도 100N을 가리킨다. 계의 알짜힘은 영일지라도 계에 속하는 줄에 걸린 장력은 저울의 눈금에서 보는 바와 같이 100N이다.

14. 책상에 작용하는 마찰력은 200N이며 책상이 일정한 속도(가속도는 영임)로 움직이므로 알짜힘이 영이 되도록 책상을 미는 힘을 상쇄시켜 준다. 마찰력이 책상에 작용한 힘과 크기가 같고 방향이 반대일지라도 이 두 힘은 작용과 반작용력의 쌍을 이루지는 않는다. 이 두 힘은 같은 물체, 즉 책상에 작용하지 않기 때문이다. 책상에 작용하는 마루의 마찰력에 대한 반작용은 마루 위에 있는 책상에 작용하는 힘의 반대 방향의 마찰력이다.

15. 바벨이 위로 가속될 때 운동선수가 발휘하는 힘은 바벨의 무게보다 크다(동시에 바벨은 운동선수에 저항해서 큰 힘으로 밀어 낸다). 아래쪽으로 가속될 때에는 운동선수가 가한 힘은 중력보다 작다.

16. 분명히 가속되지 않고 정지해 있는 사람에 작용한 힘뿐이므로 이 힘들은 크기가 같고 방향이 반대이다. 이 한 쌍의 힘들은 같은 물체에 작용하지만 작용-반작용 쌍을 이루지는 않는다.

사람의 무게-지구가 사람을 끌어당기는 힘-는 반작용-사람이 지구를 끌어올리는 힘-을 포함한다. 사람이 끌어올리는 힘은 마루가 밀어 올리는 힘은 아니다. 마루가 사람을 밀어 올리는 힘은 사람과 지구사이의 상호작용이 아닌 마루에 거슬러 생기는 반작용이다(이 혼돈을 이해한다면 뉴턴 자신이 제3법칙을 어떤 상황에 적용하는 데 힘들어 했다는 사실에 위안을 받을 것이다. 그림 5.7에서 B위에 놓여 있는 A는 A위에 놓여 있는 B에 반작용한다는 규칙에 유의하여라).

17. 자전거 핸들을 위로 끌어당기면 이에 따라 핸들은 운전자를 아래로 밀어낸다. 이 아래로 향한 힘이 자전거 발판에 전달된다.

18. 그렇다. 야구공은 방망이의 운동방향에 반대로 방망이에 외력을 가한다. 이 외력은 다가오는 방망이를 감속시킨다.

19. 등산객이 줄을 아래쪽으로 끌어당길 때 줄은 동시에 등산객이 바라는 방향인 위쪽으로 등산객을 끌어당긴다.

20. 한 힘은 마차에 작용하며 다른 힘은 말에 작용하여 힘들이 서로 다른 물체에 작용하기 때문에 이 힘들은 상쇄되지 않는다. 마차는 말을 뒤로 끌어당겨서 마차가 달려있지 않을 때처럼 말이 달리지 못하게 한다. 그러나 마차에 작용하는 힘(말이 끌어당기는 힘 빼기 마찰력)을 마차의 질량으로 나누면 마차의 가속도를 얻게 된다. 마차를 가속시키려면 말은 땅이 마차에 작용하고 마차가 땅에 작용하는 힘보다 큰 힘으로 땅을 거슬러 밀어야 한다. 그래서 말이 땅의 뒷방향으로 민다고 말한다.

21. 차를 밀 때 여러분은 차에 힘을 가한다. 동시에 차가 여러분을 뒤로 밀 때 그 힘은 여러분에게 있다. 자동차에 있지 않다. 자동차에 있는 힘과 여러분에게 있은 힘을 상쇄시킬 수는 없다. 상쇄시키려면 두 힘은 한 물체에 작용하고 크기가 같고 방향이 반대이어야 한다.

22. 여러분들이 벽을 밀면 벽이 같은 크기의 힘으로 여러분들을 밀어내듯이 장사가 두 차에 같은 힘만을 가할 수 있다. 두 화물차나 두 벽의 경우도 마찬가지이다. 질량이 같으므로 똑같은 가속도를 갖게 되어 동일하게 움직일 것이다.

23. 앞의 연습문제에서와 같이 각각의 짐마차에 작용하는 힘은 같을 것이다. 그러나 질량이 다르므로 힘의 효고(가속도)는 각각 다를 것이다. 질량이 두 배인 짐마차는 가벼운 짐마차의 단지 반에 해당되는 가속도 및 속력을 갖게 될 것이다.

24. 뉴턴의 제3법칙에 의하면 두 창에 작용하는 힘은 같은 크기일 것이다. 그러나 힘의 효과(가속도)는 질량이 다르므로 각각 다르다. 질량이 큰 대형트럭은 운동의 변화가 적을 것이며 자가용차는 보다 클 것이다.

25. 두 사람 다 움직일 것이다. 켄의 줄 끌어당김은 조안나에게 전달되어 조안나를 켄쪽으로 가속시킬 것이다. 뉴턴의 제3법칙에 따라 줄은 켄을 끌어당길 것이다. 켄은 조안나쪽으로 가속된다.

26. 이기는 팀은 땅을 더 세게 민다. 땅은 유리한 알짜힘을 만들도록 팀을 세게 민다.

27. 줄에 걸린 장력은 250N이다. 두 사람은 가속되지 않고 있으므로 각자는 땅을 통해서 250N의 마찰력을 받는다. 이 힘은 250N으로 땅을 밀음으로써 생기는 것이다.

28. 그럴 수 없다. 뉴턴의 제3법칙에 의하면 줄의 양 끝에서 장력은 같으므로 줄에 걸린 알짜힘은 영이다.

29. 두 사람에 작용하는 힘은 크기가 같고 두 사람의 질량이 같으므로 가속도는 같을 것이다. 이들은 둘 다 중심점에서 만나게 되어 각각 6m의 거리를 미끄러져 갈 것이다.

30. 저자는 기체를 방출하는 반작용이 기체의 매질에 의존하지 않는다는 것을 명백히 모르고 있었다. 예를 들면 총을 진공에서 발사하면 더 큰 반작용을 준다. 사실 진공에서는 공기저항이 없으므로 탄환이나 로켓은 보다 잘 작동한다.

31. 벡터량들은 속도와 가속도이며 그 이외의 량들은 모드 스칼라량이다.

32. 두 벡터는 크기가 같고 방향이 서로 반대라고 정확히 말할 수 있다.

33. 한 쌍의 벡터는 크기가 같고 방향이 반대이면 상쇄된다. 세 개의 서로 같지 않은 벡터들은 합쳐져 영이 될 수 있다. 예를 들면 그림 5.26에서 넬 리가 매달려 있는 줄들의 장력으로 구성된 벡터들은 중력과 합쳐져서 상쇄된다.

34. 어떤 수직 벡터이건 수평성분은 영이다.

35. 절대 더할 수 없다. 벡터량과 스칼라량은 절대 더할 수 없다.

36. 아래로 내려앉은 줄보다 팽팽히 잡아당겨진 줄에 더 큰 장력이 작용한다. 팽팽히 잡아당겨진 줄들은 보다 쉽게 끊어질 수 있다.

37. 줄이 조금 처지면 장력이 증가할 것이다. 새를 받쳐 주고 있는 줄 양단에 있는 벡터들의 합은 새의 무게와 크기는 같고 반향은 반대가 되어야 하기 때문이다.

38. 평행사변형 규칙에 의하면 줄에 걸린 장력은 50N보다 작다.

39. 평행사변형 규칙에 의하면 줄에 걸린 장력은 50N보다 크다.

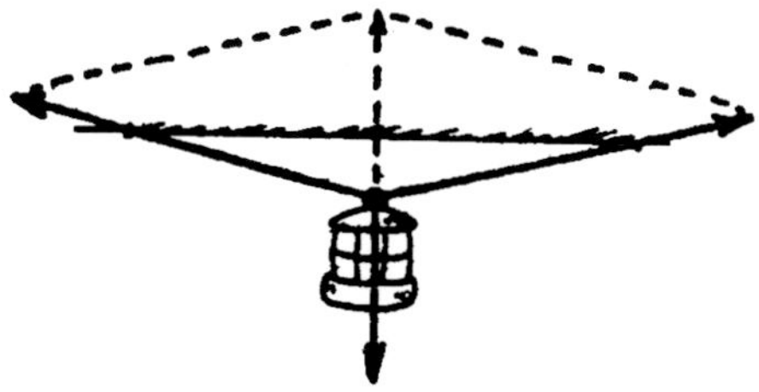

40. 경사진 선들은 두 성분으로 구성된다. 하나는 낙하하는 빗방울의 수직속도이며 다른 하나는 자동차의 수평 방향의 속도이다. 45°에서 이들 두 성분은 크기가 같으며 낙하하는 물방울의 속력은 자동차의 속력과 같음을 의미한다.

41. 위로 기어오른다는 것은 줄을 아래로 끌어당기는 것으로 사람이 위로 올라갈 때 풍선은 아래로 내려온다.

42. 다른 상호작용은 정지해 있는 땅과 돌 사이에 존재한다. 돌이 땅 표면을 아래로 밀어내는 작용과 땅이 돌을 위로 밀어 올리는 반작용이다. 돌에 위로 작용하는 힘을 "수직항력"이라고 부른다.

43. (a) 다른 벡터는 그림에서 보인 바와 같이 위쪽을 향한다.

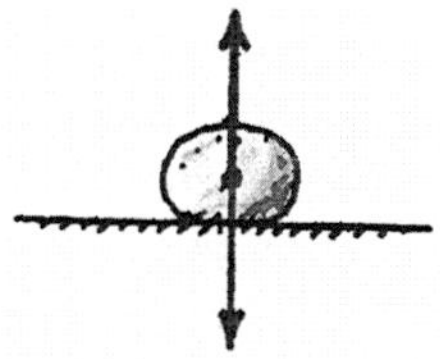

(b) 이 힘을 수직항력이라고 부른다.

44. (a) 아래 그림과 같다.

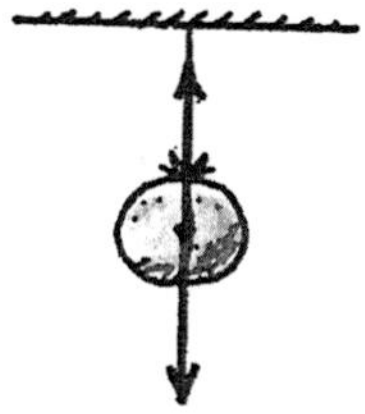

(b) 벡터합은 영이다.
(c) 돌은 평형 상태에 있으므로 알짜힘은 영이다.

45. (a) 아래 그림과 같다.

(b) 위로 향한 장력은 알짜힘에서 중력보다 크다.

46. 아래 그림과 같다.

47. 경로의 최고 정점에서 돌에 작용하는 알짜힘이 mg이므로 돌의 가속도는 g이다.

48. (a) 작용하는 힘은 무게와 수직항력뿐이다.
(b) 아래 그림과 같다.

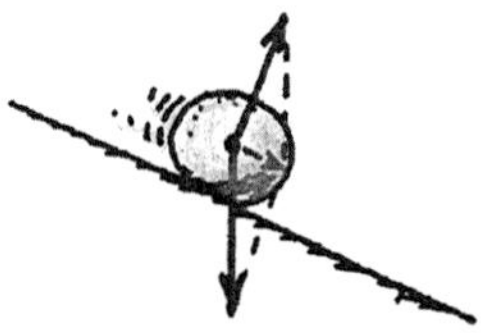

49. (a) 아래 그림과 같다.

(b) 서로 수직한 힘의 합은 돌의 무게와 크기는 같고 방향은 반대이다.

50. 줄의 한쪽 끝이 나무에 고정되어 있다면 장력은 같을 것이다. 두 말이 같은 방향으로 끌어당긴다면 줄의 장력(차력사에 걸리는)은 두 배가 될 것이다.

실전문제

1. (a) $a=\frac{\Delta v}{\Delta t}=\frac{25\text{m/s}}{0.05\text{s}}=500\text{m/s}^2$

   (b) $F=ma=(0.003\text{kg})(500\text{m/s}^2)=1.5\text{N}$

   이 값은 대략 $\frac{1}{3}$lb이다.

   (c) 뉴턴의 제3법칙에 따르면 (b)의 경우와 같은 크기의 힘의 권투선수에 작용한다.

2. 벽은 40N으로 밀어낸다.

$$a=\frac{F}{m}=\frac{40\text{N}}{80\text{kg}}=0.5\text{m/s}^2$$

3. 빗방울은 수평 및 수직 성분을 가진 속력으로 얼굴에 부딪힐 것이다.

$$R=\sqrt{(3.0\text{m/s})^2+(4.0\text{m/s})^2}=5\text{m/s}$$

4. $F=\sqrt{(3.0\text{N})^2+(4.0\text{N})^2}=5\text{N}$

$$a=\frac{F}{m}=5\text{N}/2.0\text{kg}=2.5\text{m/s}^2$$

5. 지상 속도는 북동방향 45°(바람방향으로부터 45°)으로
   $v=\sqrt{(100\text{km/h})^2+(100\text{km/h})^2}=141\text{km/h}$이다. 지상에 대한 상대속도는 $45°-45°=0$인 삼각형의 대각선에 해당된다.

6. (a) $v=\sqrt{(3.0\text{km/h})^2+(4.0\text{km/h})^2}=5\text{km/h}$

   (b) 강을 가로질러 목적지에 도착하려면 직진방향에 45°보다 큰 각도로 카누를 저어가야 한다. 합성속도는 4km/h 보다 작을 것이다.[정확한 계산은 강을 가로질러 2.6km/h 및 각도는 가로방향에서 49°(해안에 기준을 둔다면 41°)이어야 함을 제시한다.]

7. (a) 뉴턴의 제3법칙에 의하면

$$F_{2m}=F_m\,;2m(a_{2m})=m(a_m),\ 2m\frac{\Delta v_{2m}}{\Delta t}=m\frac{\Delta v_m}{\Delta t}$$

   힘은 정확히 Δt시간 동안에 두 원반에 작용하므로 $\Delta v_{2m}=\Delta v_m/2$이다. 두 원반은 정지 상태에서 출발하므로 속력은 $v_{2m}=v_m/2$이다.

   (b) $v_{2m}=v_m/2=\frac{1}{2}(0.4\text{m/s})=0.2\text{m/s}$

제 6 장
운동량

6장 연습문제

1. 초대형 유조선의 운동량은 매우 크며 운동량을 없애려면 매우 큰 충격량이 필요하다. 이것은 적절한 힘을 오랫동안 가해야 된다. 물의 저항력에 의해 운동량을 충분히 줄이기 위해 연안을 25km 항해한다.

2. 달리고 있는 차를 정지시킬 때 힘과 시간의 곱인 충격량은 운동량을 줄여준다. 충돌하는 동안 부드러운 계기판이 충돌시간을 증가시켜 주는 반면에 충격력을 감소시켜 준다. 충격량은 운동량의 변화량과 같다.

3. 에어백이 충격력을 감소시켜 줌에 따라 충격시간을 길게 만들어 준다.

4. 여분의 두께는 운동량이 변하는 동안 시간을 연장시키며 충격력을 감소시킨다.

5. 줄을 팽팽히 당기는 것은 운동량이 감소하는 동안의 시간을 늘려주므로 줄의 충격력을 감소시킨다. 등산가를 부드럽게 정지 상태에 있게 하는 것은 충격량을 감소시키는 것이 아니라 단지 힘을 감소시키는 것이다.

6. 강철줄은 단지 약간 늘어나 정지시간이 짧아지는 대신에 힘이 커진다.

7. 구부린 다리는 운동량을 감소시키는 데 더 많은 시간을 허용하게 되어 접지력을 감소시킨다.

8. 힘작용을 정지시키는 데 걸리는 시간은 여러 가지 상황에 따라 모두 다르다. 정지시간은 콘크리트에 충돌할 때 가장 짧고 물에 충돌할 때 가장 길어지므로 다른 충돌 속력을 갖게 된다. 그러므로 충돌할 때의 속력, 충돌시간과 충돌력의 세 가지 개념이 있는데 이들은 모두 충격량-운동량 관계와 연관되어 있다.

9. 뻗은 손들은 공의 운동량을 영으로 감소시키는 데 많은 시간을 허용하므로 공을 잡는 선수에게 작은 충격력을 주게 된다.

10. 찌부러짐은 자동차의 운동량을 줄이는 데 더 많은 시간을 허용하므로 자동차 운전자에게 작은 충격력을 준다.

11. 헬리콥터 날개는 공기에 하향 충격량을 주어서 공기의 하향 운동량 변화를 가져 온다. 동시에 공기는 헬리콥터 날개에 뜨게 하는 상향 충격량을 제공한다(뉴턴의 제3법칙은 힘과 동시에 충격량을 적용한다).

12. 같은 속력으로 달리는 무거운 트럭과 스케이트보드를 정지시키는 데 필요한 충격량은 무거운 트럭의 경우 스케이트보드보다 훨씬 크다. 그러나 트럭과 스케이트보드를 정시키는 데 요구되는 힘은 힘이 작용하는 시간 간격에 따라 달라진다. 순식간에 스케이트보드를 정지시키는 것은 스케이트보드에 가해지는 힘에 달려 있다. 이보다 작은 힘을 움직이는 트럭에 가해 충분한 시간이 지나면 트럭은 정지할 것이다.

13. 탐사차량의 운동량은 달에서나 지구에서나 같다(무게는 변할 수 있으나 질량은 변하지 않는다).

14. 느슨한 천에 부딪히는 계란은 긴 충돌시간을 가지므로 계란을 깨는 힘이 약해진다.

15. 분출하는 물의 큰 운동량은 소방호수를 잡기 힘들게 하는 되튐을 만든다. 새 잡는 산탄 총알을 발사할 때 산탄총을 붙잡고 있기가 힘든 것과 같다.

16. 발사할 때 총은 총알의 총구속도에 10배 되는 속력으로 되튈 것이다. 관습적인 방법으로 그와 같은 총을 발사하는 것은 좋은 방법이 아니다.

17. 충격량은 힘×시간이다. 뉴턴의 제3법칙에 의하면 힘들은 크기가 같고 방향이 서로 반대이며 시간이 같으므로 충격량의 크기는 같으나 방향이 서로 반대이다.

18. 지구의 되튐 운동량은 10kgm/s이다. 지구의 질량은 너무나 커서 지구의 되튐속도는 너무 미세하여 감지할 수 없기 때문에 명확치가 않다(사람과 지구의 질량이 같다면 같은 속력으로 서로 반대 방향으로 움직일 것이다).

19. 낙하하는 사과의 운동량은 지구에 전달된다. 흥미롭게도 사과가 떨어지는 순간 지구와 사과의 크기는 같고 방향이 반대인 운동량으로 움직인다. 지구의 질량이 너무나 크기 때문에 지구의 운동을 감지할 수 없다. 사과와 지구가 서로 부딪힐 때 이들의 운동량은 정지하여 떨어지기 전과 같이 영이 된다.

20. 투수가 포수에게 던지는 공의 속력이 크므로 선수들의 미트보다 포수의 미트에 가해지는 충격이 크다. 그것은 미트에 추가심을 넣음으로써 공을 잡는 충돌시간을 늘려서 공을 잡는 힘을 줄이는 데 그 이유가 있다.

21. 가벼운 장갑은 심이 덜 들어 있어서 충돌시간을 늘리지 못하므로 펀치를 가할 때 보다 큰 충격을 준다.

22. 권투선수가 상대선수를 칠 때 상대선수는 펀치가 가진 운동량을 변화시키는 충격량을 제공한다. 공격이 실패하면 상대선수에 의해 충격량은 전달되지 않는 데 펀치의 운동량을 줄이는 노력은 전적으로 선수 자신에 의해 공급되는 것이다. 이것이 바로 권투 선수를 피로하게 만든다. 체육관에서 수 시간 동안 무거운 백에 펀치를 가하는 권투선수는 피곤하지 않다는 것이

명백하나 이와 대조해서 링에서 2~3분간 상대선수와 격투를 벌이는 선수는 피곤함을 경험하게 된다.

23. 이와 같은 느슨함이 없다면 기관차는 단순히 머물러 서서 기관차 바퀴를 회전시킬 것이다. 느슨한 연결은 철로에 저항하는 기차 바퀴의 힘을 줄여주며 기차 전체가 운동량을 얻는 데 긴 시간을 제공할 수 있다. 이와 같은 방법으로 요구되는 전체충격량을 작은 충격량들로 분해시킨다(이와 같은 느슨한 연결은 기차를 정지시키는 데에도 매우 중요하다).

24. 브레이크의 내부 힘은 바퀴를 정지시킨다. 그러나 바퀴는 결국 도로면과 접촉하는 타이어에 고정되어 있다. 자동차를 정지시키는 힘은 도로와 타이어에 작용하는 힘이다.

25. 껑충 뛰어오르면 여러분은 같은 운동량을 여러분과 카누에 전달한다. 이와 같은 뛰어오름은 카누가 해안에서 밖으로 이동하여 정류장에 대한 여러분의 상대속력을 감소시키게 되므로 기대했던 것만큼 뛰어오르지 못한다.

26. 곤충 무리가 한 장소에 머문다면 알짜 운동량은 영이 될 것이다. 그러면 많은 곤충들의 운동량은 상쇄되어 주어진 방향의 알짜 운동량은 영이 된다.

27. 연못가로 나오려면 열쇠, 동전 혹은 입고 있는 옷의 일부를 던져야 한다. 던진 물체들의 운동량은 던진 사람에게 반대방향을 향한 운동량을 제공한다. 이 방법으로 연못가로 되돌아 올 수 있다(연못가를 향해서 공기를 들이마시고 연못가 반대방향으로 내뿜는 것도 한 방법이다).

28. 공에 운동량이 전달되지 않으면 반대방향의 운동량이 공 던지는 사람에게도 전달되지 않는다. 던지는 공을 통해서 어떤 알짜 효과도 발생하지 않는다. 던지는 시점에서 뒤로 되튀기 시작하면 팔과 잡고 있는 공의 운동이 멎을 때 움직임도 역시 멈춘다. 위치는 약간 변할 수 있으나 정지해 서 있게 된다. 공에 운동량을 전달하지 않는다는 것은 던지는 사람이 갖게 되는 되튐 운동량이 없다는 것을 의미한다.

29. • 연습문제 27에 대하여 : 옷을 던지면 옷을 가속시키는 힘은 던진 사람에게 작용하는 크기는 같고 방향이 반대인 힘과 쌍을 이룰 것이다.
• 연습문제 28에 대하여 : 뉴턴의 제3법칙에 의하면 공에 한 방향으로 힘을 가한다면 공이 던진 사람에게 가하는 같은 크기의 힘으로 균형을 이룬다. 공에 작용한 힘은 최종 운동량을 제공하지 않으므로 던진 사람에게 작용하는 힘 역시 최종 운동량을 제공하지 않는다.

30. 로켓과 로켓이 방출하는 가스가 단일계로 취급한다면 로켓과 방출기체 사이의 힘은 계 내부에 속하므로 로켓-가스계의 운동량은 보존된다. 그러므로 가스에 주어진 운동량은 로켓에 주어진 운동량과 크기는 같고 방향은 반대이다. 방출되는 가스에 운동량을 공급함으로써 로켓은 운동량을 얻는다.

31. 두 물체가 상호작용할 때 물체 사이에 서로 주고 받는 힘은 크기가 같고 방향이 반대이며 이 힘들은 동시에 작용하므로 충격량도 크기는 같고 방향은 반대이다.
그러므로 두 운동량의 변화는 크기는 같고 방향이 반대이며 두 물체의 전체 운동량 변화는 영이다.

32. 되튀는 두 손수레는 같은 운동량을 가지므로 질량이 두 배인 손수레는 질량이 반인 손수레가 갖는 속력의 반을 가질 것이다. 즉 $2m(v/2)=mv$

33. 경사면에 평행한 중력성분에 의해 충격량은 운동량 변화를 만드는 요인이다.

34. 충격량(힘×시간)이 공에 가해지기 때문에 공 자체에 대한 운동량은 보존되지 않는다. 그러므로 공은 운동량을 얻는다. 외력이 없는 한 운동량은 변하지 않는다. 지구 전체와 구르는 공을 하나의 계로 택한다면 지구와 공 사이의 중력 상호작용은 내부 힘에 속하므로 외부 충격력은 작용하지 않는다. 따라서 공의 운동량은 지구의 운동량과 크기는 같고 방향은 반대이다. 이 결과는 결과적으로 운동량 변화는 없다는 것을 나타낸다.

35. 계는 한 물체 또는 여러 물체의 집합체일 수도 있다. 외력이 작용하지 않을 때 계의 운동량은 변화 없이 유지되는 데 이것이 바로 운동량 보존이다.

36. 공만으로 된 계의 경우 운동량은 변하며 따라서 보존되지 않는다. 그러나 거시계(공+지구)의 경우 작용하는 충격량이 내부 충격량이므로 운동량은 보존된다. 공의 운동량 변화는 되튀는 지구의 운동량 변화와 크기는 같고 방향은 반대이다.

37. 계가 (사과+지구)로 구성될 때 작용하는 충격량은 내부충격량이므로 운동량은 보존된다. 떨어지는 사과의 운동량은 사과를 향한 지구의 운동량과 크기는 같다.

38. 계가 단지 돌만으로 구성된다면 떨어질 때 돌의 운동량은 변한다. 계가 돌과 지구를 포함하는 거시계로 구성된다면 낙하하는 돌의 운동량은 크기는 같고 방향이 반대인 돌을 향한 지구의 운동량에 의해 상쇄된다.

39. 계가 자동차와 지구로 구성되어 있다고 하자. 자동차는 낙하하는 동안 아래로 향한 운동량을 얻으며 지구는 위로 향한 운동량을 얻는다. 자동차가 땅에 충돌할 때 운동량은 영이 되며 지구도 운동이 영이 되도록 위로 향한 운동을 멈춘다.

40. 이 문제는 바로 앞의 문제와 유사하다. 부룽코를 계로 다룬다면 알짜힘이 작용하여 운동량은 변한다. 이 경우에 운동량은 보존되지 않는다. 그러나 만일 부룽코와 세계(공기포함)로 구성된 계를 택한다면 작용하는 모든 힘들은 내부 힘들이므로 외력이 작용하지 않는 계에서만 운동량이 보존된다.

41. 철판에서 튀어나오는 총알이 더 큰 충격을 받는다. 철판은 꽂이는 총알보다 튀어나오는 총알에 의해 더 이동할 것이다.

42. 돛배는 오른쪽으로 이동한다. 배에 작용하는 두 가지 충격력이 있기 때문이다: 하나는 돛에 부딪히는 바람의 충격력이며 다른 하나는 선풍기가 만드는 바람으로부터 되튀는 선풍기의 충격력이다. 이 충격력들은 서로 반대방향을 향하지만 크기는 같은가? 그렇지 않다. 되튐 때문에 바람은 돛에서 되튀어 단순히 정지할 때보다 큰 충격력을 만든다. 돛에 작용하는 이 큰 충격력은 전진방향, 즉 오른쪽으로 향한 알짜 충격력을 만들어낸다. 우리는 이것을 힘에 의한 것으로 볼 수 있다.

그림에서 우리가 생각해야 할 두 쌍의 힘: (1) 선풍기 - 공기 힘 쌍과 (2) 공기 - 돛 힘쌍이 있음에 유의하여라. 되튐 때문에 공기 - 돛 쌍의 충격력은 더 크다. 돛배에 작용하는 알짜힘은 오른쪽인 앞을 향한다. 여기에 설명된 원리는 제트기가 착륙한 후에 속도를 늦춰주는 추진력 역전장치에도 이용된다. 또한 선풍기를 켜놓은 후에는 왼쪽방향으로 공기의 알짜운동이 있으므로 운동량을 보존하기 위해 돛배는 오른쪽으로 이동할 것이다.

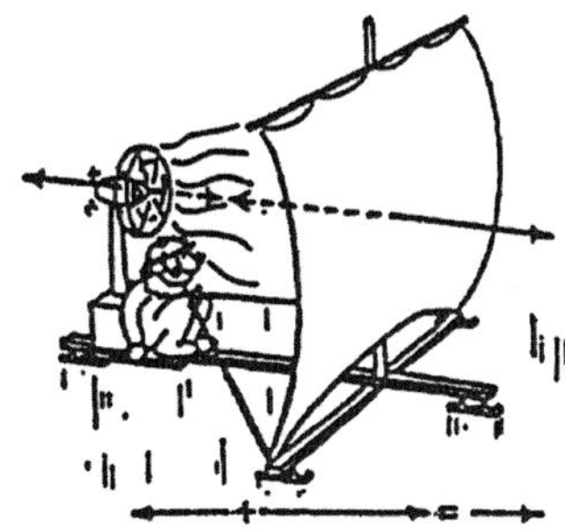

43. 공기가 돛에 부딪혀 정지한다면 돛에 거스르는 충격력은 선풍기에 작용하는 방향이 반대이고 크기가 같은 충격력이다. 따라서 알짜 충격력이 영이므로 운동량 변화도 영이다. 돛배는 움직이지 않고 머물러 있을 것이다. 되튐을 생각해 보아라.

44. 돛을 제거하고 선풍기를 180° 돌려놓으면 배를 추진시키는 가장 좋은 방법이다. 그러면 최대 충격력이 배에 작용한다. 선풍기를 180° 돌려놓지 않는다면 배는 왼쪽, 즉 뒤로 움직이게 될 것이다(그와 같은 프로펠러 추진보트는 플로리다의 에버글레이드스와 같은 물깊이가 아주 낮은 곳에서 사용된다).

45. 그렇다 공을 위쪽으로 던질 때 공을 위쪽으로 밀기 때문이며 이것은 바로 공을 던지는 사람을 아래쪽으로 미는 것을 의미하며 땅쪽으로 전달된다. 그러므로 공이 던져질 때 수직항력은 증가한다(공을 던진 후 mg와 같은 크기로 아래로 향한다).

46. 뉴턴의 제3법칙에 의하면 모기에 작용하는 힘은 자동차 유리창에 작용하는 힘과 크기는 같고 방향은 반대이다. 정지함은 옳다: 충돌시간은 모기나 자동차나 같으며 자동차가 모기와 똑같은 운동량 변화를 일으킴을 의미한다. 모기의 운동량 변화는 속력의 큰 변화 때문에 확실하다. 매우 질량이 큰 자동차의 동일한 운동량 변화는 명확치 않은 데 속력변화가 매우 작기 때문이다. 그럼에도 불구하고 모기에 대한 $m\Delta V$의 크기는 자동차의 $M\Delta v$와 같다.

47. 뉴턴의 제3법칙에 의하면 두 공에 작용하는 힘들은 같은 크기를 가지며 이것은 충격량이 같은 크기를 가짐을 의미한다. 이것은 두 공이 동일한 운동량 변화를 갖게 됨을 의미한다.

48. 힘의 크기, 충격량 및 운동량 변화는 두 자동차의 경우 같다. 경차는 질량이 작기 때문에 큰 가속도를 갖게 된다.

49. 자동차들은 급격한 정차로 운동량 변화와 이에 대응되는 충격량을 경험하게 된다. 그러나 자동차가 되튀어 나가면 운동량 변화가 커지므로 대응되는 큰 충격량을 받아 큰 부상을 입게 된다. 자동차가 충돌하여 합쳐지면 튀어나갈 때보다 부상을 덜 당한다.

50. 힘에 의하여 : 개구리가 스케이트보드에 내려앉을 때 스케이트보드의 속력에 영향을 준다. 스케이트보드가 제공하는 수평방향의 힘이 모래에 작용함을 의미한다. 작용과 반작용에 따라 개구리는 반대 방향으로 보드에 힘을 작용하여 스케이트보드의 속력을 감소시킨다. 운동량 보존의 법칙에 의하여 : 수평방향으로 외력이 작용하지 않으므로 개구리가 스케이트보드에 내려

앉은 뒤의 운동량은 내려앉기 전의 운동량과 같다. 그러므로 질량이 증가하면 속도는 감소해야 한다.

51. 0.8kg인 수레의 운동량이 더 크므로 계의 운동량 방향은 왼쪽이다. 크기를 계산하면 알짜운동량 = (0.5)(1)−(0.8)(1.2) = −0.46이다.

52. 운동량 보존법칙에 위배된다. 주인공이 보트 위에 뛰어내리기 전 보트의 운동량은 뛰어내린 후 (보트+주인공)의 운동량과 같다. 보트의 속력은 감소할 것이다. 예를 들어 보트와 주인공의 질량이 같다면 보트는 속력이 반으로 줄어들 것이다:
$mv_{전} = 2m(v/2)_{후}$. 충격량 − 운동량 관점에서 본다면 주인공이 보트에 접촉할 때 주인공은 발과 보트 평면 사이의 마찰력에 의해 보트를 따라 이동한다. 보트 면에 작용하는 크기는 같고 방향이 반대인 마찰력은 보트의 속력을 감소시키는 충격량은 제공한다(여기서 수평방향의 힘과 운동량의 수평성분만을 고려한다).

53. 그렇다. 공을 던질 때 공에 충격량을 가한다. 역시 공을 잡을 때에도 충격량을 가한다. 이 두 경우에 같은 양의 운동량 변화를 주므로 가해진 충격량은 같다. 공을 잡아서 같은 속력으로 던지는 데에는 두 배의 충격량이 요구된다. 스케이트보드 위에 서서 공을 던지면 되튀어서 운동량을 얻게 된다. 또한 공을 잡을 때에도 같은 양의 운동량을 얻게 되어 잡아서 반대방향으로 잡을 때의 속력으로 공을 던지는 두 가지를 함께 하면 두 배의 운동량을 얻게 된다.

54. 우주비행사들이 우주비행사를 던질 때 같은 속력으로 던진다고 가정한다. 첫 번째 우주비행사가 두 번째 우주비행사를 던질 때 우주비행사들의 질량은 모두 같으므로 첫 번째 및 두 번째 우주비행사는 같은 속력으로 서로 멀어진다. 던져진 우주비행사는 V의 속도로 오른쪽을 향한다. 첫 번째 우주비행사는 $-V$의 속도로 되튄다. 세 번째 우주비행사가 두 번째 우주비행사를 잡았을 때 두 우주비행사는 $\frac{V}{2}$의 속도로 오른쪽으로 이동한다(그림 6.14의 화물차들과 같이 질량이 두 배가 되어 반의 속도로 이동한다). 세 번째 우주비행사가 두 번째 우주비행사를 던지면 V의 속도를 (두 번째 우주비행사는 같은 속도를 세 번째 우주비행사에게 전달한다)얻게 되고 세 번째 우주비행사는 $V+\frac{V}{2}$의 속력으로 오른쪽으로 이동하여 세 우주비행사 중 가장 빠르다. 두 번째 우주비행사의 속도는 $\frac{V}{2}-V=\frac{-V}{2}$로 왼쪽으로 이동하는 데 $-V$로 이동하는 우주비행사를 잡기에는 너무 느리다. 게임은 끝났다. 첫 번째와 세 번째 우주비행사는 단지 한 번 두 번째 우주비행사를 던진다.

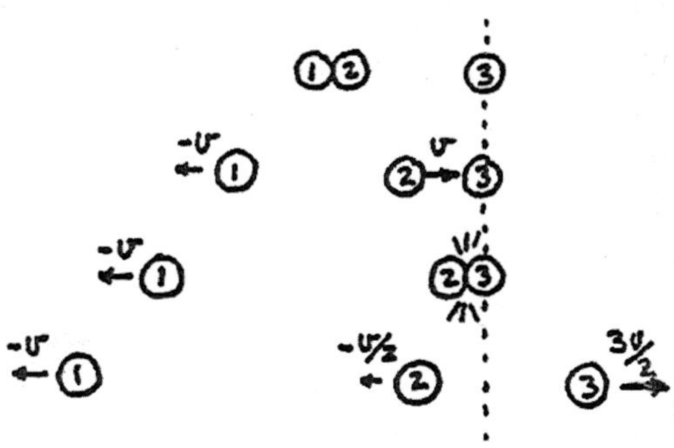

55. 손이 위로 되튄다면 큰 충격량을 함께하는 손과 팔에 큰 운동량 변화를 주기 때문에 충격량은 보다 크다. 벽돌에 작용하는 힘은 손에 작용하는 벽돌의 힘과 크기는 같고 방향은 반대이다. 다행히도 손은 오랜 훈련으로 탄력이 있고 강인하다.

56. 빛이 반사하는 경우에는 되튐 때문에 충격량은 더 크다. 그러므로 바람개비는 왼쪽에서 더 튄다. 그림에서 날개는 시계방향으로 회전한다(대부분 복사계의 경우 공기가 있으면 반대방향으로 회전한다. 검은 면을 복사 흡수하여 가열되어 주위의 공기를 따뜻하게 만든다. 면은 더운 공기에 밀려나 공기가 주는 되튐으로 날개는 반시계 방향으로 회전한다).

57. 이들 두 입자의 질량은 같다: 결합된 입자들이 갖는 반값의 속력은 충돌입자와 표적입자의 질량이 같음을 의미한다. 이것은 그림 6.14에서 주어진 같은 질량을 가진 화물차들의 경우와 같다.

58. 공이 일직선상에서 충돌하지 않으면 충돌당한 공은 각을 이루어 왼쪽 방향으로 벗어나며 충돌하는 공의 초기운동량에 수직한 운동량 성분을 갖게 된다. 이 운동량 성분을 제거시키려면 충돌하는 간단히 정지될 수 없으며 다른 방향(오른쪽)으로 이동하여야 한다. 이것은 운동량의 옆길 성분이 충돌 받는 공의 수직한 성분과 크기는 같고 반대방향이 되도록 방법을 택하면 가능하다. 이것은 옆길 방향의 전체운동량이 영이며 충돌 전의 운동량과 같음을 의미한다(그림 6.19를 참조하여 잎길 방향의 운동량 성분을 어떻게 상쇄시키는지 조사하여 보아라).

59. 갈라진 두 조각은 크기는 같고 방향이 반대인 운동량을 갖게 되며 질량이 작은 조각이 더 큰 속력을 갖는다($mV = Mv$).

60. 충돌 후 볼링공은 골프공보다 큰 운동량을 얻게 되므로 첫 번째 친구의 주장이 옳다. 충돌 전 두 공으로 구성된 계의 운동량은 골프공이 운동하면서 갖고 있는 운동량이 전부이다. 이 량을 +1 단위로 택하자. 그러면 충돌 후 되튀는 골프공의 운동량은 −1 단위이다. 볼링공의 운동량(속력이 아님)은 거의 +2 단위가 되어야 한다. 왜 그럴까? 단지 운동량은 보존되어야 하기 때문이다. 충돌 전의 운동량은 +1 단위이며 충돌 후의 운동량은 (+2−1)=+1이다.

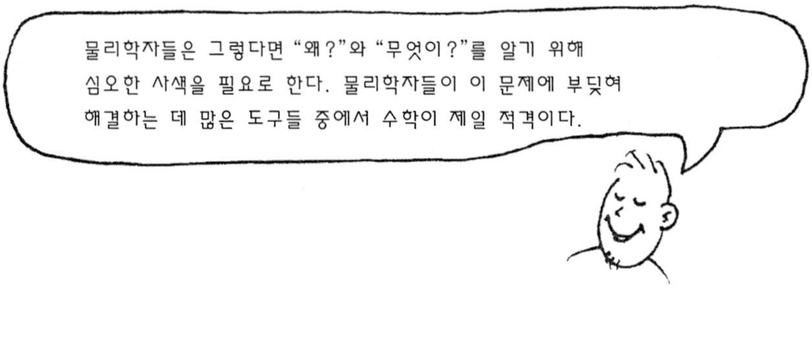

실전문제

1. 볼링공은 $(10\text{kg})(6\text{m/s})=60\text{kg}\cdot\text{m/s}$ 의 운동량을 가지며 이것이 볼링공을 정지시키는 충격량의 크기이다. 즉 크기는 $60\text{N}\cdot\text{s}$ 이다(단위 $\text{N}\cdot\text{s}=\text{kg}\cdot\text{m/s}$).

2. $Ft=\Delta mv$에서

$$F=\frac{\Delta mv}{t}=\frac{(1000\text{kg})(20\text{m/s})}{10\text{s}}=200\text{N}$$

3. $Ft=\Delta mv$에서

$$F=\frac{\Delta mv}{t}=\frac{(75\text{kg})(25\text{m/s})}{0.1\text{s}}=18750\text{N}$$

4. 운동량 보존의 법칙으로부터 $\text{운동량}_{\text{개}}=\text{운동량}_{\text{개+사람}}$이다.
$(15\text{kg})(3\text{m/s})=(40\text{kg}+15\text{kg})\cdot v$
$v=45\text{kg}\cdot\text{m/s}/55\text{kg}=0.8\text{m/s}$

5. 충돌 후 운동량은 영이며 이것은 충돌 전 알짜 운동량이 영이어야 함을 의미한다. 그러므로 두 공의 운동량이 갖도록 1kg의 공은 2kg의 공보다 두 배 빨리 움직여야 한다.

6. 화차의 질량을 m 및 디젤 기관차의 질량을 Δm, 그리고 충돌 후 합쳐진 두 차의 속력을 v라고 하자. 충돌 전 총 운동량은 디젤 기관차의 운동량 $4m(5\text{km/h})$뿐이며 화차의 운동량은 영이다. 충돌 후 합쳐진 질량은 $(4m+m)$이며 결합된 운동량은 $(4m+m)v$이다. 운동량 보존에 따라 $\text{운동량}_{\text{충돌전}}=\text{운동량}_{\text{충돌후}}$
$4m(5\text{km/h})+0=(4m+m)v$
$$v=\frac{20\text{m}\cdot\text{km/h}}{5\text{m}}=4\text{km/h}$$
(문제를 푸는데 질량 값을 알아야 할 필요는 없음에 유의하여라.)

7. 운동량 보존의 법칙에 의해 $\text{운동량}_{\text{전}}=\text{운동량}_{\text{후}}$
$5kg(1\text{m/s})+(1\text{kg})v=0$
$v=-5\text{kg}\cdot\text{m/s}/1\text{kg}=-5\text{m/s}$.
그러므로 작은 물고기가 5m/s의 속도로 큰 물고기에 접근한다면 잡아먹은 직후의 운동량은 영이 될 것이다.

8. 운동량 보존의 법칙에 의하면 소행성질량 × 800m/s =수퍼맨의 질량 × v가 성립된다. 소행성의 질량은 슈퍼맨의 질량의 1000배이므로 $(1000m)(800\text{m/s})=mv$이다.

$$v=\frac{800{,}000m}{m}\text{m/s}=800000\text{m/s}.$$

슈퍼맨의 속력은 거의 $2\times10^6\text{miles/h}$이다.

9. 두 경우에 운동량 보존의 법칙을 이용할 수 있다.

(a) 정면충돌한 후 전체운동량은 영이므로 충돌 후 파손된 차량은 움직이지 않는다.

(b) 그림 6.18에서 보인 바와 같이 총운동량은 북동방향을 향하며 크기가 각각 20000kg · m/s 인 서로 수직인 두 운동량 벡터들의 합과 같다. 운동량의 크기는 28200kg · m/s 이다. 파손된 차량의 속력은 운동량을 두 차의 질량 합으로 나누어 구한다.

$$v = \frac{28200\text{kg} \cdot \text{m/s}}{200\text{kg}} = 14.1\,\text{m/s}$$

10. (a) $Ft = \Delta p = mv$ 에서 $F = \frac{mv}{t}$ 이다.

(b) $F = \frac{mv}{t} = \frac{(1\text{kg})(2\text{m/s})}{0.2\text{s}} = 10\text{kg} \cdot \text{m/s}^2 = 10\text{N}$

제 7 장 에너지

7장 연습문제

1. 같은 속력으로 달리며 짐을 가볍게 실은 차가 멈추기가 쉽다. 그것은 작은 운동에너지를 갖고 있으며 정지시키는 데 일이 덜 들기 때문이다(충격량과 운동량에 의한 답 역시 받아드릴 수 있다).

2. 운동방향으로 등짐에 거의 힘을 가하지 않기 때문에 일을 하지 않는다. 등짐이 갖는 에너지 또한 변하지 않으며 에너지 변화가 없다는 것은 일을 하지 않음을 의미한다.

3. 친구가 두 배의 더 많은 일을 한다($4\times1/2>1\times1$).

4. 벽에 일을 행하지 않았다 할지라도 육체의 내부에 일이 행해졌기 때문이다(이 일은 열을 발생시킨다).

5. 강한 용수철을 늘리는 데 더 큰 힘이 요구되므로 약한 용수철을 같은 거리만큼 늘리는 데 필요한 일보다 더 큰 일을 해야 한다.

6. 같은 높이의 계단을 올라가지 때문에 두 사람이 각각 한 일은 같다. 30초에 계단을 올라간 사람은 보다 짧은 시간에 일을 하였기 때문에 보다 큰 일률을 사용하였다.

7. 태양에너지는 단순히 태양으로부터 방출되는 에너지이다. 일반적인 일률과 같이 태양 일률은 단위 시간에 전달된 에너지, 즉 에너지 전달률이다. 따라서 태양의 일률은 매 시간 같으며 태양에너지량은 전달된 시간 사이의 에너지량과 같다.

8. 계산한 바와 같이 잡아당긴 활의 PE는 과도하게 어림잡은 것(사실 실제 값의 거의 두 배)인데 활을 당기는 데 사용된 힘은 영에서 시작하여 최대로 잡아당겼을 때 최대힘으로 커진다. 활을 반만큼 잡아당길 때 요구되는 힘은 중간위치에서 최대위치로 잡아당길 때 요구되는 힘보다 작으므로 작은 일을 필요로 한다. 그러므로 행해진 일은 (최대힘)×(잡아당긴 거리)가 아니라 (평균힘)×(잡아당긴 거리)이다. 힘이 거리에 따라 변하는 경우(거리의 제곱에 비례하지 않으며 그 이외의 다른 복잡한 인자에 관계되지 않음) 평균힘은 (초기힘)+(최종힘)을 2등분한 것이다. 따라서 퍼텐셜에너지는 적용된 평균힘(근사적으로 최대로 잡아당겼을 때의 힘의 반에 해당)에 화살이 당겨진 거리를 곱한 양과 같다.

9. 총신이 긴 총을 발사할 때 총알이 긴 거리를 밀려나가 더 많은 일이 행해진다. 큰 운동에너지는 보다 큰 일의 결과이므로 물론 총알은 더 큰 속도로 방출된다(총알에 작용하는 힘은 일정하지 않으나 총신을 통과하는 거리가 증가함에 따라 감소함에 유의하여라).

10. 옳다. 속력자체는 기준계(제3장)에 상대적이기 때문이다. 그러므로 $mv^2/2$ 역시 기준계에 상대적이다.

11. 비행기의 탑승자에 상대적으로 던져진 공의 운동에너지는 비행기의 속력과는 무관하다. 그러나 지상에 있는 관측자에겐 상대적으로 공의 운동에너지는 다른 문제이다. 속도와 같이 운동에너지는 상대적이다.

12. 여러분들이 제시하는 기준계에 관해서 두 사람 다 옳다. 운동에너지는 상대적이다. 여러분의 기준계에서는 탑승자는 큰 속력으로 날고 있기 때문에 큰 운동에너지를 갖는다. 그러나 탑승자의 기준에서 탑승자의 속력은 영이며 운동에너지 역시 영이다.

13. 에너지는 대부분 공기의 마찰열로 전환된다.

14. 장대를 사용하지 않으면 수평으로 달리는 선수의 운동에너지를 중력 퍼텐셜에너지로 쉽게 바꿀 수 있다. 그러나 장대가 구부러지는 것은 장대에 탄성 퍼텐셜에너지를 저장하는 것으로 중력 퍼텐셜에너지로 변환시킬 수 있다. 그러므로 강한 탄성 장대를 가진 높이 뛰어넘기 선수는 보다 높은 곳에 도달하게 된다.

15. 진자 추의 운동에너지는 가장 낮은 점에서 가장 빨리 움직이며 최댓값을 가진다. 퍼텐셜에너지는 최고점에서 최댓값을 갖는다. 진자 추가 최고점의 중간점에 도달했을 때 추의 운동에너지는 최댓값의 반이며 퍼텐셜에너지 역시 최댓값의 반이다. 진동하는 최하점에서 퍼텐셜에너지를 영으로 정의한다면 운동에너지가 최댓값의 반값을 갖는 지점은 퍼텐셜에너지가 최댓값의 반값을 갖는 지점으로 이 지점에서 운동에너지=퍼텐셜에너지이다(에너지 보존에 따라서 총에너지=운동에너지+퍼텐셜에너지이다).

16. 진자에 초기 운동에너지를 준다면 초기에너지와 같은 에너지를 가지고 출발점에 돌아와 선생에 부딪힐 것이다(보통 교실 실험과정에서는 정지상태에 있는 진자를 선생 코의 위치에서 낙하시킨다. 그러면 제자리에 돌아왔을 때 운동에너지를 갖고 있지 않으며 코에 접촉하며 멎는다).

17. 두 가지 모두 있다. 지구의 중력장에서 우주 정거장을 끌어올리는 데 일이 행하여 졌으며 우주정거장에 속력을 제공하였기 때문에 지구에 상대적으로 운동에너지와 퍼텐셜에너지를 가지고 있다.

18. 일-에너지 정리에 의하면 일단 운동하면 위성에는 어떤 일도 행하여지지 않는다(왜냐하면 중력은 위성의 운동방향에 평행한 힘 성분이 없기 때문이다). 그러므로 에너지에 변화가 없다. 따라서 위성은 일정한 속력으로 순항한다.

19. 일-에너지 정리에 의하면 두 배의 속력은 네 배의 에너지에 대응되므로 못이 박히는 거리도 네 배가 된다. 속력이 세 배가 되면 못이 박히는 거리는 9배가 된다.

20. (a)와 (b)에 대한 답은 같다. 볼링대 위의 볼링공과 원궤도를 돌고 있는 인공위성에 작용하는 중력과 같이 힘의 방향이 운동방향과 수직일 때에는 운동방향에 힘 성분이 없으므로 행해진 일은 없다.

21. 언덕에서는 자동차의 운동방향에 중력성분이 있다. 이 힘 성분이 차에 일을 한다. 그러나 수평 도로 상에서는 자동차의 운동방향을 따라 중력성분이 없으므로 이 경우에 중력은 일을 하지 않는다.

22. 줄 장력은 항상 단진자 추의 운동방향에 수직이므로 추의 경로를 따라 장력 성분이 없음을 의미한다. 그러므로 장력에 의해 행하여진 일은 없다. 그 반면에 중력은 흔들리는 가장 낮은 바닥점을 제외하고 운동방향을 따라 중력성분이 있어서 일을 하여 추의 운동에너지를 변화시킨다.

23. 작용–반작용 논리에서 본다면 상자가 줄을 끌어당긴다는 사실은 적절치 않다. 줄이 상자에 한 일은 상자에 작용하는 줄 힘의 수평성분에 상자가 이동한 거리를 곱한 것이다. 이 일의 일부는 운동에너지와 작용하는 마찰량에 관계되는 열에너지를 만든다.

24. 운동에너지 증가에 사용되지 않은 퍼텐셜에너지 100J은 열에너지로 바뀌어 어린이의 발바닥과 미끄럼틀을 가열한다.

25. 수퍼공을 아래로 던지면 원래 높이 보다 더 튀어오를 수 있는 데 단순히 낙하시키면 그렇게 되지 않는다. 그렇게 된다면 에너지 보존에 위배된다.

26. 수퍼공이 바닥을 칠 때 에너지의 일부가 열로 변한다. 이것은 충돌전보다 충돌 후에 작은 운동에너지를 갖게 됨을 의미한다.

27. 공의 운동에너지는 공이 손을 벗어날 때 최대가 되며 퍼텐셜에너지는 공이 최고점에 도달했을 때 최대가 된다.

28. 설계가 실용적이 아니다. 롤러코스터의 정점들은 높이가 같으므로 각 정점에서 퍼텐셜에너지는 같은 값을 가질 것이다. 마찰을 이겨내 에너지 소모가 없다면 차는 출발할 때의 에너지를 가지고 제이의 정점에 오를 것이다. 그러나 실제로 고려해야 할 마찰력이 존재하므로 초기 정상의 높이에 도달하지 못할 것이며 동일한 에너지를 갖지 못한다. 그러므로 연속되는 정상의 최고높이를 마찰에 대한 손실을 보충할 수 있도록 낮추어야 한다.

29. 두 번째 학생의 의견에 동의한다. 높은 정상이 마찰에 의한 에너지 손실을 보충하는 데 있어서 처음의 정상보다 충분히 낮은 한 롤러코스터는 낮은 정상을 잘 극복할 것이다.

30. 두 공은 같은 속력을 가질 것이다. 두 공은 퍼텐셜에너지를 운동에너지로 전환시키기 때문에 여기서 더 이해하기 쉽다(운동 문제를 다룰 때에는 에너지를 생각하여라).

31. 그렇다. 전조등이 켜 있을 때 자동차는 연료를 더 소비한다. 연료의 전체 소비량은 엔진이 가동되고 있는가 또는 아닌가에만 관계되는 것은 아니다. 전조등이나 다른 장치들은 전지의 전력을 소비하여 정지하게 만든다. 전지를 충전하는 데 사용되는 에너지 역시 연료로부터 공급되는 것이다.

32. 지구와 접촉된 면의 중심을 제외하면 중력은 평면, 즉 돌의 경로와 각을 이루어 평면방향의 중력성분을 돌에 작용한다. 그러므로 돌은 평면 중심에서 멀어지면서 중력에 거스르게 되어 중력 영향 하에 되돌아오게 된다. 돌이 면에서 멀리 미끄러져 나갈 때 지구의 중력에 위로 이동하며 점점 속력이 느려진다. 결국 멎은 후에 면 중심 방향으로 미끄러지며 이 과정을 반복한다. 돌은 면을 따라 앞뒤로 미끄러진다. 평평한 지구의 관점에서 본다면 이 상황은 밑그림에서 보인 것과 동등하다.

33. 운동에너지는 같으나 질량이 다르다면 질량이 작은 공이 더 큰 속력을 갖는다. 즉 $Mv^2/2 = mV^2/2$이다. 분자들의 경우도 마찬가지로 가벼운 분자는 질량이 큰 분자보다 빠르게 움직인다(온도가 분자의 평균 운동에너지의 척도라는 것을 제15장에서 보게 될 것이며 가벼운 기체 분자들은 무거운 분자들보다 빠른 속력으로 운동한다).

34. 문을 열어놓고 달리는 자동차는 공기저항을 받게 되어 속력을 유지하는 데 더 많은 연료를 소비하는 원인이 될 수 있다. 이 소비량은 냉난방기를 꺼 놓았을 때 연료소비량을 줄이는 것보다 더 소비할 수 있다.

35. 기계는 힘이나 거리를 증가시킬 수 있으나 이것들은 수치일 뿐이다.

36. 잭 손잡이의 매 번 펌프질로 충분한 일이 생긴다. 소녀가 가하는 힘은 자동차를 들어 올리는 곳보다 아주 먼 곳에 작용한다. 먼 거리에 작용하는 힘은 큰 일을 할 수 있다.

37. 아인슈타인의 $E=mc^2$이다(제34장 및 35장에서 더 자세히 설명될 것이다).

38. 질량 자체는 에너지를 응고시켜 된 것이라는 것을 이해하지 못할 수 있으므로 물체 내에 응고되어 있는 보다 훨씬 많은 에너지가 원자로에 들어간 것보다 작은 에너지가 방출된다고 친구에게 설명한다. 핵반응을 통해서 질량의 약 1%가 다른 형태의 에너지로 전환된다.

39. 돌이 땅에 한 일은 떨어지기 전의 돌의 퍼텐셜에너지 $mgh=100\text{J}$과 같다. 그러나 충돌력은 돌이 땅을 뚫고 들어간 거리에 따라 달라진다. 이 거리를 모른다면 힘을 계산해낼 수 없다(충격이 일어나는 시간 간격을 안다면 충격량-운동량 관계로부터 힘을 계산해낼 수 있으나 돌이 땅을 투과한 시간이나 거리를 모른다면 힘을 계산해낼 수 없다).

40. 우리가 행해진 일을 논의할 때 무엇에 하여진 또는 무엇에 의해 행해진 일인가를 알아야 이해하여야 한다. 엔진에서 공급되는 외력에 의해서 자동차에 일을 한다. 자동차 바퀴의 뒤로 밀어내는 힘에 반작용하여 도로에 의해 행해진 일은 공기저항 및 그 이외의 마찰력을 포함하는 알짜힘이 아닌 작용한 힘과 이동한 거리를 곱한 양과 같다. 일이 행해질 때 작용한 힘을 고려하며 가속될 때에는 알짜힘을 고려한다. 자동차에 있어서 실제로 내부적인 역학관계에서 생기는 마찰력과 도로자체에서 생기는 마찰력은 자동차에 마이너스 일을 한다. 합이 영인 전체 일은 왜 자동차의 속력이 변하지 않는 지의 이유를 설명한다.

41. 공기 저항이 결과를 제공하는 요인이라면 공은 작은 속도로 되돌아 올 것이다(제4장 연습문제 58에서 논의하였음). 그러므로 작은 운동에너지를 가질 것이다. 공은 공기분자들과 접촉하여 역학적인 에너지를 잃게 되며 출발점에 되돌아와 본래의 퍼텐셜에너지를 가질 때 작은 운동에너지를 갖게 된다는 사실로부터 직접 알 수 있다. 이것은 에너지가 파손되지 않으며 변화되기 때문에 에너지 보존에 모순되지 않는다.

42. 위로 던진 공이건 아래로 던진 공이건 공은 같은 속력으로 땅에 부딪힌다. 공은 같은 장소에서 같은 에너지를 가지고 출발하므로 땅에 도착할 때에는 같은 에너지를 가질 것이다. 이것은 두 공이 같은 속력으로 땅에 부딪힘을 의미한다. 공기가 결과에 영향을 주는 요인이라면 위로 던져진 공은 긴 경로 속에서 공기저항으로 에너지를 잃어 작은 속력으로 땅에 부딪힐 것이다. 이것을 보는 다른 방법은 52쪽의 그림 3.8을 공기저항 없이 생각해 보는 것이다. 위로 던진 공은 던진 지점에서 아래로 던진 공의 속력과 같은 속력으로 되돌아 올 것이다. 이 두 공은 같은 속력으로 지상에 충돌한다(그러나 충돌시간은 다르다).

43. 나머지 15hp는 전지의 전기에너지에 의해 공급되며 (결국 석유에너지를 사용하여 전지를 재충전시킨다).

44. 보통 자동차에서 브레이크를 밟으면 운동에너지는 열로 전환된다. 하이브리드 자동차에서 브레이크를 밟으면 전지가 충전된다. 이와 같이 브레이크를 밟을 때 에너지는 곧 운동에너지로 변환된다.

45. 이 질문은 다음과 같이 새로 쓸 수 있다 : (30^2-10^2)은 (20^2-10^2)보다 큰가? 작은가? $(30^2-10^2)=500$이 $(20^2-10^2)=300$보다 훨씬 큰 것임을 알 수 있다. 그러므로 운동에너지는 주어진 큰 속력변화 Δv에 대해 더 큰 변화를 가져온다.

46. 물체가 운동에너지를 가지면 움직이고 있으므로 운동량을 가져야 된다. 그러나 운동 없이 퍼텐셜에너지를 가질 수 있으므로 운동량을 갖지 않는다. 모든 물체는 "존재하는 에너지"를 갖는데 축복된 방정식 $E=mc^2$으로 설명된다. 그러므로 물체가 운동하든 안하든 어떤 형태의 에너지를 가지고 있다. 물체가 운동에너지를 갖고 있다면 운동에너지를 측정한 기준계에 대해 운동량 역시 갖게 된다.

47. 속력의 변화 없이 질량이 두 배로 증가하면 운동량과 운동에너지는 모두 두 배로 증가한다.

48. 속도가 두 배로 증가할 때 운동량은 두 배 및 운동에너지는 네 배로 증가한다. 운동량은 속력에 비례하며 운동에너지는 속력의 제곱에 비례한다.

49. 두 공은 같은 운동량을 갖는다. 그러나 질량이 1kg인 빠른 공이 큰 운동에너지를 갖는다.

50. 자동차의 운동량은 크기에서는 같으나 두 경우에 서로 반대 방향을 향하므로 벡터량인 운동량은 서로 같지 않다.

51. 운동에너지가 영이라는 것은 속력이 영임을 의미하므로 운동량 역시 영이다.

52. 그렇다. 속력이 영인 사람만을 토의한다면 운동량과 운동에너지는 영이다. 그러나 둘 또는 그 이상의 물체들로 구성된 계의 경우 알짜 운동량은 영이 될 수 있으나 실질적인 총운동에너지를 가질 수 있다.

53. 전혀 그렇지 않다. 같은 크기의 운동에너지를 가진 두 물체의 경우 큰 질량을 가진 물체는 큰 운동량을 갖는다.

54. 두 진흙 덩어리가 충돌하기 전 알짜운동량은 영이며 충돌 후에도 영이다. 사실 운동량은 보존된다. 충돌 후 운동에너지는 영이지만 충돌 전에 영보다 큰 값을 가졌다. 진흙덩어리의 초기 운동에너지가 열에너지로 변환되었기 때문에 충돌 후 진흙덩어리는 따뜻하다. 운동량은 단지 한 형태만을 갖고 있다. 운동량을 한 형태에서 다른 형태로 변환시키는 방법이란 존재하지 않는다. 그러므로 운동량은 보존된다. 그러나 에너지는 여러 형태로 나타나며 쉽게 변환될 수 있다. 운동에너지와 같은 에너지의 단일형태는 보존되지 않는다.

55. 종이나 금속판을 자르는 가위는 지렛대이다. 종이를 자르는 가위의 경우 외력은 보통 짧은 거리에 작용하여 출력은 상대적으로 먼 거리에 작용하도록 되어 있다(단단한 줄 조각을 자를 때와 같이 큰 절단력이 필요할 때나 줄을 지레 받침점에 가까이 놓아 힘을 증가시키려고 할 때를 제외하면) 금속을 자르는 가위의 경우 짧은 거리에서 큰 출력을 내도록 비교적 작은 입력이 먼 거리에 작용하도록 손잡이가 길다.

56. 여러 개의 공이 진동하는 계에서는 운동량 보존보다 더 문제가 있으며 이것이 바로 앞장에서 제기되지 않은 이유이다. 이 mv의 운동량을 가진 두 공이 충돌하여 공 하나가 $m(2v)$의 운동량을 가지고 튀어나온다. 즉 $2mv = m(2v)$이다. 운동에너지를 생각해 보아야 한다. 두 공은 $2(mv^2/2) = mv^2$인 운동에너지를 가지고 충돌한다. 두 배의 속력을 가진 한 공이 튀어나오면 초기에 주어진 운동에너지의 두 배를 가지고 간다. $m(2v)^2/2 = (m4v^2)/2 = 2mv^2$. 이것은 명백히 에너지 보존에 어긋난다.

57. 에너지는 효율이 낮은 기계에서 사용가치가 없는 형태로 변환된다. 단어의 명확치 않은 의미에서 "상실"되었다고 말한다. 명확한 의미에서 상실된 것은 아니다.

58. 효율이 100%인 엔진은 만지면 따뜻하지 않으며 공기 중에 열을 방출하지 않으며 소음도 내지 않고 진동도 하지 않는다. 이 모든 것들은 에너지 전달로 엔진에 주어진 모든 에너지가 유용한 일로 전환된다면 발생할 수 없다(실제 100%의 효율을 가진 엔진은 원리적으로 불가능하며 제24장에서 이것을 논의한다).

59. 통상적인 의미로 에너지를 보존한다는 것은 에너지를 소비하지 않음을 의미한다. 물리학에서 에너지 보존의 의미는 자연에서 일어나는 과정들을 지배하는 자연법칙과 관계된다. 에너지가 소비될 수 있다 할지라도(이것은 실로 유용한 에너지가 유용하지 않은 에너지로 변환됨을 의미한다) 파괴될 수는 없다. 에너지는 늘어나거나 없어지지 않고 전달되거나 변환된다. 이것이 바로 물리학자들이 에너지는 보존된다고 언급하는 것을 의미한다.

60. 에너지를 공급할 수 있는 정도가 사용가능한 에너지량보다 소비자들에게는 더 관심의 대상이다. 그러므로 "전력위기"는 사회요구가 공급을 초과하는 단기간의 상황을 보다 명확히 기술한다(장기간에서 볼 때 연료공급이 요구량에 맞추어 충분치 않을 때 세계는 에너지 위기에 직면할 수 있다).

61. 친구의 말이 옳다. 운동에너지의 변화는 일을 요구하기 때문에 이것은 공기 질을 저하시키고 연료소비 증가를 의미한다.

62. 에너지 보존에 따르면 방출하는 에너지보다 많은 에너지를 받아들이는 사람은 체내에 첨가되는 화학에너지를 저장해서 뚱뚱해진다. 흡수한 에너지보다 많은 양을 소모하는 사람은 체지방을 태워서 모자라는 에너지를 공급한다. 과다한 일을 하여 영양실조에 걸린 사람은 체내에 저장된 화학에너지를 소비하여 보충한다. 이것은 건강을 해치지 않고 오래 견딜 수 없는 것이다.

63. 한 번 사용하면 에너지는 재생시킬 수 없으며 환경에 유효하지 않은 형태로 소멸되기 때문에 "재생에너지"라는 용어와는 맞지 않는다. 재생에너지는 재생할 수 있는 자원에서 유도해낸 에너지를 가리킨다. 예를 들면 나무다.

64. 세계의 인구는 계속 증가함에 따라 생활의 적절한 표준을 제공할 수 있도록 에너지 생산이 증가되어야 한다. 평화, 협조 및 안전이 없이는 세계적인 규모에 맞는 에너지 생산은 증가하기보다 감소한다.

실전문제

1. 일$=\Delta E=\Delta mgh=300\text{kg}\times 10\text{N/kg}\times 6\text{m}=18000\text{J}$.

2. (a) 아래에 보이는 양만큼 일을 해야 한다.
   $F\times d=100\text{N}\times 10\text{m}=1000\text{J}$
   (b) 마찰 때문에 상자에 한 알짜일은 작다.
   $\Delta KE=$알짜일$=$알짜힘$\times$거리$=(100\text{N}-70\text{N})\times(10\text{m})=300\text{J}$
   (c) 따라서 700J의 에너지는 상자와 마루를 가열하는 데 소비된다.

3. 속력이 3배일 때 운동에너지는 9배가 되며 더 멀리 미끄러져 135m를 이동할 것이다. 마찰력은 두 경우에 거의 같으며 포장도로가 자동차에 한 일도 9배이므로 거리도 9배가 되어야 한다.

4. PE + KE = 전체에너지 E
   $\text{KE}=10000\text{J}-1000\text{J}=9000\text{J}$

5. $F\times d=F'\times d/3$ 에서 $F'=3F=150\text{N}$ 임을 알 수 있다.

6. 가해진 일이 50J이므로 $200\text{N} \times h = 50\text{J}$

$$h = 50\text{J}/200\text{N} = 0.25\text{m}$$

7. $(F \times d)_{\text{내부}} = (F \times d)_{\text{외부}}$

$F \times 2\text{m} = 5000\text{N} \times 0.2\text{m}$

$F = \dfrac{(5000\text{N})(0.2\text{m})}{2\text{m}} = \dfrac{1000\text{Nm}}{2\text{m}} = 500\text{N}$

8. $(F \times d)_{\text{내부}} = (F \times d)_{\text{외부}}$

$(100\text{N} \times 10\text{cm})_{\text{내부}} = (? \times 1\text{cm})_{\text{외부}}$

$? = \dfrac{(100\text{N} \times 10\text{cm})_{\text{내부}}}{(1\text{cm})_{\text{외부}}} = 1000\text{N}$

그러므로 출력과 걸리는 무게는 1000N이다(효율이 100%보다 떨어지면 적어질 것이다).

9. 일률 $= \dfrac{Fd}{t} = \dfrac{2\text{J}}{1\text{s}} = 2\,\text{watts}$

10. 바나나의 초기 퍼텐셜에너지는 낙하하면서 운동에너지로 변환된다. 바나나가 물에 부딪힐 때 초기의 모든 퍼텐셜에너지는 운동에너지가 된다.

$$PE_0 = KE_f \qquad mgh = \frac{1}{2}mv^2$$

$$v^2 = 2mgh/m = 2gh, \qquad v = \sqrt{2gh}$$

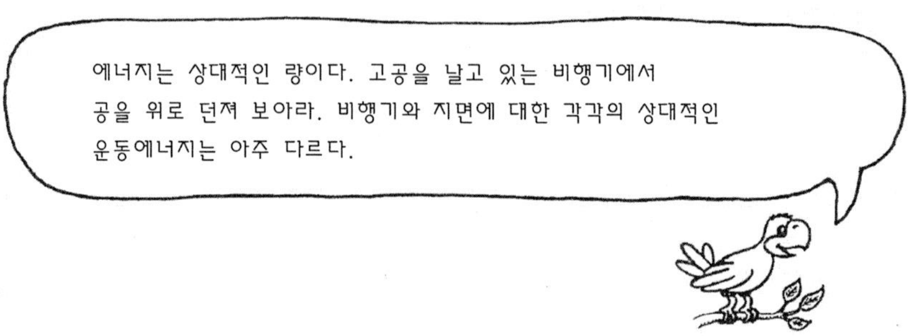

제 8 장
회전 운동

8장 연습문제

1. 대회전 관람차의 바퀴가 힘을 받아 자유롭게 움직이지 않는다고 가정하면 샘의 회전속력은 w이다. 반경이 반으로 줄어들었기 때문에 샘의 접선속력 $v = rw$도 반으로 줄어든다. 회전속력 w는 같으나 접선속력 v는 같지 않기 때문에 답은 서로 다르다.

2. 직경이 큰 타이어는 한 회전할 때 멀리간다는 것을 의미한다. 주행속도계가 표시하는 것보다 더 빨리 이동할 것이다(주행속도계는 실제로 바퀴의 분당 회전수(RPM)를 측정하여 이 값을 mi/h 또는 km/h로 표시한다. 분당 회전수에서 mi/h 또는 km/h로 바꾸어 읽음은 바퀴가 일정한 크기임을 가정한 것이다). 큰 바퀴는 주행속도계가 표시하는 것보다 회전 당 더 먼 거리를 가기 때문에 아주 낮은 수치를 나타내며 작은 바퀴는 한 회전 당 멀리 가지 않기 때문에 아주 큰 수치를 나타낸다.

3. 두 바퀴는 띠로 연결되어 있어서 같은 속력을 갖기 때문에 접선속력은 서로 같다. 작은 바퀴는 같은 속력 때문에 두 배로 빨리 회전하며 반경 r이 반이므로 w는 두 배이어야 한다.

   $v_{\text{큰 바퀴}} = rw$ $\qquad$ $v_{\text{작은 바퀴}} = \frac{1}{2}r \times 2w = rw$

4. 수가 타고 있는 자전거 바퀴의 지름이 작아 같은 거리를 가는데 더 회전해야 하므로 수의 타이어는 더 큰 회전속력을 갖는다.

5. 같은 각속력 w를 갖기 때문에 거리가 긴 r은 훨씬 더 큰 속력 v로 움직인다.

6. 가늘어지는 양은 기차바퀴가 통과하는 곡선 길이와 관계된다. 외부선로가 내부선로보다 10% 긴 곡선 상에서 바퀴의 넓은 부분은 역시 작은 부분보다 적어도 10% 넓어야 한다. 만일 이보다 작다면 바퀴가 선로 위에 있기 위해 가장자리에 붙어 기차가 곡선을 따라 움직일 때 파손된다. 곡선이 날카로워지면 바퀴는 더 가늘어져야 한다.

7. 그렇다. 긴 다리로 인해 회전관성이 커진다. 새의 발은 새의 질량 중심 바로 밑에 있다.

8. 회전관성과 돌림힘은 여기서 아주 잘 설명되며 운동량 보존 역시 중요한 역할을 한다. 앞바퀴까지의 긴 거리는 뒷바퀴에 상대적으로 자동차의 회전관성을 증가시키며 자동차의 무게를 늘

리지 않고 앞바퀴의 지렛대 길이를 늘려준다. 뒷바퀴가 시계방향으로 회전할 때 차대는 반시계방향으로 회전하려고 (운동량 보존)하므로 앞바퀴가 지상에서 떠오르려고 한다. 회전관성의 증가와 뒷바퀴로부터 멀리 있는 앞바퀴에 증가된 시계방향 돌림힘은 이 효과를 진정시킨다.

9. 역학적인 평형을 이루는 데는 두 조건이 필요하다. 즉, $\sum F = 0$과 $\sum$ 돌림힘 $= 0$이다.

10. 절벽을 벗어나기 전 앞바퀴와 뒷바퀴는 자동차의 무게를 유지시켜주는 지지대를 제공한다. 자동차의 질량 중심은 이 지지대 사이에 있다. 그러나 자동차가 절벽을 벗어날 때 앞바퀴가 먼저 지면을 떠난다. 그러므로 자동차는 앞으로 기울어진다. 돌림힘에 의해 절벽을 벗어나기 전에 돌림힘은 앞바퀴와 뒷바퀴의 질량중심에 평형을 유지시킨다. 그러나 앞바퀴의 지지력이 없을 때 뒷바퀴의 지지력에 의한 돌림힘은 그림에서와 같이 차를 질량중심에 대해 전방으로 회전시킨다. 고속으로 달릴 때 돌림힘이 작용하는 시간이 짧으므로 낙하할 때 회전이 작아진다.

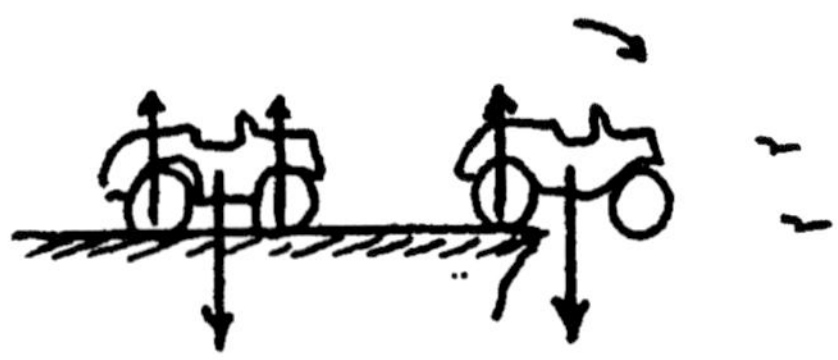

11. 도로가 타이어에 작용하는 마찰력은 차의 질량중심에 돌림힘을 만든다. 차가 앞으로 가속할 때 마찰력은 앞으로 향하므로 자동차는 위쪽으로 회전한다. 제동기를 밟으면 마찰력은 후방을 향하므로 돌림힘은 차를 반대방향으로 회전시켜 뒷면이 위쪽으로 회전한다(차의 앞면은 아래로 향한다).

12. 볼링공이 이긴다. 어떤 질량과 크기를 가진 고체구가 어떤 질량과 크기를 가진 고체원통이나 속이 빈 공보다 큰 가속도를 갖는다. 이것은 고체구가 다른 형태의 물체보다 질량당 작은 회전 관성을 갖기 때문이다. 고체구는 질량 중심을 통과하는 회전축 근처에 많은 질량이 배치되어 있는 반면에 원통물체나 속이 빈 공은 회전축에서 먼 곳에 질량이 배치되어 있기 때문이다. 단위질량당 최소 회전관성을 가진 물체는 "가장 느슨"해서 경주에 이긴다.

13. 바닥에 먼저 도착하는 공은 질량에 비해 최소 회전관성을 가진 것으로 야구공이다.

14. 이 공들을 경사면에서 굴린다면 고체공이 빨리 구를 것이다(속이 빈 공은 무게에 비해 더 큰 회전관성을 갖는다).

15. 물은 깡통 속에서 미끄러지는 반면 얼음은 깡통을 따라서 굴러가기 때문에 같다고 말하지 말라. 물이 깡통에서 미끄러질 때 물은 깡통에 회전관성보다 무게에 기여하므로 물이 들어있는 깡통이 더 빨리 굴러간다(물이 들어있는 깡통은 빈 깡통까지 이긴다).

16. 무게가 가벼운 타이어는 작은 회전관성을 가져서 속력을 올리기 쉽다.

17. 살이 달리지 않고 무게가 가벼워 회전관성이 작은 바퀴(굴렁쇠 같은 것보다 원반형 같은)를 사용하라고 조언하여라.

18. 지렛대의 길이는 시소의 끝에 사람이 서던, 앉던 도는 매달리던 마찬가지이며 확실히 사람의 무게는 같다. 그러므로 알짜 돌림힘은 역시 같다.

19. 못 만든다. 정의에 따르면 돌림힘은 힘과 지렛대 팔을 모두 필요로 한다.

20. 수평위치에서 지렛대의 팔은 사슬바퀴의 팔과 같으나 수직위치에서 지렛대의 팔은 영이다. 이것은 작용력선이 바로 회전축을 통과하기 때문이다(발판을 원형으로 밟으면 자전거 줄도 함께 도는데 이것은 발을 수레바퀴 둘레의 꼭대기로 밀어내는 것이며 밑으로 끌어서 원상태로 멎는다. 이것은 회전 중 많은 부분에 돌림힘 작용을 허용한다는 뜻이다).

21. 만들 수 없다. 질량중심 주위에 지렛대 팔이 없기 때문이다. 지렛대 팔 길이가 영이라는 것은 돌림힘이 영임을 의미한다.

22. 세 경우 모두 실패는 오른쪽으로 움직인다.
(a) 실패가 시계방향으로 돌게 하는 책상과 접촉점에 돌림힘이 있으므로 실패는 오른쪽으로 굴러간다.
(b) 끌어당기는 작용선을 책상에까지 확장시키면 지렛대의 팔은 없으므로 돌림힘은 존재하지 않는다. 그러나 오른쪽 힘 성분으로 인해서 실패는 구르지 않고 오른쪽으로 미끄러진다.
(c) 돌림힘은 시계방향으로 회전을 시키므로 실패는 오른쪽으로 회전한다.

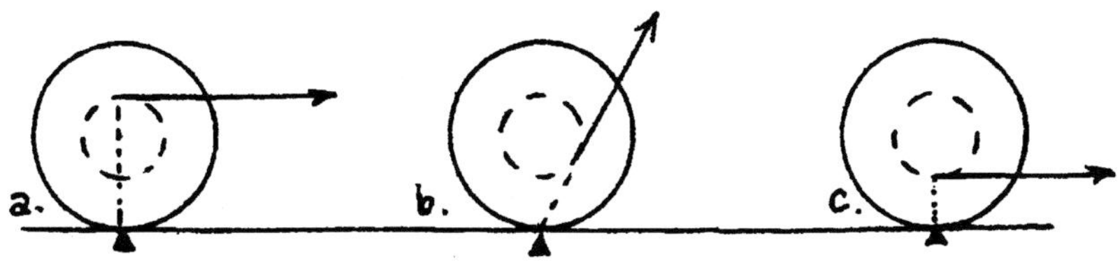

23. 공과 레인 사이의 마찰은 돌림힘을 제공하여 공을 회전시킨다.

24. 돌에 부딪혀 털털거리는 차는 부분적으로 거의 중심에 위치한 질량중심을 기준하여 회전한다. 질량중심에 멀리 떨어져 앉은 사람은 시소의 경우와 같이 아래위로 움직이게 된다. 마찬가지로 파도 속에 있는 배 또는 요동치는 공기 속의 비행기 운동도 같은 운동을 한다.

25. 다리를 뻗을 경우 중력 중심은 멀어지며 다리를 뻗고 섰을 때 더 큰 돌림힘이 작용한다. 다리를 쭉 뻗고 섰을 때 더 힘들다.

26. 아래로 수그러진 긴 장대는 평형을 이루고 있는 팽팽한 줄과 줄타기 선수로 구성된 계의 중력중심을 낮추어준다. 장대의 회전 관성은 계의 안전성에 기여한다.

27. 무거운 짐을 등에 지고 있을 때 발이 밟고 있는 땅 면 위로 신체와 짐의 무게중심을 이동시키기 위해 몸을 앞으로 구부린다. 그렇게 하지 않으면 뒤로 쓰러진다.

28. 별의 흔들리는 운동은 기하학적 중심이 아닌 질량중심 주위를 회전하고 있음을 나타낸다. 이것은 별의 중심에서 먼 질량 중심을 끌어당기는 다른 별이 근처에 있음을 암시한다. 행성은 지구보다 더 많은 별들이 주위에 존재한다는 것을 천문학자들이 발견하였으며 별의 흔들리는 운동을 이끌어낸다.

29. 양손에 양동이를 들고 있는 동안에 곧바르게 설 수 있기 때문에 두 양동이를 드는 것이 더 쉽다. 두 양동이를 양손에 하나씩 들면 중력중심(CG)은 발을 받쳐주는 지지대의 중심에 있게 되어 한쪽으로 기울지 않는다(양동이 하나를 머리에 이고 갈 때에도 같은 현상이 성립된다).

30. 아이의 무게는 판자의 무게와 평형을 이루고 있다. 이것은 지레 받침의 반대쪽에 중력중심이 위치해 있다고 생각할 수 있다. 아이의 무게에 받침대에서 앉아있는 점까지 거리의 곱이 판자 전체의 무게와 지레 받침에서 중력중심까지의 거리의 곱이 같을 때 평형을 이룬다(아이와 판자의 상대적인 무게가 지렛대의 팔과 어떻게 관계되는가?).

31. 지구의 대기는 거의 구면 껍질을 이루고 있으며 농구공과 같아서 그 중심에 질량중심이 있으므로 질량중심은 지구의 중심에 존재한다.

32. 공의 중심중력은 공이 경사면과 접촉한 공을 받들어주는 점에 있지 않다. 그러므로 공의 무게는 받침점과 같이 행동하는 지지점에서 떨어진 곳에 작용한다. 따라서 돌림힘이 생기고 공은 굴러 내려간다. 이것이 바로 공이 굴러 내려가는 이유이다.

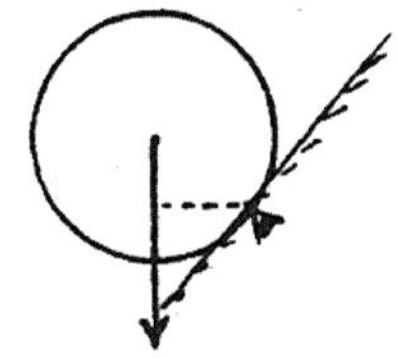

33. 서류로 가득한 서류장의 윗서랍을 끌어당겨 여는 것은 위험하다. 장의 중력중심이 장을 받쳐주고 있는 지지대를 쉽게 벗어날 수 있기 때문이다. 이와 같은 일이 발생할 때 형성되는 돌림힘은 장을 넘어뜨린다.

34. 위쪽 벽돌은 벽돌 길이의 3/4이 떠있다. 이것은 위쪽 벽돌이 아래로 향하고 있다는 것을 잘 설명해준다 : 즉, 위쪽 벽돌의 CG는 가운데 점에 있으며 위 두 벽돌의 CG는 합쳐진 두 벽돌의 가운데 점에 있다. 이것은 가운데 벽돌 길이의 1/4이 떠있다는 것을 의미한다(흥미롭게도 두 세 개의 벽돌을 첨가하여 떠있는 벽돌이 벽돌의 길이보다 더 길게 만들 수 있으며 많은 벽돌로 원하는 만큼 떠 있게 배치할 수 있다).

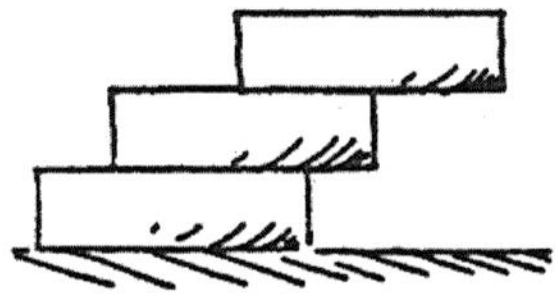

35. 물체를 뒤집어엎으려 할 때 퍼텐셜에너지가 증가하거나 쓰러지기 전에 퍼텐셜에너지가 증가해야 할 때 물체는 안전하다. 검사에 따르면 첫 번째 원통은 무게의 기울음에 비해 퍼텐셜에너지 변화가 최소이다. 이것은 좁은 밑면 때문이다. 세 번째 다듬어진 피라미드는 뒤엎는데 가장 큰 일이 요구된다.

36. 트럭 1의 중력중심은 차의 지지대 위에 있지 않다. 트럭 2와 3의 중력중심은 지지대 위에 있다. 그러므로 트럭 1만 쓰러질 것이다.

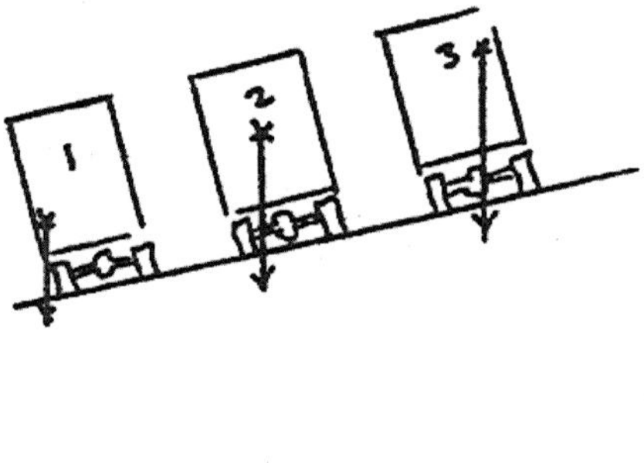

37. 트랙은 공들이 밖으로 굴러가도 평형상태를 유지한다. 이것은 계의 중력중심이 지렛대 받침점에 있기 때문이다. 예를 들면 골프공 질량이 당구공 질량의 두 배라고 하자. 운동량 보존에 따라 두 배의 질량을 가진 공은 가벼운 공의 반 속력으로 굴러나갈 것이다. 그러므로 두 공으로 이루어진 계에서 중력중심의 변화는 없다. 따라서 공들의 무게가 만드는 돌림힘, 즉 공의 무게에 지렛대 받침점으로부터의 거리를 곱한 돌림힘은 모든 점에서 같은데 질량이 가벼운 공은 상대적으로 지렛대의 팔이 커지기 때문이다.

38. 적도는 남쪽 또는 북쪽위도에서보다 큰 접선속력을 갖는다. 포물체가 한 위도에서 발사될 때 수정을 하지 않으면 포물체는 다른 접선속력으로 지구와 같이 이동하는 표적물을 못 맞힐 것이다. 예를 들면 캐나다 국경에서 멕시코 국경으로 로켓을 발사하였다면 지구의 회전에 의한 캐나다 국경에서의 속도성분은 보다 남쪽 지역의 지구 접선속력보다 작다. 로켓은 예정했던 경로를 벗어나 서쪽에 착륙한다(회전목마를 타고 친구와 함께 앞뒤로 던져보아라. 회전에 의한 이 변화에 대한 이름은 코리올리 효과이다).

39. 구심력에 대한 방정식에 따르면 두 배의 속력 증가는 네 배의 힘에 대응된다.

40. 움직일 수 없다. 뉴턴의 제1법칙에 의하면 운동하는 물체에 힘이 작용하지 않으면 직선 경로를 따라 움직인다.

41. 그렇다. 구심력 방정식을 고려하면 같은 반경에서 속력이 증가한다는 것은 더 큰 구심력을 갖게 됨을 의미한다. 이와 같은 큰 구심력이 제공되지 않는다면 차는 옆으로 미끄러질 것이다.

42. 뉴턴의 제1 및 제3법칙이 올바른 설명을 준다. 직선으로 달리려고 하는데(제1법칙) 문이 가로막는다. 문이 압력을 가하기 때문에 문에 압력을 가한다(제3법칙). 문의 밀어냄은 곡선 경로를 따라 이동할 수 있게 구심력을 제공한다. 문의 밀어냄 없이 차를 회전시킬 수 없다. 즉 직선을 따라 이동하면 “벗어나게 된다.” 이 설명에서 원심력을 이용할 필요는 없다.

43. 경사진 도로면에서 도로면의 수직선에 대한 수직항력은 구심력을 제공하는 수평성분의 힘을 가지고 있다. 심지어 완전하게 미끄러지는 면상에서 수직항력의 이 성분은 자동차가 도로 상의 경로를 유지하도록 충분한 구심력을 제공한다.

44. 수지항력의 수평성분이 필요로 하는 구심력을 제공하기에 충분하다면 자동차는 완전하게 미끄러지는 경사진 도로 위에 머물 수 있다.

45. 일하는 데 필요한 운동방향에 평행한 힘이 없기 때문이다.

46. 뉴턴의 제1법칙에 의하면 모든 순간 우주비행사는 직선경로를 따라 움직이려는 경향이 있다. 그러나 마루가 이 경로를 막으며 한 쌍의 힘이 작용한다 : 마루는 비행사의 발에 압력을 가하고 발은 마룻바닥에 압력을 가한다. -뉴턴의 제3법칙. 발에 작용하는 마루의 밀어냄은 우주선의 원궤도에서 비행사가 움직이도록 구심력을 제공한다. 우주비행사는 이것을 인공적인 중력으로 감지한다.

47. 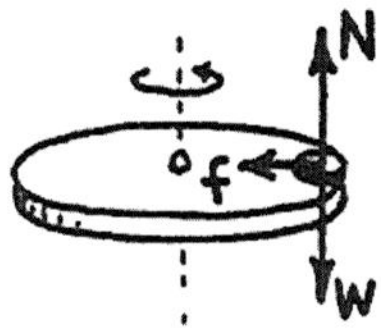

48. 합력은 구심력이다.

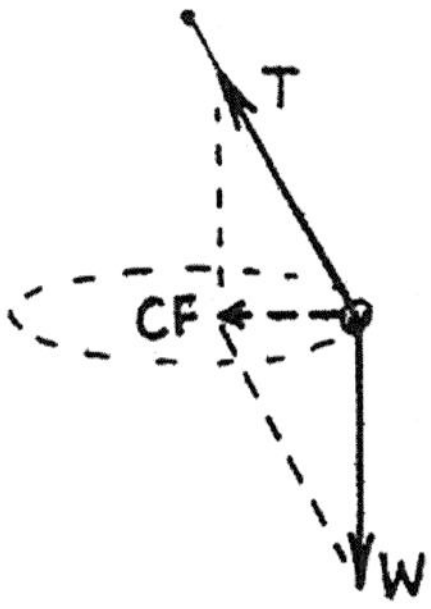

49. (a) 수직 마찰력을 제외하고 (오토바이+운전자)의 무게를 제외하면 어떤 수직방향의 힘도 존재하지 않는다. 수직방향으로는 운동변화가 없으므로 마찰력은 (오토바이+운전자)의 무게와 크기는 같고 방향은 반대이다.
(b) 수평벡터는 수직항력을 나타낸다. 이 힘은 유일하게 반경방향과 평행하게 작용하는 힘으로 역시 구심력이다.

50. 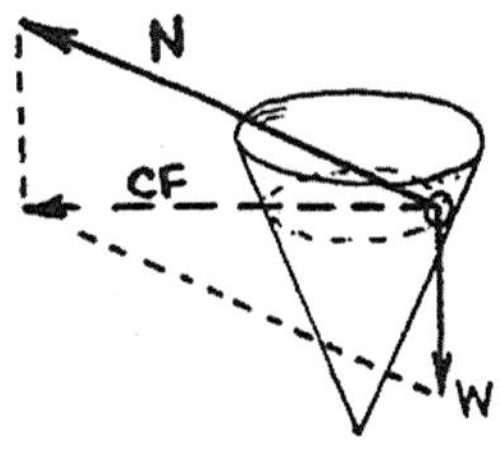

51. 천천히 걸어 나갈 때 계의 회전관성은 증가한다(그림 8.52에서 질량이 외부를 향해 있다). 각운동량 보존에 따라서 외부 가장자리로 걸어 나가면 회전하는 계의 회전 관성이 증가하여 각속력이 감소한다.

52. 강으로 흘러들어간 흙은 지구의 회전축으로부터 먼 거리에 퇴적된다. 회전반 위에 서 있는 사람의 질량이 증가하면 회전반의 속력이 감소하는 것과 마찬가지로 지구의 회전운동이 늦어져서 하루의 길이가 늘어난다. 물론 회전 속력이 늦어지는 양은 매우 작다.

53. 회전관성이 증가한다. 운동량 보존에 따라 지구의 회전속력은(마치 스케이트 선수가 밖으로 팔을 뻗어 회전속력을 줄이는 것과 같이) 긴 하루를 만들도록 감소할 것이다.

54. 각 운동량 보존법칙에 의하면 물체의 반경거리가 증가함에 따라 각속력이 감소한다. 고층건물을 건설하는 데 사용하는 자료의 질량은 지구 회전축으로부터 약간 반경거리를 증가시키며 하루를 약간 길어지게 하며 지구의 회전속력을 약간 감소시킨다. 나뭇잎이 낙하할 때 지구축의 반경거리가 감소하기 때문에 반대효과가 나타난다. 그러나 실제적인 문제에서 이와 같은 효과는 완전히 무시되어도 좋다.

55. 각 운동량 보존법칙에 따라 질량이 회전축에 접근하면 회전속력은 증가한다. 그러므로 지구의 하루는 약간 짧아진다.

56. 각 운동량 보존법칙에 따라 질량이 회전축으로부터 멀리 이동하면 회전속력이 감소하므로 지구의 하루 회전은 늦어진다.

57. 꼬리에 작은 회전기가 없으면 헬리콥터와 주회전기는 반대방향으로 회전할 것이다. 꼬리의 작은 회전기는 헬리콥터가 갖게 될 회전운동을 제거하는 돌림힘을 제공한다.

58. 자전거 바퀴와 장난감 열차로 구성된 계의 각 운동량은 돌림힘이 작용하지 않는 한 변하지 않는다. 그러므로 열차가 시계방향으로 움직이면 둥근 자전거 바퀴는 반시계방향으로 크기는 같고 방향이 반대인 각 운동량으로 움직일 것이다. 열차가 멎으면 자전거 바퀴도 멎는다. 열차가 반시계방향으로 이동하면 자전거 바퀴는 시계방향으로 움직인다. 열차와 자전거 바퀴의 질량이 같으면 둘은 같은 속력으로 움직일 것이다(바퀴의 질량은 회전축으로부터 멀리 있고 열차의 같은 질량은 같은 반경 거리에 있어서 동일한 회전관성을 갖게 되므로). 열차가 자전거 바퀴보다 더 큰 질량을 갖는다면 자전거 바퀴는 열차보다 더 큰 속력으로 되튈 것이며 그 역도 성립한다(그림 속의 아이들은 크리스틴 로빈슨임).

59. 한 입자에 다른 입자들이 작용하는 만유인력은 입자들로 이루어진 입자구름을 응축시킨다. 입자구름의 줄어든 반경은 각 운동량 보존에 따라 증가된 각속력을 갖게 된다. 증가된 각속력은 많은 별들에 접시와 같은 형태로 퍼지게 된다.

60. 뉴턴의 제1법칙에 따라 운동하는 물체들은 직선운동을 하고자 한다. 회전하는 행성의 표면은 접선방향으로 벗어나려고 하며, 특히 접선 속력이 가장 큰 적도에서 더 강하다. 표면은 중력에 의해 행성의 중심으로 더욱 세게 끌어당긴다. 중력이 이긴다. 그러나 적도에서 벗어나려는 경향이 강하기 때문에 부풀리는 현상이 발생한다. 그러므로 회전하는 행성은 극축을 따라서 보다 적도에서 더 큰 반경을 갖게 된다.

신화 : 지구회전에 의해 지구남반구에서 물은 뒤쪽으로 배수된다.
진실 : 스스로 이것을 확인하여 보아라.
물은 하수구 구조에 따라 어느 쪽으로도 흐를 수 있음을 알게 될 것이다.
물그릇을 통과하는 중력의 변화는 물흐름에 영향을 주기에는 너무 약하다.

실전문제

1. 식 $v = r\omega$에 따라서 반경(혹은 직경)이 커지면 접선속력이 커진다. 그러므로 주둥이쪽이 빨리 회전한다.
   $\frac{9}{6} = \frac{3}{2} = 1.5$이므로 1.5배 빠름.

2. (a) 돌림힘=힘×지렛대팔=(80N)(0.25m)=20Nm
   (b) 힘=200N. 따라서 (200N)(0.10m)=20Nm
   (c) 그렇다. 이 답들은 렌치손잡이에 수직으로 민다고 가정하여 구한 답이다. 그렇지 않으면 동일한 돌림힘을 얻기 위해 보다 큰 힘을 가해야 한다.

3. 돌의 질량은 1kg이다.

4. 1kg인 질량의 중력은 10N이다.
   50cm 표시점에서 돌림힘=10N×0.5m=5Nm
   75cm 표시점에서 돌림힘=10N×0.75m=7.5Nm 이며
   100cm 표시점에서 돌림힘=10N×1m=10Nm 이다.
   그러므로 75cm 표시점에서 돌림힘은 7.5/5=1.5배 크며 100cm 표시점에서 돌림힘은 50cm 표시점보다 두 배이다.

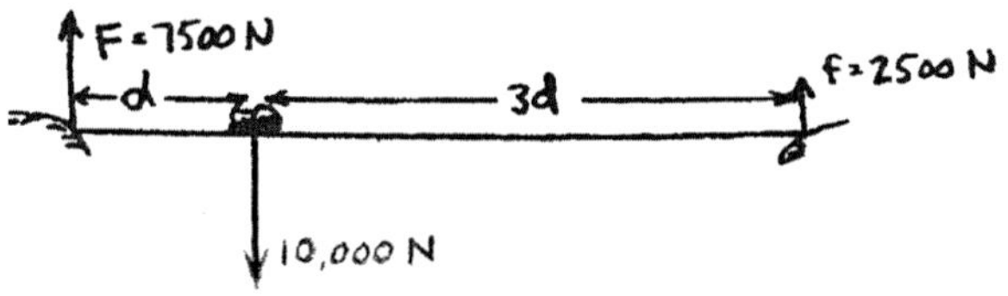

5. 구심력 $F = mv^2/r^2$에 T와 L을 대입하면 $T = mv^2/L$이다.
   (a) 재정리하면 $m = TL/v^2$이다.
   (b) 수치를 대입하면 $m = (10\text{N})(2\text{m})/(2\text{m/s})^2 = 5\text{kg}$이다.

6. 곡예사는 매초 3회전할 것이다. 각 운동량 보존에 따라 회전을 3배로 늘린다. 즉 다음과 같다.
   $I\omega_{전} = I\omega_{후}$
   $I\omega_{전} = [(I/3)(3\omega_{후})]$

7. (a) 평형을 이루지 않는 외부 돌림힘이 없어서 계의 각운동량은 보존된다.
   그러므로 $[\text{각운동량}]_{초기} = [\text{각운동량}]_{말기}$

$$mv_0L = mv_{새로운}(0.33L)$$

$$v_{새로운} = \frac{mv_0L}{m(0.33L)} = \frac{L}{0.33}$$

   (b) $v_{새로운} = \frac{v_0}{0.33} = \frac{1.0\text{m/s}}{0.33} = 3.0\text{m/s}$

제 9 장
중 력

9장 연습문제

1. 소비자 라벨에 관해 전혀 걱정할 필요가 없다. 이것은 모든 물체에 적용되는 만유인력 법칙을 설명할 뿐이다. 이것은 생산자가 어떤 물리법칙을 알고 있으며 유머감각을 가지고 있는 것과 같다.

2. 무거운 물체가 가벼운 물체보다 빠르게 떨어지지 않는 이유는 무거운 물체에 작용하는 중력(물체의 무게)은 더 큰 질량 관성에 대응해서 작용하기 때문이다. 중력과 질량의 비는 모든 물체의 경우 같으며 따라서 자유낙하는 모든 물체는 똑같이 가속된다. 이것은 지구 근처가 아닌 어떤 곳에서도 성립한다(이것은 그림 4.12와 4.13에 설명되어 있다).

3. 관성법칙에 따라 달은 지구와 태양을 도는 대신 직선 경로를 따라 이동할 것이다.

4. 중력에 대한 뉴턴 방정식이 증명하듯이 질량이 같기 때문에 쇳조각과 나뭇조각에 작용하는 중력은 서로 같다.

5. 중력에 대한 뉴턴 방정식이 증명하듯이 질량이 같기 때문에 두 물체에 작용하는 중력은 같다. 구겨진 종이 떨어뜨릴 때 구겨지지 않은 종이보다 공기저항을 적게 받기 때문에 빠르게 낙하한다.

6. 증가하는 길이의 제곱으로 힘은 감소하거나 감소하는 거리의 제곱에 따라 힘은 증가한다.

7. 친구의 오해는 유행하고 있는 것들 중의 하나다. 그러나 중력방정식의 연구는 아무리 멀리 떨어져 있는 물체에도 중력은 영이 아니다. 만일 영이라면 어느 우주왕복선도 직선경로로 벗어날 것이다.

8. 달 표면에서 돌에 작용하는 중력은 멀리 있는 지구의 중력보다 훨씬 강하다. 달에서 떨어뜨린 돌은 달 표면에 떨어진다(달의 중력은 지구중력의 약 1/6이다 : 달 표면에 작용하는 지구중력은 지구표면에서의 값의 약 1/3600이다).

9. 달과 달 표면에 있는 돌 사이의 중력이 소멸된다면 돌은 달과 같이 지구 주위의 궤도를 돌 것이다. 이 가정은 관성법칙을 무시한다.

10. 우주비행사에게는 받침힘이 없기 때문에 무중력 상태에 있다. 그러나 지구 중력 영향 내에 있어서 외부 공간으로 직선 경로를 따라 벗어나기보다 지구주위를 회전한다.

11. 달은 질량이 작고 같은 거리에서 약하게 인력을 작용하기 때문에 중력이 상쇄되는 점은 달에 가까이 있다.

12. 사과와 지구 사이에 작용하는 힘들은 크기가 같다. 힘은 양쪽에서 같으나 이에 대응되는 사과와 지구의 가속도는 다르다.

13. 뉴턴의 제3법칙에 따라 레리의 중력장에서 지구의 무게는 300N이다; 지구의 중력장에서 레리의 무게와 같다.

14. 지구와 달은 둘만의 상호작용에서 서로 같은 크기의 힘으로 끌어당긴다. 뉴턴의 제3법칙에 따라 지구가 달을 끌어당기는 힘은 달이 지구를 끌어당기는 힘과 크기는 같고 방향이 반대이다. 탄성줄을 잡아당기는 두 손가락을 같은 힘으로 끌어당긴다.

15. 지구와 달은 상호 공유점 주위를 돌고 있다. 그러나 그 점은 지구와 달 사이의 중간점은 아니다(달과 자구의 질량이 같다면 중간점 주위를 회전한다). 지구와 달이 회전하는 점(무게중심이라 함)은 지구 중심으로부터 약 4600km 거리에 있다.

16. 에베레스트 산에 있는 물체는 지구 중심으로부터 멀리 떨어져 있기 때문에 중력가속도는 지표면에서보다 작다.

17. 중력방정식을 생각해보라. 직경을 두 배로 늘리면 반경도 두 배가 된다. 이것은 행성의 표면에서 우주인의 무게는 1/4로 줄어든다.

18. 중력방정식을 생각해보라. 두 배의 질량은 두 배의 힘을 의미한다. 거리가 두 배이면 힘은 1/4로 줄어든다. 이 두 가지를 고려하면 우주인의 무게는 지구에서 무게의 반이 될 것이다.

19. 지구가 질량 변화 없이 팽창한다면 몸무게는 감소할 것이며 질량 변화 없이 수축된다면 몸무게는 증가할 것이다. 사람과 지구의 질량은 변하지 않으나 사람과 지구 중심 사이의 거리가 변하며 힘은 두 물체 사이의 거리 제곱에 역비례한다.

20. 태양과 지구 사이의 거리의 중간에 위치한 행성의 경우 빛은 네 배로 강도가 크다. 10배로 멀리 떨어져 있는 경우 빛의 강도는 1/100이다.

21. 그림 9.5의 기하학적인 구조에서 광원으로부터의 거리가 3배로 늘어나면 조명면적은 $9m^2$, 거리가 5배로 늘어나면 25배, 즉 $25m^2$, 10배로 늘어나면 조명면적은 $100m^2$이다.

22. 물체 사이에 작용하는 중력, 즉 무게는 질량은 물론 거리에도 관계된다. 목성 표면에서는 목성의 중심과 물체의 무게를 측정하는 위치 사이의 거리- 즉 목성의 반경- 가 문제이다. 목성의 반경이 지구의 반경과 같다면 목성은 지구의 질량보타 300배 크기 때문에 물체의 무게는 300배 클 것이다. 그러나 목성의 반경은 지구 반경보다 10배 커서 중력은 1/100로 감소하여 지구에서의 무게보다 3배 크다(목성의 반경은 실제로 지구 반경이 약 11배이다).

23. 작용하는 힘이 중력만일 때 사람은 무중력 상태에 있으며 이때에는 받침힘이 없다. 그러므로 자유 낙하하는 사람은 무중력 상태에 있다. 그러나 종단속도로 낙하하는 사람은 공기저항을 받는다.

24. 고도로 비행하는 제트기는 자유낙하 상태에 있지 않다. 항공기는 거의 일정한 속도로 비행하고 있으므로 승객은 알짜힘을 경험하지 못한다. 좌석의 위로 향한 받침힘은 무게를 느끼게 하는 하향 중력 끌림과 조화를 이룬다. 환언하면 궤도를 순회하는 우주선은 자유낙하 상태에 있다. 우주선은 승객과 같은 비율로 낙하하기 때문에 좌석은 어떤 받침힘도 제공받지 않는다. 받침힘이 없이는 승객에 작용하는 중력은 무게로서 감지되지 않는다.

25. 절벽에서 낙하하는 사람과 우주선 내에 있는 사람에게 중력은 작용한다. 두 사람 모두 중력 영향 하에 낙하하고 있다.

26. 절벽에서 떨어지는 자동차의 경우 자동차에 그 이상 밑받침이 작용하지 않기 때문에 탑승자는 공중에 뜨게 된다. 탑승자와 자동차는 같은 낙하상태에 있다. 그러나 지상으로 가속됨으로 중력은 작용하고 있다. 그러므로 정의에 따라(공기저항이 중요시 되지 않을 때까지) 무중력 상태에 있을 것이다.

27. 승강기에 타고 있는 사람에게 작용하는 두 힘은 수직력과 mg이다. 승강기가 가속되지 않으면 두 힘의 크기는 같으며 가속될 때에는 크기가 달라진다.

28. 연필은 승강기 안에 있는 사람들의 운동 상태에 있다. 연필에 작용하는 중력은 승객과 나란히 아래 방향으로 가속된다. 연필이 승객에 상대적으로 떠있다 할지라도 연필과 승객은 지구를 향해 낙하한다.

29. 번지점프하는 사람은 받침힘이 없기 때문에 무중력 상태에 있다.

30. 지구의 질량이 증가하면 여러분의 무게도 증가한다. 지구는 태양 주위로 자유낙하 상태에 있으므로 태양은 여러분의 무게에 아무 영향도 주지 않는다. 지구중력은 여러분을 지구쪽으로 누르나 태양 중력은 여러분을 지구쪽으로 누르지 않는다.

31. 지구 궤도를 돌고 있는 우주비행사에 작용하는 중력은 지구 표면에서의 중력과 거의 같은 세기를 가지므로 동의하지 않는다. 받침힘이 결여되어 있기 때문에 무중력 상태를 느끼게 된다.

32. 첫째로 여러분에게 작용하는 멀리 떨어져 있는 태양의 중력은 너무 작아서 측정할 수 없다고 말하는 것은 옳지 않다. 이 중력은 작으나 측정할 수 없을 정도로 작지는 않다. 예를 들어 지구가 벗어나지 않고 계속 회전하도록 지구축이 유지된다면 85kg인 사람은 한 밤중에 목욕탕 저울로 $\frac{1}{2}N$이 증가할 것이고 낮 정오에는 $\frac{1}{2}N$ 감소할 것이다. 중요한 아이디어는 받침힘이다. 지구상에 있는 모든 물체들-여러분, 목욕탕의 저울 등-은 태양주위로 계속 낙하하고 있기 때문에 태양의 받침힘은 없다. 자동차가 절벽에서 낙하할 때 여러분은 좌석을 끌어당기지 않는 것이나 자유 낙하하는 연필이 승강기 바닥을 누르지 않는 것과 같이 태양과 중력 작용에 의해 우리들은 지구로부터 눌리거나 끌리지 않는다. 상호작용은 우리와 지구를 태양주위를

회전하도록 한다. 그러나 우리를 지구표면으로 짓누르지 않는다. 그러나 우리와 지구의 상호 작용은 우리를 지표면으로 끌어당긴다.

33. 중력은 거리에 따라 변한다. 정오에는 태양에 접근하고 한 밤중에는 지구의 직경만큼 멀어진다. 그러므로 우리에 작용하는 태양의 중력은 정오에 더 크다.

34. 앞의 해답에서 설명하였듯이 지구의 무게는 우리의 질량과 질량사이의 중력상호작용에 의한 것이다. 지구와 지구거주자들은 태양주위로 자유낙하하고 있으며 자유낙하율은 우리들의 자연적인 무게에 영향을 주지 않는다(자동차가 절벽에서 떨어질 때 강한 지구 중력은 낙하하는 동안 탑승자를 자동차에 누르는 역할을 하지 않는다. 마찬가지로 지구와 지구 거주자들이 태양 주위로 낙하할 때 태양은 우리를 지구쪽으로 누르는데 아무 역할도 하지 않는다).

35. 여러분의 셔츠에 작용하는 끌어당기는 힘 차이가 셔츠를 일그러뜨리는 것과 같이 해양에 작용하는 끌어당기는 힘 차이가 바다를 일그러뜨려 조석을 발생시킨다.

36. 지구를 끌어당기는 태양의 중력은 달이 지구를 끌어당기는 중력보다 크다. 그러나 조석은 달이 지구의 반대편에 있을 때 달에 의한 중력 차에 의해 발생한다. 달이 지구의 반대편에 있을 때 달에 의한 중력 차는 훨씬 먼 거리에서 강한 힘을 가진 태양이 만드는 중력 차보다 크다.

37. 그렇지 않다. 조석은 끌어당기는 중력 차에 의해서 생긴다. 인력 차이가 없다면 조석은 발생하지 않는다.

38. 지구가 회전하는 동안 달은 궤도를 따라 이동하며 24시간이 아닌 25시간마다 같은 위치에 나타난다. 그러므로 높은 조석은 12.5시간 차로 높은 조석이 만들어져서 두 조석의 싸이클은 25시간 간격으로 발생한다.

39. 가장 낮은 조석은 가장 높은 조석-한사리-을 따라서 생긴다. 그러므로 한사리 조석은 평균 낮은 조금보다 낮은 조금을 따라 오는 높은 조석의 평균보다 높은 조석을 포함한다(평균 낮은 조금보다 낮은 조금 때 조개를 캐는 것이 가장 좋다).

40. 바다조석이 보통 이상으로 높을 때면 보통 이하로 낮은 조석이 뒤따라 일어날 것이다. 세계의 일부에 의외의 높은 조석이 발생하면 다른 지역은 물을 공급하여야 하므로 의외의 낮은 조석이 발생한다. 연습문제에 힌트를 암시하였듯이 욕조에 들어가 물을 철벅철벅 휘저어서 앞쪽의 물이 많아지면 뒤쪽의 물이 낮아지는데 이것이 바로 "물의 보존"이다.

41. 상대적으로 작은 넓이이기 때문에 지중해의 다른 부분들과 다른 지역이 상대적으로 작은 물량은 달(또는 태양)로부터 등거리에 있다. 그러므로 한 부분이 다른 부분에 비해 현격히 차이가 나는 힘으로 끌리지 않는다. 이것은 아주 작은 조석을 만든다. 조석은 고려할만한 끌림의 차이에 의해 발생한다.

42. 조석은 힘의 차이에 의해 발생하는 데 이 힘은 끌어당기는 물체로부터의 거리 차와 관계된다. 머리는 발보다 머리 위에 있는 수박에 더 가깝다. 수박에 대한 큰 차이는 수박의 큰 질량에 있으며 달은 멀리 있다. 머리는 발보다 훨씬 달에 가까이 있지는 않다.

43. 지구 주위를 회전하듯이 달은 팽이처럼 회전한다. 달은 지구를 한 바퀴 도는데 한 번 회전하며 이것이 바로 우리들이 한 면만을 보게 되는 이유이다. 회전하지 않는다면 반달에 한 번씩 뒷면을 보게 될 것이다.

44. 지구의 직경이 커지면 끌어당기는 차이가 커지므로 조석은 커진다. 달의 직경이 커져도 지구상의 조석은 차이가 없을 것이다. 달의 중력 영향은 달의 질량이 중력 중심에 위치해 있는 것과 같다. 그러나 지구가 아닌 달의 직경이 커진다면 달의 고체 표면의 조석 부풀음은 커질 것이다.

45. 지구이다. 머리와 발 사이의 거리 차가 조석-신체끌림 거리에 비하여 가장 크므로 미소 조석력이 크다.

46. 조석이 지구 대양에서 발생하는 것과 같은 이유에서 지구의 지각과 대기에서 발생한다. 지각과 대기는 충분히 크므로 중력 차를 제공하는 달과 태양으로부터의 거리에 고려할 만한 거리 차가 있다.

47. 역제곱 법칙에 따르면 지구중심으로부터 반경의 2배 되는 표면에서 g의 값은 1/4로 감소하여 $2.45\,\mathrm{m/s^2}$이다.

48. 균일한 밀도를 가진 행성으로 취급하여 지구 반경의 $\frac{r}{2}$ 위치에서 g는 $5\,\mathrm{m/s^2}$이다. 이것은 이 장에서 설명한 속이 빈 구각을 통해서 이해할 수 있다. 지구 반경이 $\frac{r}{2}$보다 큰 영역의 질량은 서로 상쇄되어 중력의 기여는 영이 된다. 반경이 $\frac{r}{2}$인 지구 내의 질량만이 가속도에 기여한다. 반경이 반으로 줄면 체적이 1/8로 줄어서 1/8의 질량만을 갖게 되므로 표면에서의 가속도는 g값의 1/8이다. 그러나 지구 중심에 접근하는 거리를 생각해보라. 두 배 가까이 접근하면 g를 4배 크게 만든다(역제곱법칙). 이들 두 인자를 고려하면 (1/8)(4)=1/2이므로 중력가속도는 $\frac{r}{2}$에서 $\frac{g}{2}$이다.

49. 광산 갱도에서 사람의 무게는 감소한다. 이것을 설명하는 한 가지 방법은 갱도에 있는 사람을 위로 끌어당기는 사람 위에 있는 지구의 질량을 고려하는 것이다. 여러분들이 체중을 측정하는 동안에 어떤 사람이 여러분을 위로 끌어당긴다면 여러분의 체중이 감소하는 것과 같이 이 효과는 여러분의 체중을 감소시킨다. 보다 정확하게 중력장 기여가 영인 구각 내에 있으므로 여러분 아래쪽의 구형 부분만이 여러분을 끌어당긴다는 것을 알 수 있다. 깊이 들어갈수록 체중은 가벼워지며 이론적으로 광산갱도가 지구중심과 연결되어 있다면 여러분의 무게는 영에 접근할 것이다.

50. 무게가 증가한다는 것은 지구가 중심을 향해서 더 압축되고-더 밀집된-더 밀도가 크다는 것을 표시한다. 아주 깊은 광산 갱도에서 주위를 둘러싸고 있는 지각의 위로 미는 힘으로 보통 줄어드는 체중이 밀도가 큰 지구 중심에 접근함에 따라 체중이 증가하게 된다(연습문제 49의 분석을 참조하라. 광산갱도가 지구 중심에 도착할 정도로 충분히 깊다면 표면에서보다 갱도의 밑바닥에서 체중이 조금 줄 것이나 표면에서 체중의 반 이상은 될 것이다).

51. 지구를 떠나 달로 가는 로켓이 달을 떠나 지구로 오는 로켓보다 연료를 더 많이 소비한다. 이것은 지구의 보다 큰 중력장의 반대방향으로 이동해야 하기 때문이다(로켓이 달에서 지구로 발사되면 로켓은 지구 중력장 내를 통과하게 된다).

52. 수축하고 있는 별에서 별의 모든 질량은 중심방향으로 끌어당긴다(발아래로). 모든 질량이 집적된 곳에 접근하여 작용하는 힘은 증가한다. 별 속으로 구멍을 뚫는다면 끌어당기는 중력이 줄어든다. 구멍 안에 서 있는 사람의 위쪽 물질은 아래쪽 물질과 서로 반대반향으로 끌어당기므로 결과적으로 알짜 중력은 감소한다.

53. $F \sim m_1 m_2 / d^2$, 여기서 m_2는 태양이 질량(블랙홀이 되어도 질량은 변하지 않는다.), m_1은 궤도를 돌고 있는 지구의 질량이며 d는 지구의 질량 중심과 태양간의 거리이다. 이 양들은 변하지 않으므로 궤도를 도는 지구에 미치는 힘 F는 변하지 않는다.

54. 중력방정식을 이용하여 생각해보자. 지구의 질량과 반경이 변하지 않는다면 우리의 무게는 변하지 않는다(속이 빈 구각 속에서 사람의 무게가 영일지라도 같은 질량의 지구 고체라면 사람의 무게는 다르지 않을 것이다).

55. 잘못된 생각은 이론과 가정 또는 추측을 분별하지 못한다. 만유인력과 같은 이론은 자연에 대한 확증되고 입증된 가정을 망라한 거대정보의 종합체이다. 어떤 이론에 대한 불신은 그 이론 자체가 아니라 아직 입증되지 않은 상황에 적용해 보아야 한다. 과학 이론들의 특징 중의 하나는 새로운 지식으로 더욱 정리된다는 것이다(아인슈타인의 일반 상대성 이론은 사실 뉴턴의 만유입력법칙의 타당성에 한계가 있다는 것을 우리들에게 가르쳐 준다).

56. 스스로 문제를 만들어 보아라.

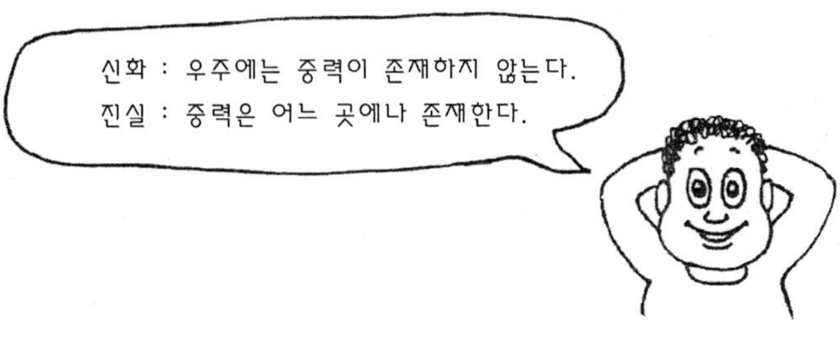

실전문제

1. $F = Gm_1M/d^2$에서 d의 3배 제곱은 $9d^2$이므로 힘은 지구 표면의 무게의 1/9이다.

2. $F = Gm_1M/d^2$에서 $(2m)(2M) = 4mM$이므로 중력은 4배로 커진다.

3. $F = G\frac{2m\,2M}{2d^2} = 4/4(G\frac{mM}{d^2})$이므로 같은 중력을 갖는다.

4. $F = G\frac{mM}{d^2}$에서 d가 10배로 작아지면 $1/d^2$은 100배로 커져서 힘은 100배로 커진다.

5. $g = G\frac{M}{d^2} = \frac{(6.67 \times 10^{4})(6.0 \times 10^{24})}{[(6380 + 200) \times 10^3]^2} = 9.24\frac{\text{N}}{\text{kg}}$

   또는 $9.24\,\text{m/s}^2$; $\frac{9.24}{9.28} = 0.94$ 혹은 94%

6. (a) 뉴턴의 제2법칙에 중력을 대입하면

   $$a = \frac{F}{m} = G\frac{mM/d^2}{m} = G\frac{M}{d^2}$$

   (b) m은 상쇄된다. 그러므로 사람의 가속도에 영향을 주는 유일한 질량은 사람의 질량이 아닌 행성의 질량 M이다.

제 10 장
포물체와 위성운동

10장 연습문제

1. 알짜힘과 질량의 비가 두 선수의 경우 거의 같은 값을 갖도록 공기 저항력을 변화시키기 위해 몸을 정해진 방향으로 향한다.

2. 수평 및 수직 포물선 운동 원리에 따르면 땅에 부딪히는 시간은 속력과 관계없음.

3. 그렇다. 빠른 공은 운동의 수평성분(수직 성분이 아님)이 보다 크기 때문에 같은 시간에 큰 속력으로 마루에 부딪힐 것이다.

4. 그렇지 않다. 공기 속에서 열차는 운동을 변화시키기 때문이다.

5. 짐짝은 자동차에 부딪히지 않고 비행기의 높이와 속력에 따라 결정되는 자동차로부터 먼 거리에 부딪혀 부서질 것이다.

6. 낙하물체의 경로는 지상의 자동차 근처에 있는 관측자가 관측할 때에 포물선이다. 그러나 비행기에서 관측하면 물체는 수직 경로를 따라 아래로 떨어질 것이다. 이때 관측자는 바로 충돌점 위에 있을 것이다. 공기저항이 있을 경우 비행기는 엔진의 힘으로 일정한 속력을 유지하는 반면 공기저항은 낙하물체의 수평속도 성분을 감소시키므로 충돌은 비행기의 뒤편 어느 곳에서 일어날 것이다.

7. (a) 경로는 포물선임
   (b) 경로는 직선임

8. 공기저항을 무시하면 수평방향으로 작용하는 힘이 없으므로 수평방향 가속도는 없으며 수평성분 속도는 변하지 않는다. 중력은 수직으로 작용하므로 속도의 수직성분은 변한다.

9. 가장 높은 정점에 도달했을 때 최소속력을 갖는다. 이 정점에서의 속도는 경로의 어느 점에서든 야구공이 갖는 속도의 수평성분과 같다.

10. 매우 천천히 움직이는 총알의 경우 낙하거리는 수평방향으로 날아간 거리와 비교될 수 있으며 결과적으로 포물선임을 쉽게 알 수 있다(예를 들면 손으로 던져 올린 공의 곡선 경로).

속력이 큰 총알의 경우 같은 시간에 같은 낙하가 일어나나 수평으로 이동한 거리는 매우 크므로 직선으로 쭉 뻗어서 전혀 곡선으로 보기는 어려우나 곡선이다. 총알의 속도가 얼마나 큰가에 관계없이 같은 시간에 같은 거리를 낙하한다(아래로 작용하는 공기저항은 실제로 속력이 빠른 총알이나 느린 총알인 경우 같으므로 공기저항은 단지 작은 역할을 한다는 것을 지적하여 둔다).

11. 45° 보다 큰 각도로 공을 찬다는 것은 여분의 시간을 얻기 위해 거리를 희생시키는 것이다. 45° 보다 큰 각도로 차는 것은 멀리 가지 않으나 공기에 오래 머물러 있어 공을 찬 팀의 선수가 공을 잡는 상대팀 선수에 접근하여 잡을 수 있는 기회를 준다.

12. 총탄은 총신의 계획된 선 아래로 낙하한다. 총알의 낙하를 막으려면 총신을 높여야 한다. 얼마나 높이는가의 문제는 목표물과의 거리와 총알의 속도에 따라 달라진다. 이에 대응해서 총신의 끝을 조준선에서 약간 올려 목표점을 높여준다.

13. 두 공은 같은 지점에 떨어진다(그림 10.11). 그러나 30° 로 발사된 공은 짧은 시간동안에 공기 중에 머물며 먼저 땅에 부딪힌다.

14. 공기 중의 중간 지점에서 화살은 원숭이를 맞춘다. 큰 속력을 가진 화살의 경우 느린 속력의 화살보다 출발점 가까이에서 맞춘다. 화살과 원숭이는 같은 시간 동안 같은 가속도로 낙하하기 때문에 원숭이는 나무 아래 및 화살은 조준점 아래인 같은 수직거리를 낙하한다.

15. 수직으로 발사한 물체는 궤도의 최고점에서 속력은 영이다. 그러나 각도를 주어 발사한 물체는 궤도의 최고점에서 수직성분만이 영이며 최고점에서 포물체의 속도는 속도의 수평성분과 같다. 45° 로 141m/s의 속도로 발사하였을 때 수평속도는 100m/s이다.

16. 공중 지체시간은 뛰어오르는 속도의 수직성분만이 관계된다. 서 있는 자세가 아닌 달리면서 땅을 세게 박차고 뛰어올라 속도의 수직성분을 증가시킬 수 있다면 공중지체시간은 역시 증가한다. 어떤 경우이든 공중지체시간은 뛰어오르는 속도의 수직성분만이 관계된다.

17. 앞의 연습문제의 해답에 따라 공중지체시간은 같다. 공중지체시간은 경기장 마루를 가로지르는 수평거리와는 관계없이 점프에서 도달하는 수직높이에 관계된다.

18. 달이 지구 주위를 회전하는 접선속력은 지구에 충돌하기보다 지구 주위로 회전하게 만든다. 달의 접선속도가 영이 된다면 일직선으로 지구에 낙하할 것이다.

19. 케플러의 제3법칙, $T^2 \propto R^3$에 의하면 거리가 멀 때 주기는 커진다. 그러므로 태양으로부터 지구보다 먼 거리에 있는 행성의 주기는 지구의 주기보다 길다.

20. 그렇다. 방향이 계속 변하는 것으로 확인되듯이 우주선은 가속되고 있다. 우주선은 지구와 우주선 사이의 중력에 의해 가속된다. 이 가속도는 지구 중심을 향한다.

21. 속력은 위성의 질량과 관계가 없다(자유낙하 속력이 관계없는 것과 같이).

22. 낙하하는 물체의 속력(공기저항이 없는)이나 궤도를 돌고 있는 위성의 속력은 질량과 전혀 관계가 없다. 위의 두 경우 큰 질량(큰 관성)은 그에 대응되는 큰 중력에 의해 평형을 이루므로 가속도는 항상 같은 값을 유지한다($a=F/m$, 뉴턴의 제2법칙).

23. 중력이 위성에 구심력을 제공한다.

24. 초기 수직상승은 밀도가 큰 대기층의 속력 저하를 신속히 벗어나도록 하며 로켓 추진력의 대부분이 로켓 무게를 감당해야 할 때 낮은 속력으로 이동하는 최적의 방향이다. 그러나 로켓은 최후에 추진력 없이 궤도에 머무를 충분한 접선속력을 가져야 하므로 경로가 수평이 될 때까지 기울어져야 한다.

25. 지구 궤도에 있는 화성 또는 어떤 물체도 회전하는데 같은 시간이 걸린다. 자유 낙하하는 물체와 같이 질량과는 관계가 없다.

26. 포탄이 지구 중력방향으로 운동할 때 중력은 포탄의 속력을 변화시킨다. 낮은 속력의 포탄은 운동방향으로 중력성분이 있기 때문에 아랫방향으로 구부러져 속력이 커진다. 그러나 충분히 빠르게 발사되어 곡률이 지구의 곡률반경에 맞으면 포탄은 중력에 90° 방향으로 이동한다. 운동방향에는 힘의 성분이 없으므로 포탄의 속력은 일정하다.

27. 달은 대기를 갖고 있지 않다(달 표면에서의 탈출속도는 어떤 대기 기체의 속력보다 작기 때문이다). 지구 표면에서 5km 상공에 있는 위성은 산들의 꼭대기 범위에 속하는 무시할 수 없는 대기 속에 있다. 공기저항은 궤도를 회전하는 높이를 결정짓는 중요한 요인이다.

28. 작은 중력을 가진 에로스의 산꼭대기에서 뉴턴의 대포가 발사되었다고 하자. 포탄의 속력이 8km/s이라면 날아가는 매초마다 5m보다 작게 낙하하여 소행성의 둥근 면을 따라 충분히 구부러지지 못할 것이다. 소행성의 곡률에 맞추려면 훨씬 작은 속력으로 발사되어야 한다.

29. 목성에 있는 높은 산에서 뉴턴의 대포를 발사하였다고 생각해 보자. 매우 큰 목성의 곡률반경과 목성의 큰 중력에 맞추려면 포탄은 매우 빠른 속도로 발사되어야 할 것이다(목성의 궤도 속력은 대략 지구 궤도 속력의 5배이다).

30. 위성을 궤도에 발사하는 로켓은 지구의 회전을 이용하여 동쪽으로 발사된다. 지구 적도 상의 점은 지구 중심 또는 지구의 극축에 대하여 0.5km/s로 이동한다. 이 의외의 속력은 로켓엔진이 제공하는 것이 아니다.

31. 지구를 향해 나선형으로 강하시켜 위성이 속력을 증가시키는 데 원인이 되는 운동방향에 중력성분을 갖게 된다. 혹은 다른 방법으로 택한다면 원 궤도에서 힘의 수직성분은 위성에 일을 하지 못하므로 일정한 속력으로 남는다. 그러나 속력이 감소하고 지구로 나선형 강하를 할 때 위성의 운동에너지를 증가시키도록 일을 하는 중력성분이 있다.

32. 위성은 위성이 돌고 있는 물체에 가까이 접근할 때 보다 빨리 회전한다. 그러므로 지구는 6월보다 12월경에 빨리 회전한다.

33. 하와이는 적도에 가까이 있으므로 지구 극축에 대한 큰 접선속력을 갖는다. 이 속력은 위성의 발사속력에 첨가될 수 있으므로 연료를 절약한다.

34. 한 밤중에 해를 볼 수 없으므로 태양에 가장 접근해 있는 행성-수성과 금성(이들 궤도는 지구 궤도 내에 있다)-를 볼 수 없다.

35. 하강할 때 위성은 거의 궤도 속력으로 대기에 접근한다. 상승할 때 공기를 통과하는 위성의 속력은 매우 작으며 공기저항을 벗어나 궤도 속력을 갖게 된다.

36. 그렇다. 위성은 위성이 회전하는 물체의 표면 위에만 있을 필요는 없다. 위성은 지구의 질량 중심으로부터 어떤 거리에서도 회전할 수 있다. 지구의 유효 질량은 터널 반경 아래의 질량이 되기 때문에 궤도 속력은 작아질 것이다. 그러므로 흥미롭게도 원 궤도의 위성은 지구 표면 근처에서 가장 큰 속력을 가지며 거리가 감소하건 증가하건 속력은 감소할 것이다.

37. 운동방향의 힘 성분은 위성에 일을 하여 위성의 속도를 변화시킨다. 운동 방향의 수직성분은 위성의 운동방향을 바꾸어 놓는다.

38. 원 궤도에서 위성의 운동방향에는 힘 성분이 없으므로 일이 행해지지 않는다. 타원 궤도에서는 위성의 운동방향을 따라 항상 힘 성분(근지점과 원지점 제외)이 있으므로 위성에 일을 한다.

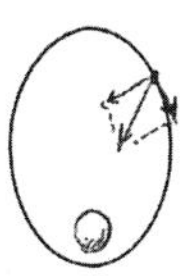

39. 위성의 속도가 전 궤도를 통해서 중력과 수직일 때 위성의 궤도는 원이다(그림 10.20을 보아라).

40. 지구로부터 달과 같은 거리에 있는 위성의 주기는 27.3일과 같다.

41. 그렇지 않다. 지구의 중심은 타원궤도의 초점(특별한 경우인 원을 포함해서)이기 때문에 지구 위성은 지구 중심을 회전한다. 궤도를 따라 이동하는 위성 면은 지구 중심을 관통한다.

42. 그렇지 않다. 북극권 면에 있는 궤도는 지구 중심을 관통하지 않는다. 모든 지구 위성은 지구 중심을 관통하는 면에서 회전한다. 위성은 북극권 내를 통과할 수 있으나 적도 표면에 있을 수 있는 것과 같이 북극권 위에 무기한으로 머물 수는 없다.

43. 중력에 대한 만유인력 법칙은 62마일 높이에서 중력이 지구 표면에서의 중력과 거의 같음을 제시한다. 중력은 대기층 위와 전혀 관계없는 역제곱법칙 현상이다.

44. 싱가포르는 지구의 적도 상에 있다. 인공위성의 적도 궤도면은 싱가포르를 포함하므로 위성은 바로 싱가포르 위에 위치해 있을 수 있다. 그러나 샌프란시스코에서 적도 위에 있는 지구 동위 인공위성이 수직선과 각을 이루어 바로 위에서 보이지 않는다.

45. 인공위성이 지구에서 가장 멀리 있으면 주기는 길어진다.

46. 연장 상자 또는 그 이외의 것이 우주 궤도를 돌고 있는 위성에서 떨어진다면 위성의 접선속력과 같은 속력을 가져 궤도에 그대로 머문다. 고도로 비행하고 있는 점보제트기에서 연장상자

가 떨어진다면 이 상자는 점보기의 접선속력을 가지나 상자가 지구 주위의 궤도에 진입하기에 충분한 속력은 아니다. 그 대신 상자는 곧 지구에 낙하할 것이다.

47. 위성의 속력과 같은 크기의 반대방향을 향한 속력으로 발생한다면 물체는 떨어질 수 있다. 이 물체의 속력은 지구에 상대적으로 영이며 수직하방으로 낙하할 것이다.

48. 캡슐이 우주선에 상대적으로 7km/s로 발사된다면 위성은 지구에 상대적으로 7km/s로 이동하고 있으므로 캡슐의 속력은 지구에 대해서 영이다. 캡슐은 궤도의 접선성분을 갖지 않으므로 지구를 향해 단순히 수직으로 떨어져 부딪힐 것이다.

49. 위성에 대한 탐사선의 속력이 달에 대한 위성의 속력과 같다면 앞 문제에서 지구로 떨어지는 캡슐과 같이 탐사선은 수직으로 달에 떨어질 것이다. 반사 속력이 두 배이면 탐사선과 위성은 달에 대한 같은 속력을 갖게 될 것이다. 반대방향이므로 궤도의 반 바퀴 회전 후 충돌할 수 있다.

50. 이것은 연습문제 39 및 40과 유사하다. 태양 주위를 도는 지구의 접선속도는 30km/s이다. 방사능 폐기물을 실은 로켓을 30km/s의 속도로 태양 주위 궤도를 도는 지구 회전 반대방향으로 폐기물은 태양에 대해 접선속도를 갖지 못해 태양에 낙하할 것이다.

51. 통신 위성들은 궤도 주기가 지구의 하루와 같으므로 단지 운동 없이 머물러 있다.

52. 정지한 반 조각은 수직으로 지구에 낙하할 것이다. 선운동량 보존에 의해 나머지 반 조강은 폭발 전 위성 속도의 두 배 속도를 가지며 지구로부터 더 멀리 떨어져 회전할 것이다(실제로 지구를 벗어날 충분한 속도를 갖게 되므로 우주로 비행할 것이다).

53. 설계가 잘 된 것이라고 생각됨. 회전은 탑승자에게 구심력을 제공한다. 장래 우주인 생존지로서 이와 같은 설계를 주시하여라.

54. 여러 가지 장점들이 잠재해 있다. 중요한 것은 값비싼 제1단계 로켓을 벗어나는 것이다. 동쪽으로 비행하는 비행기가 우주선에 비행기의 초속력을 추가할 수 있다. 그리고 우주선은 극복할 수 있는 약한 공기저항에 직면하여 약간 낮은 퍼텐셜에너지를 갖게 된다.

55. 달의 표면 중력은 지구의 표면 중력보다 훨씬 작으므로 달로부터 로켓을 이탈속력으로 발사하는 데에는 작은 추진력과 적은 에너지가 요구된다.

56. 단지 지구 중력에 의한 최대 낙하속력은 11.2km/s이다(표 10.1 또는 이 장의 각주를 참조하여라).

57. 중력이 상쇄된 것으로 생각할지 모르나 그렇지 않다. 항공기는 단순히 자유낙하 상태에 있으며 비행기 내 탑승자들은 받침힘을 느끼지 못한다. 받침힘이 없다는 것은 무게에 대한 감각이 없다는 것을 의미한다.

58. 인공위성은 A지점에서 가장 큰 중력을 받는다. 이 점은 지구에서 가장 가까운 근지점이며 가장 큰 속력과 속도를 갖으며 이 값들을 택한 가장 큰 운동량과 운동에너지를 가지며 C에서

가장 큰 퍼텐셜에너지를 갖는다. 운동량이 보존되는 것과 같이 궤도의 모든 점에서 동일한 전체에너지(KE+PE)를 갖는다. A지점에서 가장 큰 가속도를 가지며 F/m이 가장 크다.

59. 가속도는 중력이 최대가 되는 곳에서 가장 크며 지구가 태양에 가장 접근, 즉 근지점에 있을 때이다. 원지점에서 힘과 가속도는 최솟값을 갖는다.

60. 일과 에너지 정리, $Fd=\Delta\text{KE}$에 따라 일정한 출력이 작용하는 동안 최대 운동에너지의 변화는 d가 최대가 될 때 나타날 것이다. 로켓은 근지점에서 가장 빠른 속력으로 비행할 때 짧은 시간동안에 최대거리 d를 비행할 것이다.

실전문제

1. 공을 던진 1초 후 속도의 수평성분은 10m/s이며 수직성분 역시 10m/s이다. 평행사변형 정리에 따라 $V=\sqrt{10^2+10^2}=14.1\,\text{m/s}$ 이다(공은 45° 각도로 이동한다).

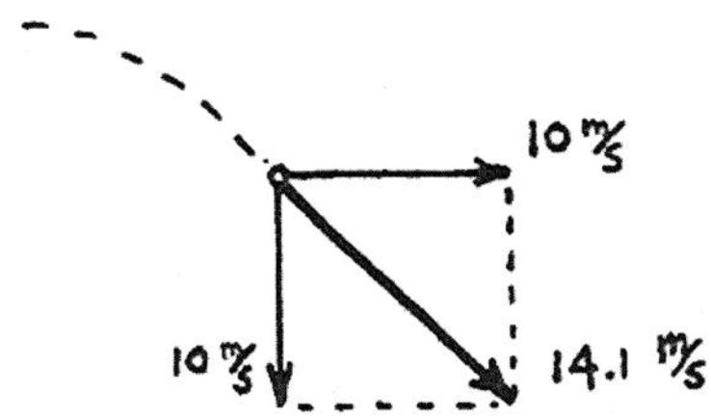

2. (a) $y=\frac{1}{2}gt^2=5t^2=5(30)^2=4500\,\text{m}$ 를 이동한다.
   또는 4.5km의 높이에 있음(만일 $g=9.8\,\text{m/s}^2$을 택하면 고도는 4.4km임)
   (b) $d=vt=280\text{m/s}\times30\text{s}=8400\text{m}$ 를 이동한다.
   (c) 엔진은 바로 비행기 아래에 있다(실제적인 경우에 공기저항은 비행기 엔진에 의해 극복되나 낙하하는 엔진은 그렇지 않으므로 엔진속력은 공기저항에 의해 감소하며 수평으로 8400m를 가지 못할 것이다. 그러므로 비행기 뒤에 떨어질 것이다).

3. 궤도의 최고 정점에서 속도의 수직성분은 영이며 수평성분만이 남을 것이다. 정점이나 어느 곳에서든 경로 상의 수평성분은 초기 수평성분과 같은 100m/s이다(길이가 100인 정사각형의 대각선의 길이는 141이다).

4. 구하려고 하는 거리는 수평속도×시간이다. 공이 책상의 수직거리를 벗어나 강통에 떨어지는데 걸리는 시간을 구한다. 이 거리는 $y=1.0\text{m}-0.2\text{m}=0.8\text{m}$ 이다. $g=10\text{m/s}^2$을 사용하고 $y=\frac{gt^2}{2}$를 이용하여 시간을 구한다. $t=\sqrt{2y/g}=\sqrt{2(0.8\text{m})/10\text{m/s}^2}=0.4\text{s}$. 수평 이동거리는 $d=vt=(8.0\text{m/s})(0.4\text{s})=3.2\text{m}$ 이다(마루와 책상 높이 사이의 수직거리가 1.0m에서 깡통이 높이를 빼지 않는다면 계산된 $d=3.6\,\text{m}$ 일 것이며 깡통은 너무 멀리 놓여 있어 공을 담지 못할 것이다).

5. 총에너지$=5000\text{MJ}+\Delta500\text{MJ}=9500\text{MJ}$. 이 값에서 6000MJ을 빼면 운동에너지는 3500MJ이다.

6. 일과 에너지 정리(제7장)에 의하면 $W=\Delta\mathrm{KE}$이므로 하여진 일은 증가된 에너지와 같다. KE는 (8−5)억J=3억J 증가한다. 운동에너지가 3억J 증가하였으므로 같은 양의 퍼텐셜에너지는 감소한다.

7. 공중 지체시간은 초속도의 수직성분에만 관계되며 이것에 대응되는 수직거리가 결정된다. $d=5t^2$에서 1.25m 낙하는 0.5s에 대응된다.
$t=\sqrt{2d/g}=\sqrt{2(1.25\mathrm{m})/10\mathrm{m/s^2}}=0.5\mathrm{s}$. 따라서 공중 지체시간(올라가는 시간과 내려오는 시간)은 1초이다. 공중지체시간은 수평방향으로 얼마만큼 이동하든 같은 값을 갖는다.

8. (a) 수평방향 속력 계산을 요구하므로 $v_x=d/t$이다. 여기서 수평거리 d는 t시간 동안 이동한 거리이다. 공이 공중에서 날으는 시간 t는 정지 상태에서 네트 꼭대기로부터 수직거리 y를 떨어지는 시간과 같다. 가장 높은 점에서 속도의 수직성분은 영이다.

$$y=gt^2/2,\quad t=\sqrt{2y/g}\quad \text{따라서}\ v=d/t=t/\sqrt{2y/g}$$

(b) $v=d/\sqrt{\dfrac{2y}{t}}=12.0\mathrm{m}/\sqrt{\dfrac{2(1.00\mathrm{m})}{10\mathrm{m/s^2}}}=26.8\mathrm{m/s}\simeq 27\mathrm{m/s}$

(c) 이 방정식에서 공의 질량은 나타나 있지 않으며 관계가 없다.

제 11 장
물질의 원자론

11장 연습문제

1. 한 개다(하나 이상의 동위원소를 발견할 지라도).

2. 물분자는 H_2O로 두 개의 수소 및 한 개의 산소, 즉 세 개의 원자로 되어 있음.

3. 분자들의 평균속력이 증가한다.

4. 향기 냄새가 전달되는 속력은 분자들 사이의 많은 충돌 때문에 구성하고 있는 각 분자들의 속력보다 훨씬 작다. 충돌 사이의 분자 속력은 크다 할지라도 분자들의 진행을 방해하여 어느 특별한 방향으로의 이동률은 아주 낮다.

5. 고양이는 풀 위에 원자와 분자를 포함한 긴 흔적을 남긴다. 이 흔적들은 고양이가 지나갈 때마다 차례차례 남아서 공기와 혼합되어 개의 코에 들어가 냄새 감각을 자극한다.

6. 인체는 인체 내에 포함된 모든 분자들이 체내에 남아 있다면 냄새를 갖지 않는다. 인체 분자들의 일부가 코에 흡입될 때만 인체는 냄새를 갖는다.

7. 신생아 또는 세상에 존재하는 것들을 만드는 원자들은 고대에 폭발된 별들에 의해 생긴 것이다. 그러나 어린 아이를 만드는 분자들은 어머니가 섭취한 음식물을 섭취하여 자궁에 전달된 원자들로 되어 있다.

8. 물은 원소가 아니라 혼합물이다. 물분자들은 수소와 산소 원자들로 만들어진다.

9. 기록된 물질 중에서 H_2, He, Na 및 U는 순수한 원소이다. H_2O와 NaCl은 두 원소로 만들어진 혼합물이며 세 원소로 된 물질은 H_2SO_4이다.

10. 부분적으로 동의한다. 원소는 핵 속에 들어 있는 양자 수에 의해 정의된다고 말하는 것이 더 타당하다. 원소가 이온화되지 않았을 때만 양자와 전자 수는 같다.

11. 브라운 운동은 많은 원자나 분자들이 한쪽에 있는 미소입자에 충돌하여 일어난다. 이것은 입자에 알짜힘을 만들어 운동을 변화시킨다. 이와 같은 브라운 운동은 큰 입자들에서는 관측되

지 않는데 반대편에 가해지는 충돌 횟수가 거의 같으며 큰 입자의 관성은 더 크다. 야구공의 브라운 운동은 감지할 수 없을 것이다.

12. 탁구공 한 개는 골프공 한 개보다 질량이 작다. 따라서 탁구공 무리와 골프공 무리의 질량이 같다면 탁구공 수가 골프공 수보다 많다.

13. 탄소 원자 하나의 질량은 산소 원자 하나의 질량보다 작다. 따라서 같은 질량을 갖는다면 탄소 원자 수가 산소 원자 수보다 많을 것이다.

14. 알루미늄 원자의 질량이 납 원자의 질량보다 작으므로 1kg 알루미늄 원자들이 납 원자들보다 많이 들어 있다.

15. 9개의 원자가 들어 있음.

16. (a) 두 동위원소에는 27개의 양성자가 들어 있다(주기율표를 참조하라). C_0-59는 32개 및 C_0-60에는 33개의 중성자가 들어 있음.
(b) 궤도를 돌고 있는 전자 수는 원자번호 27과 일치한다.

17. 이 원소는 원자번호가 29인 동이다. 29개의 양성자를 가진 원자는 동으로 정의됨.

18. 탄소

19. 납

20. 라돈

21. 음이온이 되려면 전자를 얻어야만 된다.

22. 양이온이 되려면 전자를 잃어야만 된다.

23. 게르마늄은 살충제가 되기 때문이다.

24. 다른 불활성 기체는 Ne, Ar, Kr, Xe 및 Rn임.

25. 게르마늄은 주기율표에서 같은 족 Si 바로 아래 있다.

26. 탄소와 같은 족에 속하는 실리콘(Si)임.

27. 양성자가 원자 대부분의 질량을 차지하며 전자는 원자의 크기에 기여한다.

28. 공식 $KE=mv^2/2$이 여러분의 생각에 도움을 줄 것이다. 같은 속력인 경우 질량이 큰 원자가 더 큰 KE를 가질 것이다. 그러므로 질량이 큰 탄소가 같은 속력을 가진 수소보다 큰 KE를 갖는다.

29. 작은 질량을 가진 수소 분자가 큰 질량을 가진 산소 분자보다 빠른 속도로 운동한다.

30. 전기적 반발 때문이다. 원자 내에서 회전하고 있는 전자들은 전기를 띤 구름을 형성하여 다른 전자들이 만든 구름들을 반발하여 원자들이 합쳐지는 것을 막으며 우리들이 의자에서 추락하는 것을 방지시켜 준다(둘째로 양자효과가 큰 역할 함).

31. 여러분들은 주위에 있는 모든 사람들의 원자로 구성되어 있을 뿐만 아니라 지구에 살았던 모든 사람들의 원자로 구성되어 있다는 의미에서 주위에 있는 모든 사람들의 일부이다. 제2부 시작 그림에서 어린이의 설명은 논의의 여지가 없는 명백한 사실이다. 현재 여러분을 구성하고 있는 원자들은 다른 사람들을 탄생시킬 원자 저수지를 이룰 것이다.

32. 공기 호흡을 함에 있어서 정말로 첫 번째 호흡하는 동안 내뿜는 원자들 중 하나를 흡입할 확률은 아주 높다. 폐 속에 들어있는 공기의 원자 수는 세계의 대기 중에 있는 공기를 호흡할 때의 원자 수와 같기 때문이다.

33. 물 분자는 산소 원자 한 개와 수소 원자 한 개, 즉 HO로 만들어졌다고 가정하였다.

34. 주어진 반물질의 양이 소멸시키는 물질의 양은 반물질의 양과 같다. 순간입자의 쌍을 이룸. 반물질의 질량이 적어도 전체 지구의 질량과 같지 않으면 지구는 반물질에 의해 소멸될 수 없다.

35. 스스로 만들어 보아라.

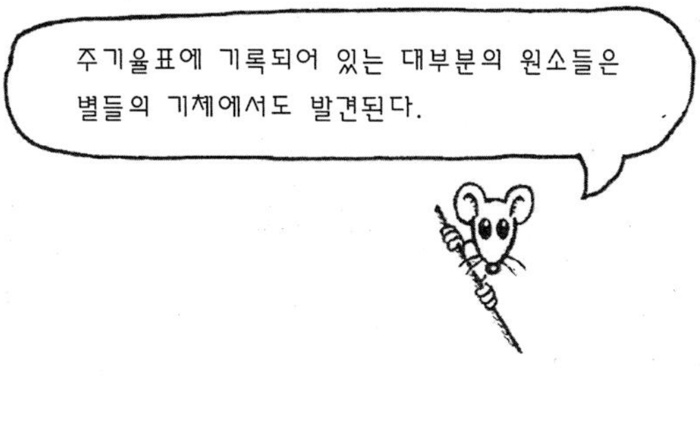

제 12 장 고 체

12장 연습문제

1. 1000mg은 1g이므로 무게는 같다.

2. 동의하지 않는다. 고체와 액체를 분별하는 원자 및 분자들의 배열 때문이다.

3. 나무의 질량의 대부분을 차지하는 탄소는 공기 중의 CO_2에서 생긴 것이다.

4. 물리적 특성은 물질을 구성하는 원자들의 배열, 결합성 및 구조와 관계되며 다른 원자들이 있으면 물질 내에서 상호작용을 일으킨다. 유리 내의 실리콘은 비결정 형태인 반면에 반도체 내의 실리콘은 결정질이다. 유리를 만드는 모래 속의 실리콘은 산소와 결합되어 있는 이산화 실리콘이며 반도체 장비에 들어 있는 실리콘은 순수한 실리콘 원소들이다. 그러므로 이들 두 종류의 물리적 특성은 다르다.

5. 결정에 대한 증거는 허비츠 교수가 이 장의 시작에 보여준 수정과 같은 재료의 3차원 형태와 손의 땀으로 인해 변경된 놋쇠로 된 문손잡이 같은 여러 가지 재료, 현미경 사진으로 제작된 회절 무늬를 포함한다.

6. 풍선의 부피가 증가함에 따라 밀도는 감소한다.

7. 철은 코르크보다 밀도가 크나 반드시 더 무겁지는 않다. 예를 들어 보통 포도주 병에 사용되는 코르크는 쇠압핀 보다는 무거우나 부피가 같은 경우에는 무겁지 않을 것이다.

8. 이들은 모두 철의 표본이므로 밀도는 서로 같다.

9. 얼음이 되었을 때 물의 밀도는 감소한다.

10. 고래의 밀도는 증가한다.

11. 밀도는 물질을 구성하는 원자의 질량에 관계되는 것이 아니라 원자 사이의 간격에 관계된다. 예를 들어 금속 이리디움의 원자들은 우라늄 원자들보다 무겁지 않으나 원자 사이의 간격이 좁아서 가장 밀도 큰 금속을 만든다. 우라늄 원자들은 이리디움 원자들처럼 좁은 간격으로 배열되지 않는다.

12. 알루미늄은 밀도가 작으므로 더 큰 부피를 갖는다.

13. 물은 밀도가 크므로 1L의 얼음보다 1L의 물이 더 무겁다(1L의 물이 얼으면 그 부피는 1L보다 크다).

14. 쇠공을 강철 모르 위에 떨어뜨리면 쇠공은 되튄다.

15. 용수철의 윗부분은 용수철의 전체 무게가 걸려 있어 무게의 반이 걸려 있는 반만 늘어나는 중간점보다 더 늘어난다. 아래쪽 용수철 부분은 아주 작은 용수철 무게가 걸리므로 거의 늘어나지 않는다.

16. 용수철에 추를 달면 용수철의 윗부분에 걸리는 힘과 거의 같은 힘이 아래 부분에도 걸리므로 거의 같게 늘어난다.

17. 두 배로 두꺼운 줄은 네 배의 단면적을 가지므로 네 배 강력하다. 줄의 길이는 줄의 강도에 기여하지 않는다(옛 격언을 기억하여라. 사슬은 가장 약한 사슬만큼 강하다. 사슬의 강도는 사슬의 길이에 관계없이 사슬의 두께에 의존한다).

18. 오목한 부분은 압축력을 받고 볼록한 부분은 장력을 받는다.

19. 1. 윗부분은 장력

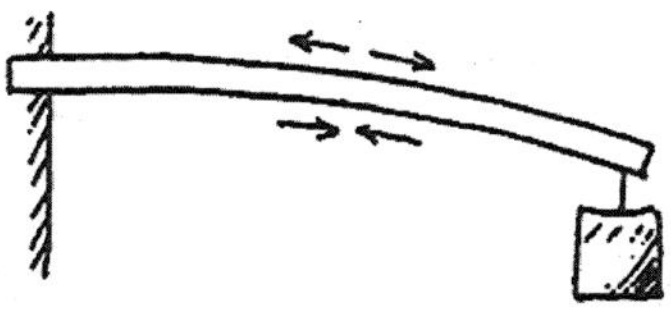

아랫부분은 압축력

2. 윗부분은 압축력

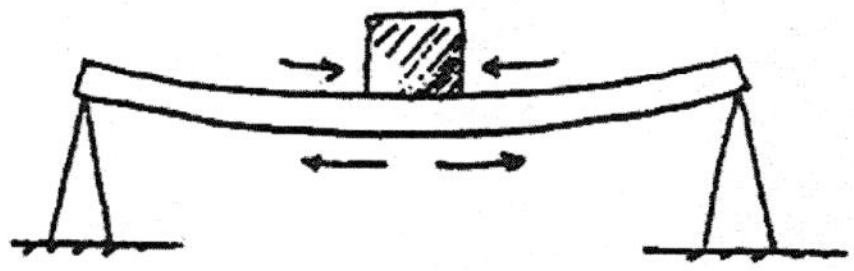

아랫부분은 장력

20. 콘크리트는 압축력을 받으나 장력을 받지 않는다. 그러나 강철봉은 장력을 받는 슬래브 부분, 즉 꼭대기 부분에 넣어야 한다.

21. 아래 위 금속판을 연결하는 부분은 가장 큰 강도를 필요로 하기 때문에 수직으로 놓일 때 수평 I 자형 철강보다 강하다. 하중이 걸릴 때 한쪽 판에는 장력, 다른 판에는 압축력이 작용한다. 그러나 이 연결부분이 수평일 때 금속판들의 아주 작은 끝부분들이 중요한 역할을 한다.

22. 댐에 향한 물의 무게가 댐에 압축력을 작용하기 때문에 왼쪽 설계가 더 좋다. 아치에 작용하는 압력과 같은 압력으로 댐의 부분들을 압착시켜 안전하게 만든다. 오른쪽 그림에서 물의 중량은 댐에 압력을 가해서 댐을 여러 부분으로 갈라놓으려는 경향이 있다.

23. 앞의 연습문제의 댐과 같다. 왼쪽 통과 같이 끝이 오목해야 한다. 통 내부 포도주에 의한 압력은 통을 약하게 하기보다 강하게 하는 가장자리에 압축력을 작용한다. 오른쪽과 같이 끝부분이 볼록하다면 압력은 장력을 작용하여 통 끝부분인 받침을 떨어져 나가게 할 것이다.

24. 삼각형은 기하학적 구조들 중 가장 단단하다. 예를 들어 막대기 네 개를 못을 박아 사각형을 만들었다고 하자. 이 사각형에 힘을 주어 평행사변형으로 변형시키는 데 큰 어려움이 없다. 그러나 세 개의 막대기에 못을 박아 만든 삼각형은 힘을 가해서 더 탄탄한 형태로 변형시킬 수 없다. 강도가 중요할 때 삼각형을 사용한다. 이것이 바로 많은 물품제작에서 삼각형을 보게 되는 이유이다.

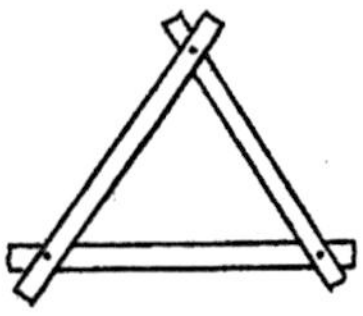

25. 보를 직선으로 두 배 늘린다. 그러면 두께는 4배가 된다. 단면적에 따라 4배 강해질 것이다. 그러나 무게는 8배로 증가한다. 이 보에서 8배의 무게가 작용하는 4배의 강도는 원래 보의 강도에 반에 해당된다. 두 배로 늘린 다리에도 똑같은 현상이 일어난다. 보다 큰 다리는 작은 다리 강도의 반을 갖게 될 것이다(큰 다리는 작은 다리와 다른 설계에 의존한다. 얼마나 다르냐 하는 것은 건축가와 토목전문가의 몫이다). 흥미롭게도 크기에 따른 강도는 1683년 출판된 갈릴레오의 "두 개의 새로운 과학"에 실려 있다.

26. 현수선이 계란 끝부분의 곡선을 대신한다. 계란 끝부분의 곡선을 함께 압축하면 계란을 더 튼튼하게 만든다. 현수선 형태가 아닌 옆 부분을 누르면 쉽게 깨져버린다.

27. 사슬의 고리는 근처의 고리들을 끌어당기므로 매달려 있는 사슬에 작용하는 장력은 정확히 사슬방향이며 사슬의 모든 점에서 사슬과 평행하다. 아치 같은 모양을 이룬다면 아치를 따라 작용하는 압축력은 정확히 아치를 따라 모든 점에서 아치에 평행할 것이다. 여기에는 아치를 휘게 하는 내부 힘이 존재하지 않는다. 이와 같은 모양은 현수선으로 세인트루이스 시에 영광을 주는 한 가지로 현대 아치 형태이다.

28. 아치의 형태가 매달려 있는 사슬 모양을 거꾸로 한 것이라면 쇠막대는 필요치 않다. 왜 그럴까? 디자인이 반원으로 되어 있는 경우 돌에 작용하는 압축력은 외부로 작용한다. 매달려 있는 사슬형 디자인의 경우 현수선의 압축력은 모든 점에서 아치에 평행하므로 외부로 향한 알짜힘은 존재하지 않는다.

29. kg당 표면적이 작기 때문에 큰 사과인 경우 캔디 제작자는 과자가 덜 필요하다(같은 질량의 큰 사과와 작은 사과의 껍질을 비교하면 쉽게 알 수 있다).

30. 불쏘시개는 큰 나무토막이나 통나무보다 짧은 시간에 고온으로 가열될 것이다. 불쏘시개의 단위 질량당 표면적이 큰 것은 질량의 대부분이 표면 근처에 있기 때문이며 모든 면을 발화온도로 쉽게 가열할 수 있다. 환언하면 통나무에 공급된 열은 큰 질량쪽으로 전달되어 한 곳에 집중되지 않는다. 큰 나무토막과 통나무는 발화온도에 도달하는 데 시간이 걸린다.

31. 이 문제의 답은 앞 연습문제의 답에서 사용한 같은 원리를 이용한다. 가루 형태로 된 석탄의 큰 표면적은 석탄의 굉장히 많은 원자들을 공기 중의 산소에 노출시킨다. 이 결과 매우 빠른 연소가 가능하다.

32. 보다 넓은 면적으로 인하여 꾸불꾸불한 건물로부터의 열손실이 더 크다.

33. 아파트 건물은 같은 부피의 단일 가족 주택보다 기후에 노출된 단위 면적이 작다. 더 작은 면적은 단위 면적당 열손실이 작다(북부기후에서 아파트 건물이 거의 육면체와 비슷하다는 것은 흥미롭다. 직사각형 면을 가진 고체의 경우 정육면체는 가장 표면적이 작다).

34. 체적이 주어지면 원이 다른 어떤 기하학적인 모형보다 작은 표면적을 갖는다. 돔 양식 구조는 마찬가지로 통상적인 석재를 사용한 구조보다 단위 체적당 표면적이 작다. 작은 표면적을 기후에 노출시킨다는 것은 바로 열손실을 줄이는 것이다.

35. 잘게 쪼개진 얼음조각의 표면적은 주위 환경에 더 많은 녹는 면적을 제공한다.

36. 털을 말아 올림은 주위에 작은 면적을 노출시킨다.

37. 녹슴은 표면현상이다. 주어진 질량의 경우 철사 줄은 두꺼운 철사 줄보다 공기 중에 더 많은 표면적을 제공하기 때문이다.

38. 큰 조각보다 얇게 썰 때 요리 기름에 더 많이 노출된다.

39. 넓고 얇은 버거는 같은 부피이지만 넓은 면적을 갖는다. 면적이 넓으면 넓을수록 난로에서 고기에 큰 열전달이 가능하다.

40. 컵케이크는 재료량 당 케이크보다 더 넓은 면적을 가지며 난로가 제공하는 열에 더 넓은 면적을 노출시키며 요리가 잘 된다는 것을 의미한다. 이것은 또한 케이크를 굽는데 정해진 시간동안 굽는다면 컵케이크는 더 오래 굽게 된다는 것을 의미한다(이제 여러분들은 요리 시간이 주어질 때 왜 요리법이 얇은 팬이나 깊은 접시를 지적하는지 그 이유를 알 것이다).

41. 벙어리장갑은 보통 장갑보다 표면적이 작다. 벙어리장갑과 보통 장갑을 만드는 사람은 보통 장갑을 만드는 데 더 많은 재료가 요구된다고 말할 것이다. 보통 장갑을 끼고 있는 손은 벙어리장갑을 낀 손보다 더 빨리 차진다. 손가락, 발가락 및 귀는 신체의 다른 부분에 비해 어울리지 않게 넓은 면적을 갖는다. 그러므로 동상에 걸리지 쉽다.

42. 체력은 팔과 다리의 단면적에 근사적으로 비례한다(일차원의 제곱에 비례). 체중은 신체의 부피에 비례하여 달라진다(일차원의 세제곱에 비례). 그러므로 무게에 대한 힘의 비가 같은 것은 작은 사람의 경우에 더 크다.

43. 덩치가 작은 동물이 단위 체중당 더 많은 에너지를 방사하므로 이에 대응해서 혈액 흐름은 많으며 심장박동이 빠르다.

44. 생명체는 부피가 증가함에 따라 표면적이 부피 증가에 비해 감소한다. 그러므로 인간과 같은 큰 생명체는 장의 표면에서 충분히 필요한 음식을 소화할 수 있도록 많은 굴곡을 가진 넓은 장면적을 가져야 한다.

45. 폐의 내부 면은 평탄하지 않고 스펀지와 같다. 결과적으로 호흡하는 데 공기에 노출된 굉장히 큰 면적이 있다. 이것은 큰 육체의 표면적에서 적절한 감소를 보상하는 자연의 방법이다. 이와 같은 방법으로 생명 유지에 필요한 적절한 산소량을 흡수한다.

46. 모든 창조물의 세포들은 기본적으로 면적 대 부피 관계에 의해 정해진 동일한 크기의 한계에 속한다. 모든 세포들의 영양은 삼투현상이라 불리는 과정에 의해 표면을 통해서 공급된다. 세포가 성장함에 따라 더 많은 영양이 요구되나 이에 걸맞는 표면적의 증가는 질량의 증가 뒤로 처진다. 세포는 두 개의 세포로 분열되어 이 부담을 극복한다. 이 과정은 반복되며 고래, 쥐 및 사람 모양을 택하는 생명체가 존재하게 된다.

47. 어린이는 단위 체적당 더 넓은 표면적을 갖고 있기 때문에 어린이가 물을 더 필요로 하며 어울리지 않게 공기 속으로 더 많은 물을 방출한다.

48. 크기의 비율이 벌새와 독수리를 설계하는 데 중요한 역할을 한다. 벌새의 날개는 새의 크기에 비해 독수리보다 작으나 새의 질량에 비하면 더 크다. 벌새의 경우 짧은 날개의 회전관성은 독수리 날개와 같은 큰 날개로 불가능한 신속한 날개 휘젓기를 허용하기 때문에 벌새는 재빠른 이동이 가능하다. 벌새가 독수리만큼 커진다면 날개는 독수리 날개보다 훨씬 짧으므로 높이 날 수 없다. 벌새의 습관적인 날개 펄럭임 정도는 어울리지 않는 큰 무게 때문에 날아오르기에 충분치 않다. 그와 같은 거대한 벌새는 날을 수 없으며 다리가 어울리지 않게 굵지 않다면 서 있을 때 큰 불편을 느낄 것이다. 벌새와 독수리 사이의 구조 차이는 면적 대 부피의 크기의 비에 의한 자연적인 결과이다. 흥미롭다.

49. 면적과 같은 양은 부피와 같은 양에 비해서 다른 방법으로 변화될 수 있다는 축척개념은 기하학을 능가한다. 한 크기에서 잘 작동되는 규칙은 크기가 다른 계에 적응할 때에는 맞지 않을 수도 있다. 조그만 마을에 적용되는 규칙들은 큰 도시의 경우에는 전혀 적용될 수 없을 수도 있다. 다른 예들은 여러분에게 맡긴다.

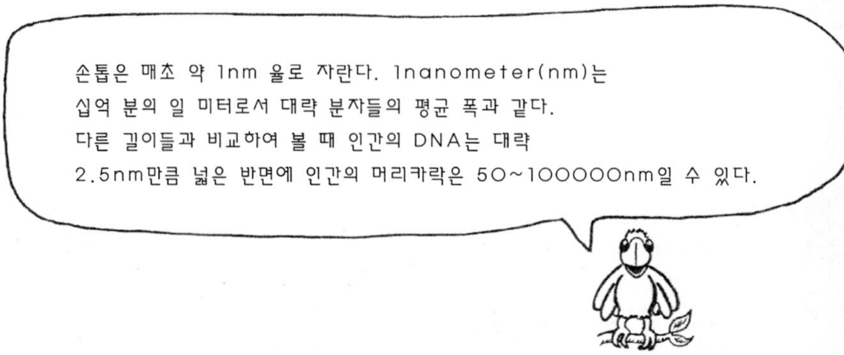

실전문제

1. 밀도=질량/부피=5kg/V. 원통의 부피는 (둘레면적)×(통의 높이)=$\pi r^2 b$이므로 밀도는 다음과 같다.

$$밀도=\frac{5kg}{\pi r^2 b}=\frac{5000g}{(3.14)(3^2)10cm^3}=17.7g/cm^3$$

2. $1m^3$의 코르크의 질량은 400kg이며 무게는 약 4000N이다. 파운드로 표시하면 400kg×2.2lb/kg=880lb이며 너무 무거워서 들어 올릴 수 없다.

3. 50N은 (5/3)×30N과 같다. 그러므로 스프링은 5/3만큼 10cm 늘어난다. Hooke의 법칙으로부터

$$F=kx,\ x=\frac{F}{k}=\frac{50N}{30N/6cm}=10cm\ (스프링\ 상수=5N/cm)$$

4. (a)와 같이 용수철을 배열하면 용수철 각각은 무게의 반을 받쳐 주므로 1/2인 2cm 늘어나면 5N을 받쳐준다.
(b)의 경우 두 용수철은 각각 10N을 받쳐주며 각각 4cm씩 늘어나며 10N을 받쳐준다. 두 용수철이 4cm씩 늘어나므로 무게는 전체길이 8cm를 아래로 늘린다.

5. (a) 8개의 작은 정육면체가 생긴다(그림 12.16을 보아라).
(b) 원래 정육면체의 면적은 각 면의 면적이 $4cm^2$이며 6면을 갖고 있으므로 $24cm^2$이다. 쪼갠 정육면체의 면적은 $6cm^2$이고 8개의 정육면체가 있으므로 $48cm^2$이므로 2배이다.
(c) 원래 정육면체와 면적 대 체적의 비는 $24cm^2/8cm^3 = 3cm^{-1}$이다. 잘라낸 작은 정육면체의 경우 $48cm^2/8cm^3 = 6cm^{-1}$이며 두 배 크다(면적 대 체적의 비는 cm의 역, cm^{-1}의 단위를 가짐에 유의하여라).

6. 질량이 두 배인 금은 두 배의 체적을 가지므로

$$2\,cm^3=L^3,\quad L=2^{\frac{1}{3}}=1.26\,cm$$

7. $7000\times10^9\times\frac{1\text{g}}{28.40}=2.46\times10^6\text{g}\times\frac{1\text{cm}^3}{19.3\text{g}}=1.28\times10^9\text{cm}^3(\frac{1\text{m}}{100\text{cm}})^2=1.28\times10^3\text{m}^3$

이것은 부피가 정육면체, $V=L^3$이므로 한 변의 길이 L은

$L=(V)^{\frac{1}{3}}=(1.28)^{\frac{1}{3}}\times(10^3\text{m}^3)^{\frac{1}{3}}=10.8\text{m}$(이 양은 펏드 녹스에 저장되었던 양의 5배가 넘으며 세계의 1년 금 생산량의 16배에 해당된다.)

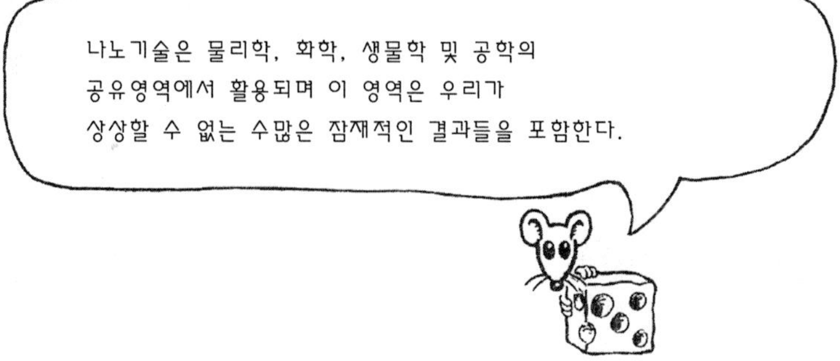

제 13 장 액 체

13장 연습문제

1. 물이다.

2. 날카로운 칼은 무딘 칼보다 더 잘 자른다. 날카로운 칼은 얇은 절단 면적을 갖고 있으며 주어진 힘에 더 큰 절단압력을 물체에 가하기 때문이다.

3. 압력은 여자가 더 크게 가하며 더 해를 줄 것이다.

4. 하이힐을 신은 여자가 코끼리보다 땅에 훨씬 강한 압력을 가한다. 면적이 $1cm^2$인 뒷굽 하이힐 신은 체중이 500N인 여자가 한 발에 체중의 반을 얹고 이 힘의 반은 뒷굽에 그리고 반은 구두 바닥에 가한다. 그러므로 뒷굽이 작용하는 힘은 $125N/1cm^2 = 125N/cm^2$이다. 체중이 50000N인 코끼리는 $1000cm^2$인 발을 가지고 있어서 각 발에 체중 1/4로 누르므로 $12500N/1000cm^2 = 12.5N/cm^2$이며 이 힘은 10배 작다(그러므로 하이힐을 신은 여자가 마루의 깔개에 코끼리보다 더 움푹 들어간 곳을 만들 것이다).

5. 물침대를 사용하면 접촉면이 크므로 압력이 감소한다.

6. 압력의 개념을 보이고 있다. 마샬의 체중이 큰 접촉면에 작용하도록 유리 조각들이 작고 많은데 마샬은 조심한다. 날카로운 유리가 발에 흠집을 내도록 불충분한 압력을 제공한다.

7. 위팔은 심장과 수평을 이루고 있으므로 위팔의 혈압은 심장의 혈압과 같을 것이다.

8. 드러누운 상태에서는 서 있거나 앉아 있는 상태에 대응되는 높이로 심장은 혈액을 보낼 필요가 없으므로 서 있거나 앉아 있을 때보다 누워 있을 때 몸이 더 잘 쉰다.

9. 그렇지 않다. 중력에 의한 압력차가 없으므로 궤도상에서는 받침힘이 없다.

10. 더 큰 압력 때문에 아래층 열린 수도꼭지로부터 나오는 물의 양이 더 많다. 압력은 깊이와 관계되므로 아래층 수도꼭지는 위층 수도꼭지보다 더 깊다. 아래층 압력은 (무게밀도)×(깊이)로 표시되는 양만큼 크며 여기서 깊이는 두 꼭지 사이의 수직거리이다.

11. 압력은 깊이와 관계되므로 두 경우 압력은 서로 같다.

12. (a) 수도꼭지에 적당한 물압력을 만들어 공급할 수 있도록 탱크는 높은 곳에 올려놓았다.
(b) 물의 압력은 물탱크 아래쪽에서 더 크므로 아래쪽에 더 촘촘히 감는다. 꼭대기에 접근할 수록 압력은 크지 않으므로 보강할 필요가 줄어든다.

13. 물의 깊이는 바닥에서 물꼭지의 거리와 같으며 두 주전자의 물꼭지 높이가 같으므로 두 주전자는 같은 양의 물을 담고 있다.

14. 알루미늄과 납덩어리의 부피는 서로 같으므로 같은 양의 물이 밖으로 넘쳐흐른다.

15. 1kg의 알루미늄 덩어리는 1kg의 납덩어리보다 부피가 크다. 그러므로 알루미늄이 더 많은 물을 넘치게 한다.

16. 10N의 알루미늄 덩어리는 10N의 납덩어리보다 크다. 그러므로 알루미늄이 더 많은 물을 넘치게 한다. 연습문제 14에서는 단지 덩어리 부피들이 서로 같았다. 이 연습문제와 앞 연습문제의 경우 알루미늄 덩어리가 크다(이 연습문제들은 단지 부피, 질량과 무게 사이의 차이를 강조하기 위한 것이다).

17. 유리창 면적이 작을수록 창에 작용하는 분쇄력이 작아진다.

18. 물리학 관점에서 볼 때 소년의 손가락에 작용하는 해양의 힘은 아주 작기 때문에 이 사건은 이치에 잘 맞는다. 손가락에 작용하는 압력은 물의 깊이, 즉 해양의 무게가 아닌 바다 높이와 구멍 사이의 거리만이 관계되기 때문이다. 문제 4에서 여러 예제들을 참조하여라.

19. 이것은 물의 압력이 깊이와 관계된다는 것을 극적으로 설명하며 플러그-척4와 직접 관계된다 (Plug-and Chug4).

20. 통상적인 배관설계는 두 층간 거리의 수직구간에 45°로 휜 짧은 구간들이 설치된다. 오물들은 이 구간들을 연속적으로 통과하여 지하에 도달할 때 크지 않은 운동량을 갖게 된다.

21. 물이 수평을 유지하는 것은 깊이에 따른 압력의 결과이다. 예를 들어 물이 가득한 U형 관에서 관의 한쪽에 들어있는 물이 양쪽관의 같은 깊이에 있는 물의 압력이 같아질 때까지 다른 쪽 관의 물을 밀어 올린다. 물의 높이가 같지 않으면 관 내의 물높이에 압력이 가해져 높이가 같아질 때까지 물이 이동할 것이다.

22. 물이 가득한 정원 호스를 고도표시기로 사용하는 것은 수평을 유지한 실제적인 예이다. 호스 한쪽 끝의 물 표면은 다른쪽 끝의 물 표면과 같이 해수면보다 높은 같은 고도에 있을 것이다.

23. 깊은 물속에 서 있으면 제거된 물에 의해 위로 뜨게 된다. 그 결과로 바닥에 있는 돌에 큰 압력을 가하지 못한다. 목까지 물에 들어가면 바닥을 전혀 감지하지 못한다.

24. 부력은 압력 차에서 생긴다. 압력차가 없다면 부력은 존재하지 않는다. 이것은 다음 예로써 설명될 수 있다. 물 아래로 밀어놓은 탁구공은 그대로 놓으면 표면으로 떠오른다. 그러나

물용기가 자유낙하 상태에 있다면 물속에 잠긴 탁구공은 물용기와 함께 낙하하여 표면에 도달하지 않는다. 이 경우 중력의 국소적인 효과가 결여되어 압력차가 없기 때문에 공에 작용하는 부력이 없다.

25. 다이어트 음료는 물보다 밀도가 작은 반면에 보통 음료는 물보다 밀도가 크다(설탕이 녹아 있는 물은 순수한 물보다 밀도가 크다). 또한 캔의 무게는 캔이 완전히 물에 잠길 때 작용하는 부력보다 크다. 그러므로 캔은 무게가 부력과 같을 때 뜬다.

26. 수은은 철보다 밀도가 크다(13.6g/cm^3). 철 덩어리는 수은을 밀어내어 무게가 제거되어도 일부가 수은 표면 위에 있다. 그러므로 철은 수은에 떠 있다. 물에서 철 덩어리는 물을 밀어내도 무게를 제거시킬 수 없기 때문에 가라앉는다.

27. 산맥은 빙산과 매우 유사하다 : 산맥과 빙산은 밀도가 큰 매질 내에 떠 있고 면 위에 있기보다 매질 아래로 내려간다. 빙산과 같이 산은 처음 물에 나타날 때 보다 크다. 산이 떠 있다는 개념은 돌에 대한 아르키메데스의 원리에 따라 지각평형상태에 있다.

28. 대부분의 납을 갖고 있는 산은 지각보다 밀도가 커서 속으로 가라앉는다. 대부분의 철은 세계의 어느 곳에 있다고 생각하는가? 지구 중심에 있다.

29. 필요한 힘은 물 1L의 무게로서 9.8N이다. 우유 각의 무게를 무시할 수 없다면 필요한 힘은 9.8N에서 각의 무게를 뺀 값이다. 우유 각 무게는 각을 아래로 미는 데 "도움"이 되기 때문이다.

30. 공이 수면 아래에 머물면 더 많은 물을 밀어내기 때문이다.

31. 수면 아래에서 공에 작용하는 부력은 공에 작용하는 중력보다 훨씬 커서 위로 향한 힘과 큰 가속도를 제공한다.

32. 무거운 물체는 밀도에 따라 뜰 수도 가라앉을 수도 있다(예를 들면 무거운 기둥은 뜨나 작은 돌은 가라앉으며 해양선은 떠 있으나 종이 자르개는 가라앉는다). 무거운 물체는 진정 가라앉는다고 말하는 사람은 밀도가 큰 물체는 가라앉는다는 것을 의미한다. 물체가 얼마나 무거운가와 밀도가 얼마나 되는가를 분별하는 데 주의를 기울여라.

33. 떠 있는 동안 부력은 잠수함의 무게와 같다. 잠수했을 때 부력은 (잠수함의 무게) + (바닥 짐통에 넣은 물 무게)와 같다. 다른 방법으로 설명한다면 가라앉은 잠수함은 잠수함이 떠 있을 때보다 더 큰 물 무게를 첨가한 것이다.

34. 쇳덩이가 나무 조각위에 있을 때보다 아래 물속에 매어 달린다면 나무 조각은 더 위로 떠오른다. 쇳덩이와 나무 조각 결합체는 쇳덩이가 위에 또는 물속에 매달리건 결합체의 무게와 밀어낸 물의 무게를 상쇄시킨다. 쇳덩이가 나무 조각위에 있을 때 나무 조각은 더 물 속으로 들어가며 쇳덩이가 아래 물속에 있을 때에 나무 조각은 덜 가라앉는다. 다른 설명을 빌린다면 쇳덩이가 아래 물속에 잠겨 있을 때에는 쇳덩이에 작용하는 부력이 무게를 감소시켜 나무 조각이 물 면 아래로 덜 내려간다.

35. 짐을 신지 않는 배는 무게가 가벼워 물을 적게 밀어내며 가장 높이 뜬다. 짐을 실으면 무게가 증가하며 물에 더 가라앉아 낮게 뜬다. 2~3톤의 스티로폼을 실은 배는 같은 톤수의 철광석을 실은 배와 똑같이 낮게 뜰 것이다. 만일 스티로폼이 배 밖으로 이전되면 해양구조대가 탄 배와 같이 높게 뜰 것이다.

36. 잠수하는 잠수함은 잠수함의 밀도가 주위의 물 밀도보다 크게 유지되는 한 계속 가라앉는다. 잠수함의 밀도를 바꾸는 어떤 조치가 취해지지 않는다면 물의 밀도는 실제로 일정하기 때문에 잠수함은 계속 가라앉을 것이다. 실제로 주위의 물밀도에 맞추기 위해 잠수함 탱크에 물이 흡수되거나 방출된다.

37. 물 높이는 내려간다. 철은 물속에 잠겼을 때보다 배 위에 있을 때 많은 양의 물을 제거하지만 물속에 가라앉은 물체는 체적만큼 물을 밖으로 밀어낸다(이것은 싱크대에 있는 물이 가득찬 냄비 속에 떠 있는 접시로 설명할 수 있다. 접시에 있는 물은 은식기를 고철로 보고 냄비면의 물높이를 기록하고 은식기를 접시 밖으로 제거한다. 떠 있는 접시는 더 높게 뜨고 냄비면의 물높이는 낮아질 것이다. 은식기가 물을 충분히 밀어내어 냄비의 처음 물높이까지 끌어올릴까? 그렇지 않다. 은식기가 물보다 큰 밀도를 갖고 있는 한 불가능하다).

38. 앞 연습문제에서와 같은 이유로 물높이는 내려갈 것이다(집에 있는 싱크대에서 실험하여 보아라. 냄비 안에 보시기가 떠 있을 때 냄비 옆면의 물높이를 기록하여라. 보시기를 옆으로 쓰러뜨려 물이 가득 차서 가라앉게 하면 냄비면의 물높이가 내려감을 알게 될 것이다).

39. 돌이 물에 잠겼을 때 같은 부피의 물을 밀어내며 어떤 깊이에서도 물의 무게는 같기 때문에 가라앉은 돌에 작용하는 부력은 변하지 않는다.

40. 잠수하는 수영선수에 작용하는 부력은 깊이 잠수할수록 감소한다. 앞의 연습문제에서 돌과 달리 수영선수의 부피는 더 깊은 곳에서의 더 큰 압력에 의해 압축될 것이기 때문이다.

41. 풍선은 깊이에 따라 밀도가 증가하므로 바닥으로 가라앉을 것이다. 풍선은 압축이 가능하므로 물표면 아래서 물압력 증가는 풍선을 압축하며 부피가 줄어들며 이에 따라 밀도가 증가한다. 밀도가 증가함에 따라 압력과 압축이 더 큰 지역으로 가라앉는다. 부력을 생각해보라 : 아래로 내려감에 따라 압력 증가로 부피가 감소하며 풍선이 밀어내는 물의 양은 감소한다. 그러므로 부력은 아래로 내려갈수록 감소한다.

42. 돌은 압축되지 않으나 사람은 압축될 수 있으므로 물속에 가라앉으면 물의 압력이 사람을 압착시켜 부피를 줄여서 밀도를 증가시킨다(수영할 때 낮은 깊이에서는 물보다 낮은 밀도를 유지하여 노력하지 않아도 표면으로 떠오른다. 그러나 깊이 들어가면 압력을 받아 물보다 큰 밀도를 갖게 되므로 표면에서 수영을 해야 한다).

43. 자기 자신의 무게와 같은 유체의 무게를 제거하는 한 가라앉을 필요가 없기 때문에 보다 큰 밀도를 가진 유체에서 사람은 보다 높게 뜬다. 제거된 밀도가 큰 유체의 작은 부피는 떠있는 사람의 무게와 걸맞다.

44. 부력은 변하지 않는다. 배를 뜨게 하는 부력은 유체가 어떤 종류이건 관계없이 항상 물체의 무게와 같다.

45. 두 구명대는 크기가 같으므로 물속에 잠수할 때 같은 양의 물을 밀어내며 같은 크기의 힘을 받아 뜰 것이다. 효과는 별개의 이야기이다. 자갈이 들어 있는 구명대를 입은 구조자에 작용은 하는 부력은 무게보다 훨씬 작다. 이 구명대를 입으면 가라앉을 것이다. 가벼운 스티로폼이 들어있는 구명대를 입으면 구조자에 작용하는 부력은 무게보다 클 것이며 떠 있게 될 것이다. 힘의 양과 힘의 효과는 두 가지 다른 특성이다.

46. 그렇지 않다. 뇌에 14.5N의 부력을 공급하기 위해 두개골 속 유체의 부력이 14.5N일 필요는 없다. 부력이 14.5N이라고 말하는 것은 뇌 대신에 유체가 그 영역을 점유한다면 유체의 무게가 14.5N이 되는 공간을 뇌가 차지하고 있다는 뜻이다. 뇌를 바로 둘러싸는 유체를 초과한 유체의 양이 뇌에 작용하는 부력에 기여하지 않는다(바다 한 가운데 떠 있는 배나 배 자체 크기보다 약간 큰 갑문 내에 떠 있는 배나 상태는 동일하다. 배의 선체에 압력을 가하기에 충분한 물이 있는 한 배는 떠 있을 것이다).

47. 알코올과 물의 혼합물은 물보다 밀도가 낮기 때문에 얼음조각은 혼합음료수에 낮게 뜰 것이다. 밀도가 낮은 액체에서 떠 있는 얼음무게와 같은 액체의 더 큰 부피가 제거되어야 한다. 순수 알코올에서 얼음조각의 부피와 같은 알코올의 부피는 얼음조각의 무게보다 가벼우며 부력은 무게보다 작아서 얼음조각은 가라앉을 것이다. 칵테일 속에 가라앉은 얼음조각은 칵테일이 주로 알코올임을 표시한다.

48. 얼음조각이 녹을 때 유리잔의 물높이는 변하지 않는다(온도 효과는 무시). 이것을 확인하기 위해 얼음조각을 5g의 얼음조각이라고 상상해보라. 그러면 떠 있는 동안 5g의 물을 밀어낼 것이다. 그러나 녹으면 5g의 물이 된다. 그러므로 물높이는 변하지 않는다. 공기 기포를 가진 얼음조각이 녹을 때에도 같은 현상이 일어난다. 얼음조각이 속이 비었거나 고체이건 얼음조각은 녹아서 떠있을 때 밀어낸 물을 녹을 때에도 밀어낼 것이다. 그러난 얼음조각이 무거운 모래알을 포함하고 있다면 유리잔의 물높이는 낮아질 것이다. 이것은 연습문제 38의 쇳조각 경우와 유사하다.

49. 눈금에 나타나는 전체무게는 두 경우에 다 같다. 그러므로 나무토막이 밖에 있건 컵 안에 떠 있건 저울눈금은 같을 것이다. 마찬가지로 철 덩어리 경우도 저울눈금은 계의 전체 무게를 표시할 것이다.

50. 물이 넘치지 않는다면 용수철의 저울의 눈금은 보통 물고기의 무게에 커질 것이다. 그러나 어항에 물이 가득 차 있다면 물고기를 넣을 때 어항의 물과 고기의 부피와 같은 흘러나간 물의 무게 합과 같다. 따라서 눈금은 변하지 않는다. 이 경우 고기와 물의 밀도가 같다고 정확하게 가정하였다.

51. 지구의 중력이 강해지면 물과 물고기는 같은 율로 무게와 무게밀도가 증가할 것이므로 물고기는 물속에서 전과 같은 수준에서 머물 것이다.

52. 지구표면에서와 같이 비례하여 물 위에 뜰 것이다. 어떤 속력으로 위로 튀겨진 물은 반에 해당되는 "중력"을 받게 되므로 두 배로 높이 올라갈 것이다. 물 표면의 파도는 지구상에서 보다 천천히 움직일 것이다($v_{파동} \propto \sqrt{g}$ 이므로 대략 70% 속력으로 움직일 것이다).

53. 표면장력 때문에 물방울의 표면은 가장 작아질 것이며 중력과 그 이외의 변형시키는 힘이 없다면 물의 외형은 "구형"이 될 것이다. -부피가 주어질 때 최소 표면적을 만드는 것은 구이다.

54. 중력가속도 g가 영인 환경의 물속에 있는 탁구공은 부력을 체험하지 못할 것이다. 부력은 액체 속에 가라앉은 물체의 다른 면 사이의 압력차에 관계되기 때문이다. 이와 같은 무중력 상태에서는 물의 압력이 존재하지 않기 때문에 압력차는 존재하지 않는다(연습문제 24의 답을 참조하여라).

55. 빠진 사람이 물에 가한 압력이 어떤 것이든 그 일부는 파스칼 원리에 따라서 배고픈 악어에게 전달된다. 물이 대기와 접해 있지 않고 폐쇄되어 있다면 악어는 사람이 힘을 가해 생긴 압력의 작은 부분까지 감지할 것이다. 그러나 아무리 조용한 늪에 미끄러져 들어가 수영을 통해서 물에 압력을 가하지 않고 조용히 떠 있다 할지라도 물의 이동은 늪의 물높이를 상승시킨다. 이 매우 작은 상승과 여기에 동반되는 늪 바닥의 아주 작은 압력증가는 배고픈 악어에게는 아주 좋은 신호이다.

56. 강한 사람도 실패할 것이다. 그는 10kg의 50배 무게로 밀어야 할 것이다. 수리역학 배치가 불리하게 배열되어 있다. 보통 작은 압력은 작은 피스톤에 가해지며 출력은 큰 피스톤에 작용된다. -배치가 반대로 되어 있다.

57. 그림 13.22에서 수압장치의 증가된 압력은 입력 피스톤 면적에 가하여 분포된 힘의 결과이다. 이 압력의 증가는 출력피스톤에 전달되며 압축된 공기와 액체 사이의 유체 접촉면적과는 관계가 없다. 많은 수압장치들은 압력이 가해지는 단일 피스톤으로 되어 있다.

58. 물이 뜨거울 때 분자들은 보다 신속히 움직이며 물이 천천히 움직일 때와 같이 서로 밀착되지 않으므로 표면장력이 더 작다. 뜨거운 물의 보다 작은 표면장력은 작은 구멍을 쉽게 통과하도록 만든다.

59. 표면장력이 면도날을 "뜨게" 만든다. 면도날의 무게는 물이 퍼지려는 것에 저항하는 물표면의 복원력보다 작다.

60. 공이 물속에 잠길 때(그러나 용기의 바닥과 접촉하지 않는다), 왼쪽에 작용하는 부력과 오른쪽에 연결된 줄에 작용하는 힘이 공을 지탱해 주고 있다. 그러므로 왼쪽 냄비는 어떤 힘을 제공하던 추가해서 부력을 주는 위로 향한 힘을 증가시켜야 하며 공은 부력의 크기만큼 가벼운 힘을 받고 있으므로 오른쪽 냄비의 위로 향한 힘은 부력과 같은 양만큼 감소한다. 저울 눈금을 복원시키려면 오른쪽에 주어져야 하는 추가무게는 잠긴 공에 의해 제거된 물의 무게의 두 배와 같을 것이다. 왜 두 배일까? 추가된 무게의 반은 오른쪽에 작용하는 위를 향한 잃은 힘을 보강하며 나머지 반은 왼쪽에 작용하는 위로 향한 힘을 보강한다(양쪽이 각각 10N의 무게

를 갖는다면 왼쪽은 2N을 얻어 12N이 되며 오른쪽은 2N을 잃어 8N이 된다. 그러므로 오른쪽의 평형을 복귀시키려면 2N이 아니라 4N의 무게가 추가되어야 한다). 물의 밀도는 철의 밀도의 반보다 작기 때문에 부력의 두 배와 같은 복원 무게는 공의 무게보다 여전히 작다.

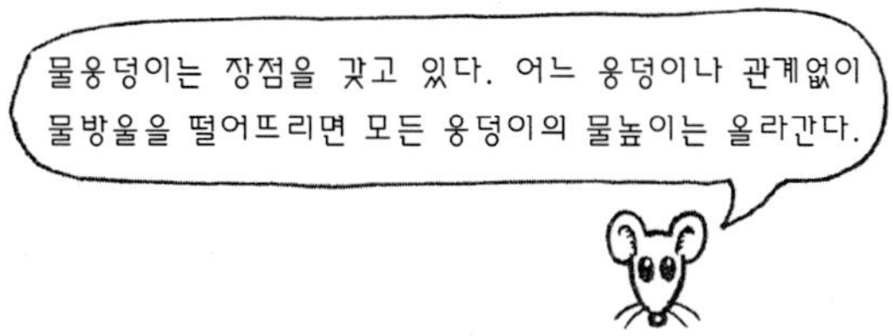

실전문제

1. 한 개의 못에 작용하는 힘은 120lb/600=02.lb이다.

2. 5kg의 공의 무게는 50N이므로 압력은 $50N/1cm^2 = 500kPa$이다.

3. 밀도는 $\rho = m/V = 6kg/1l = 6kg/l$이다(1입방미터는 1000리터이므로 밀도를 kg/m^3으로 표시하면 $\rho = 6kg/1l \times 1000l/m^3 = 6000kg/m^3$이므로 물 밀도의 6배이다).

4. 첫째로 압력을 구해야 한다. 압력은 (무게밀도)×(깊이) = $(10000N/m^3)(2m) = 20000N/m^2$ 또는 20000Pa이다. 힘은 (압력)×(면적)이며 $1cm^2 = 10^{-4}m^2$이므로 $F = (20000N/m^2)(10^{-4}m^2) = 2N$이다. 소년이 이 힘을 쓰는 것은 쉬운 일이다. 이 힘은 대략 필기장 혹은 조그만 시리얼 상자의 무게이다(이 계산에서 공기압력은 고려하지 않았는데 위로부터 아래로 물을 미는 효과는 새는 물에 대해 구멍 밖으로부터 미는 효과와 상쇄되기 때문이다).

5. (a) 부력은 10N−8N=2N이다.
   (b) 저울눈금의 증가는 2N이다. 전체무게는 12N이다.

6. 표 12.1에서 금의 밀도는 $19.3g/cm^3$이다. 갖고 있는 금의 질량이 1000g이므로 $1000g/V = 19.3g/cm^3$이다. 이 식을 V에 대해 풀면 $V = 1000g/19.3g/cm^3 = 51.8cm^3$이다.

7. 상대면적은 직경의 제곱이므로 $6^2/2^2 = 36/4 = 9$이다. 큰 피스톤의 작용하는 힘의 9배로 들어 올린다.

8. 사람의 밀도는 대략 밀도 $1000kg/m^3$이다.
   밀도$=m/V$ 이므로 $V = m/$밀도 $= 100kg/1000kg/m^3 = 0.1m^3$이다.

제 14 장
기 체

14장 연습문제

1. 지구 대기 중의 일부 분자들, 즉 지구 이탈속력보다 큰 속력을 가진 헬륨과 같은 분자들은 지구를 이탈하여 우주로 사라진다. 그러나 대기 중 대부분 분자들의 평균속력은 이탈속력보다 훨씬 작으므로 대기는 지구 중력에 의해 지구에 머무른다.

2. 달에서는 통상적인 온도에서 많은 양의 기체 분자속력이 달 이탈속력을 능가하기 때문에 달에는 대기가 없다(달의 작은 중력 때문임). 많은 양의 기체가 오랫동안 빠져나가서 공기 없는 달이 되었다.

3. 타이어 내부에 있는 기체분자들의 운동을 부추기도록 타이어가 가열되기 때문이다.

4. 화물트럭의 무게는 도로와 접촉하는 타이어 부분에 분포된다. 무게/표면=압력이므로 표면적이 크거나 타이어 수가 많을수록 주어진 압력에 대해서 트럭의 무게는 더 커질 수 있다. 어떤 압력일까? 타이어가 도로에 작용하는 압력은 타이어 내의 공기 압력에 의하여 결정된다(그러나 실제로 공기압력보다는 약간 더 크다).

5. 직경이 두 배가 되면 면적은 네 배가 된다. 같은 압력에 대해 이것은 네 배 크기의 힘을 의미한다.

6. 높은 고도에서는 공의 외부에 보다 낮은 대기압이 작용하여 상대적으로 공기 내부압력을 크게 만들어 결과적으로 공이 단단해진다.

7. 깔때기 바닥 근처의 이랑은 깔때기를 액체가 들어있는 용기에 꽂을 때 공기를 방출시킨다. 이랑이 없으면 용기 내의 공기가 압축되고 액체의 높이가 증가할 때 가득 차는 것을 방해한다.

8. 지구 표면에서 깊숙한 광산 내의 공기 밀도는 지구표면에서의 공기 밀도보다 크다. 광산을 메우는 공기는 광산 바닥에 공기를 추가하여 무게와 압력을 증가시키며 보일의 법칙에 따라 기체의 큰 압력은 밀도를 증가시킨다.

9. 기포의 질량은 변하지 않는다. 압력이 감소(보일의 법칙)하기 때문에 부피가 증가하며 기포의 밀도는 감소한다(같은 질량과 큰 부피).

10. 마그데부르그 반구 공들에 두 팀의 말들을 고용한 것은 흥행적인 수완과 효과를 노린 것으로 한 팀의 말과 강한 나무도 반구들에 같은 크기의 힘을 제공한다. 그러므로 아홉마리의 말들로 된 두 말 그룹이 떨어져 반구들을 끌어당길 수 있으며 나무나 또는 다른 강한 물체가 줄의 다른 끝을 잡아준다면 아홉마리의 단일팀이 역시 끌어당길 수 있다.

11. 해수면에서 과자를 봉지에 넣어 밀봉한다면 봉지 속의 압력은 대략 1기압이다. 비행기가 고도로 비행할 때 객실의 압력은 약간 감소하므로 과자 봉지 내의 압력은 객실의 압력보다 크므로 봉지는 부풀어 오른다.

12. 비행기 창문의 내부와 외부의 압력 차는 창 면적에 비례하는 큰 알짜힘을 만들기 때문에 비행기의 창들은 작다(큰 창문이 더 큰 알짜힘을 견디려면 이 힘에 비례하여 더 두꺼워져야 한다. -물속의 연구용 용기들의 창도 마찬가지로 작다).

13. 물과 달리 공기는 쉽게 압축된다. 사실 공기의 밀도는 압력(주어진 온도)에 비례한다. 그러므로 압력이 큰 지면 근처에서 공기의 밀도는 크며 이것은 더 억눌린 벽돌에 해당된다: 높은 고도에서 압력은 작으므로 공기의 밀도는 낮아지며 이것은 덜 억눌린 벽돌에 대응된다.

14. 진공청소기는 달에서 작동하지 않을 것이다. 대기압은 먼지를 청소기 내의 압력이 낮은 영역으로 밀어 넣는다. 달에서는 공기를 밀어 붙일 대기압이 없다.

15. 이상적인 진공 펌프는 10.3m 이상으로 물을 퍼 올리지는 못한다. 관내의 물을 밀어 올리는 대기압이 같은 단면적을 갖는 물의 수직 10.3m에 해당되는 물의 무게와 같기 때문이다.

16. 기압계의 액체밀도가 수은 밀도의 반이라면 무게에 따라 높이가 두 배로 높아진다. 이와 같은 액체를 사용한 기압계는 표준 수은 기압계보다 두 배의 높이, 즉 76cm 대신에 152cm로 높이 올라가야 됨.

17. 수은기압계의 기둥 높이는 힘이 아닌 압력에 의해 결정된다. 유체의 압력은 유체의 밀도와 깊이에 관계되며 수은기둥의 바닥압력은 같은 높이의 넓은 수은기둥 바닥압력과 다르지 않다. 접촉하고 있는 단위 면적당 무게는 각각 모두 같다. 마찬가지로 주위의 공기를 사용하여도 단면이 넓은 기압계와 단면이 좁은 기압계가 같은 높이를 갖게 됨을 입증한다.

18. 수은은 빨대로 최대 76cm 뽑을 수 있다. 수은의 76cm 수직거리는 대기에 노출되어 있는 공기 기둥으로 같은 압력을 받는다. 다른 방법을 택한다면 물은 대기압으로 10.3m 끌어올릴 수 있다. 수은은 물보다 13.6배의 밀도를 가지므로 단지 물높이의 1/13.6배 올라갈 수 있다.

19. 높이는 낮아질 것이다. 기둥의 무게는 면적이 같은 공기기둥의 무게와 평형을 이룬다. 밀도가 큰 액체는 수은 기둥의 무게와 같은 작은 높이의 기둥이 필요할 것이다.

20. 산꼭대기에서 빨대로 콜라를 마시는 것은 약간 더 어렵다. 감소한 대기압은 빨대로 콜라를 밀어 올리는 데 효과가 적기 때문이다.

21. 코끼리가 사람을 밟는다면 코끼리가 가하는 압력은 사람에게 작용하는 대기압에 추가되는 압력이다. 대기압 이외의 압력이라면 코끼리의 발은 사람을 밟아 뭉개 버릴 것이다. 예를 들면 코끼리 발의 크기에 해당되는 대기압이 우리 피부 면에서 제거된다면 우리는 큰 고통에 빠질 것이다. 코끼리가 우리 피부를 밟는다면 피부 고통은 진정될 것이다.

22. 친구의 주장에 찬성한다. 코끼리는 헬륨 기체가 들어있는 작은 풍선 또는 작은 그 어떤 것보다 많은 공기를 방출시키기 때문이다. 그러나 부력효과는 다른 이야기이다. 코끼리에 작용하는 큰 부력은 코끼리의 거대한 무게에 비하면 무시할 정도이다. 작은 무게를 가진 풍선에 작용하는 작은 부력이 더 중요하다.

23. 부풀어진 풍선 내의 공기압력이 외부의 대기압과 같다면 공기 무게는 부력과 상쇄되어 눈금은 변하지 않을 것이다. 그러나 고무풍선을 계속 부풀리면 내부 공기압력은 외부 공기압력보다 크다. 그렇다면 여분의 공기 무게는 부력보다 크며 눈금은 무거운 무게를 표시할 것이다.

24. 공기가 압축되지 않는다는 가정 하에서 그렇다. 공기로 가득한 비닐봉지는 무거우나 부력은 여분의 무게를 상승시켜 눈금은 변하지 않는다. 부력은 비닐봉지에 들어간 공기의 무게와 같다(압력이 같다면).

25. 부풀어 팽창한 풍선과 같이 사람의 폐는 물속에서 압축되며 폐 내의 공기도 압축된다. 공기는 압력이 낮은 영역에서 높은 영역으로 이동하지 않을 것이다. 인체 내이 횡격막은 흡수할 수 있도록 압력을 감소시켜 주지만 물 깊이가 거의 1m일 때 한계에 도달하므로 1m보다 더 깊으면 숨을 쉴 수가 없다.

26. 공기는 뒷지역으로 밀려(관성법칙) 순간적으로 자동차의 뒷지역이 밀도가 커진다. 공기는 보일의 법칙을 따르는 기체로 밀도가 큰 곳에서 압력도 크다. 공기는 "수직 및 수평 압력 기울기"를 갖는다. 대기의 무게에 의한 수직압력 기울기는 풍선을 위로 뜨게 만든다. 가속도에 의해 생기는 수평방향 기울기는 풍선을 앞 방향으로 띄운다. 그러므로 풍선의 좋은 각도를 이룬다. 풍선의 밀림은 항상 가속도 방향이다. 제동기를 밟으면 풍선은 뒤로 밀린다. 모퉁이를 돌면 반경에 맞추어 곡선의 중심 방향으로 기운다(이 문제를 이해하는 다른 방법은 중력가속도 g와 자동차 가속도를 조사하는 것이다. 풍선 줄은 두 가속도의 합과 평행할 것이다).

27. 무게는 물체를 받치고 있는 표면에 작용하는 힘이다. 공기의 부력이 중요할 때 받침면에 작용하는 알짜힘은 작아지는 데 이것은 무게가 작아짐을 의미한다. 부력은 깃털과 같이 큰 부피를 갖는 경우에 부력은 큰 역할을 한다.

28. 공기 중의 물체는 밀어낸 공기의 무게와 같은 힘에 의하여 위쪽으로 뜬다. 그러므로 물체는 진공에서보다 공기 중에서 무게가 작다. 압축된 공기가 들어 있는 가방처럼 밀도가 작은 물체들의 경우 부력은 중요하다. 돌과 같이 밀도가 큰 물체의 경우 이 차이는 보통 무시된다.

29. 헬륨은 공기보다 밀도가 작으며 같은 부피에서 공기보다 무게가 작다. 헬륨이 가득 찬 병은 공기가 가득 찬 병(두 병은 같은 압력 하에서 채워졌음)보다 무게가 작다. 그러나 헬륨이 가득 찬 병은 진공으로 된 병보다 무겁다.

30. 기구의 부피가 변하지 않으므로 부력은 변하지 않는다. 부력은 밀어낸 공기의 무게이며 어떤 기체로 바꾸는 가와는 관계가 없다.

31. 부력이 물체의 무게보다 클 때 그 물체는 공기 중에 뜬다. 강철 통의 무게가 밀어낸 공기의 무게보다 크므로 뜨지 않는다. 헬륨으로 가득 채운 풍선은 밀어낸 공기보다 가벼우므로 떠오른다.

32. 운동하는 분자는 벽에 충돌하여 표면에 힘을 전달한다. 충돌횟수가 증가하면 압력도 커진다.

33. 풍선 내의 기체 부피는 증가한다.

34. 보일 법칙에 따라 압력이 증가한다.

35. 물의 압력이 감소하므로 공기방울의 부피는 팽창한다.

36. 그 모양은 현수선과 같으며 세인트루이스에 있는 현관문 아치와 유사할 것이며 제12장에서 논의한 매달려 있는 쇠줄이 만드는 외형과 같다.

37. 부푼 풍선의 팽팽한 고무는 내부압력을 제공한다. 그러므로 내부의 압력은 두 압력, 즉 공기압력과 늘어난 풍선의 압력의 합과 평형을 이룬다. 부푼 풍선 내의 공기압력이 외부압력보다 높다는 사실은 풍선에 구멍을 낼 때 공기는 외부로 "폭발"한다는 것으로 확인된다.

38. 구멍을 낸 풍선이 매달린 끝쪽이 위로 기우는 데 방출된 공기량만큼 무게가 가벼워지기 때문이다. 구멍 낸 풍선에는 부력도 없어지나 위로 향한 힘의 감소는 풍선 내의 공기밀도가 구멍내기 전 풍선 주위의 공기밀도보다 컸으므로 아래로 향한 힘의 손실보다 작다.

39. 팽창이 자유로운 풍선이 공기를 더 밀어낼 것이므로 팽창하지 못하는 풍선보다 높이 오른다. 자유롭게 팽창하는 풍선은 팽창하지 못하는 풍선보다 더 큰 부력이 작용해 더 높게 뜰 것이다.

40. 대기 힘은 유리창 양면에서 같으며 알짜힘은 영이므로 대기 무게 하에서 유리창은 정상적으로 깨지지 않는다. 그러나 강풍이 불면 유리창 쪽의 압력이 감소(베르누이 정리)하여 알짜힘은 영이 아니다. 유리창은 강한 바람이 부는 외부쪽으로 깨질 것이다.

41. 베르누이 정리에 따르면 굴뚝 꼭대기에서의 바람은 압력을 낮추므로 낮은 벽난로에서 공기를 끌어내어 잘 탄다.

42. 물의 속력이 증가하면 물의 내부압력은 감소한다.

43. 날아오름에 필요한 날개 면을 가로지르는 공기속력은 바람을 맞을 때 더 커진다.

44. 공기는 플라스틱 원반 위로 빠르게 이동하여 원반 윗면에 작용하는 압력을 감소시킨다. 플라스틱 원반은 새의 날개와 같이 원반 아래로 이동하는 공기보다 원반위로 이동하는 공기가 긴 경로를 이동하도록 "공격각도"를 필요로 한다. 따라서 플라스틱 원반은 위로 뜨게 하는 상하위의 압력차가 있다.

45. 회전하는 우주선 원심분리기로 밀도가 큰 공기는 외부 벽으로 날아간다. 지표면에서와 같이 최대 공기밀도는 "지표면에서의 밀도"이며 고도(중심으로부터의 거리)가 증가함에 따라 감소한다. 회전하는 우주선에서 공기밀도는 g값이 영인 중심지역에서 가장 작은 값을 갖는다.

46. 헬륨을 가득 채운 풍선은 압력이 큰 영역에서 낮은 영역으로 뜰 것이며 공기가 가득 찬 회전 우주선 안에서 뜰 것이다.

47. (a) 속력은 증가한다(같은 양의 기체는 같은 시간에 관을 통해서 이동할 수 있도록).
(b) 압력은 감소한다(베르누이 정리).
(c) 유선 사이의 간격은 감소하는 데 같은 유선들이 좁은 면적에 맞추어야 되기 때문이다.

48. 회전하지 않는 공의 상호 반대편의 공기흐름 간격은 같다. 회전하는 공의 경우 회전 작용에 의해 공기 속력이 증가되는 면에서 공기흐름 간격은 작다.

49. 테니스공은 야구공과 크기는 같으나 훨씬 작은 질량을 갖고 있다. 작은 질량은 작은 관성을 가지며 작용하는 같은 크기의 힘에 더 큰 가속도를 갖게 된다. 탁구공은 작은 질량 때문에 회전에 따른 더 명확한 곡선을 제공한다.

50. 넓은 날개 면적은 큰 상승력을 제공하며 상승력이 떨어지면 속력도 낮아진다. 순항속력으로 비행할 때는 날개 면적을 줄이기 위해 날개의 뒷부분을 끌어당기며 작은 날개면적은 비행기의 무게와 같은 상승력을 제공한다.

51. 비행기는 앞으로 오는 공기와 날개 사이에 각을 이루도록 비행기의 동체를 기울여서 뒤집혀 비행한다(이것은 동체의 오른쪽을 높여서 날 때와 같다). 비행기 날개는 오른쪽을 들어 날게 설계되었기 때문에 동체를 기울이는 것은 그렇게 크게 필요한 것은 아니다.

52. 고도가 높은 비행장에서 엷은 공기는 비행기를 뜨게 만드는 힘이 약하다. 이것은 비행기가 이륙하는 데 필요한 속력을 얻으려면 긴 활주로가 필요하다는 것을 의미한다.

53. 베르누이 원리에 의하면 종이 사이의 압력이 감소되어 두 종이 장은 함께 안쪽으로 움직이며 종이 외부 면들에 작용하는 공기압력보다 작다.

54. 베르누이 정리. 달리고 있는 트럭의 경우 트럭에 가까운 옆 부분의 공기는 매우 빨리 움직여 압력이 낮아질 것이다. 결과적으로 근처의 자동차는 트럭을 향하는 대기에 의해 트럭쪽으로 밀릴 것이다. 자동차의 접는 포장 지붕 속 압력은 외부보다 크며 차 꼭대기 범퍼는 압력이 낮은 위 지역으로 밀린다. 마찬가지로 기차 유리창의 경우 내부 공기는 창과 창밖의 운동하고 있는 공기에 상대적으로 정지해 있다. 창의 내면에 작용하는 공기압력은 외부의 공기압력보다 크다. 압력차가 충분히 클 때 창유리는 깨어진다.

55. 고체 벽으로 된 선창은 물 흐름이 안정되어 있어 배와 선창 사이에서 속력이 증가하기 때문에 배를 한쪽으로 미는 것은 좋지 않다. 배의 안쪽 감소된 수압과 배 외부의 정상적인 압력으로 배는 선창에 힘을 작용하게 된다. 선창과 배 사이의 자유로운 물 통로를 허용하여 말뚝들은 이 재난을 제거한다.

56. 베르누이 정리에 따르면 좁은 영역을 흐르는 유체의 속력이 증가하면 유체의 압력이 감소한다. 원인인 속력의 증가는 결과인 흐르는 방향의 압력을 감소시킨다. 예를 들면 펌프로 또는 어떤 방법으로 파이프 속의 압력을 감소시키면 주위의 공기는 감소된 압력 영역으로 휘말려 들어간다. 이 경우 공기의 속력 증가는 원인이 아니라 결과로서 압력 감소의 원인이 아니다. 원인과 결과는 때때로 설명에 지나지 않는다. 베르누이 정리는 많은 물리학의 전형적인 표본으로 논쟁의 대상이다.

실전문제

1. 보일의 법칙에 따르면 압력은 본래의 압력보다 세 배로 증가한다.

2. 공기가 우리에게 가하는 부력을 계산하려면 부피를 구하여 공기의 무게밀도를 곱하여라(표 14.1에서 공기의 $1m^3$의 질량은 1.25kg이다. 이 값에 10N/kg을 곱하면 $12.5N/m^3$을 얻는다). 우리의 부피는 우리의 몸무게와 밀도가 대략 물의 밀도와 같다고 가정하여 구할 수 있다(물에 뜰 수 있다면 밀도는 물보다 작다). 물의 무게밀도는 $10^4N/m^3$이며 우리의 밀도를 이와 같다고 가정한다. 비와 비례에 따라

$$\frac{10^4\text{N}}{\text{m}^3}=\frac{\text{우리들의 N으로 표시한 몸무게}}{\text{m}^3\text{으로 표시한 우리의 부피}}$$

예를 들어 무게가 1000N(약 220lb)이라면 부피는 $0.1m^3$이다. 따라서 부력은 $12.25N/m^3 \times 0.1m^3$ = 약 1.2N이며 큰 사과의 무게에 해당된다(유용한 전환인자는 4.45N=1파운드). 위 결과를 구하는 다른 방법은 부력에 대한 무게의 비는 공기의 밀도에 대한 물의 밀도의 비(여러분의 밀도)이다. $\frac{1.25}{1000}=0.00125$. 이 비에 부력에서 구한 무게를 곱하여라.

3. (0.25)(80kg) = 20kg을 효과적으로 뜨게 하려면 제거된 공기의 질량이 20kg일 것이다. 공기의 밀도는 $1.2kg/m^3$이다. 밀도=질량/부피이다. 공기 20kg의 부피 및 풍선의 부피를 고려하면 부피 $=\frac{\text{질량}}{\text{밀도}}=\frac{20\text{kg}}{1.2\text{kg/m}^3}=17\text{m}^3$이다.

4. (a) 대체된 공기의 무게는 알짜힘(중력+부력)이 영이므로 열기구에 작용하는 무게와 같아야 한다. 대체된 공기의 무게가 20000N이다.
   (b) 무게=mg이므로 대체된 공기의 무게는 다음과 같다.

$$m=\frac{W}{g}=\frac{20000\text{N}}{10\text{m/s}^2}=2000\text{kg}$$

따라서 공기 부피는 아래와 같다.

$$\text{부피} = \frac{\text{질량}}{\text{밀도}} = \frac{2000\text{kg}}{1.2\text{kg/m}^3} = 1700\text{m}^3$$

5. 압력은 $P = F/A$로 주어지므로

$$F = PA = (0.04)(10^5\frac{\text{N}}{\text{m}^3})(100\text{m}^2) = 4\times10^5\text{N}$$

6. $$P = \frac{F}{A} = \frac{\text{밀도}\times g\times\text{부피}}{A} = \frac{\text{밀도}\times g\times A\times h}{A} = \text{밀도}\times g\times h$$

$$h = \frac{P}{\text{밀도}\times g} = \frac{100000\text{N/m}^2}{1.2\text{kg/m}^3\times10\text{N/kg}} = 8300\text{m} = 8.3\text{km}$$

제 15 장
온도, 열, 팽창

15장 연습문제

1. 책상, 의자, 가구 등과 같은 생명이 없는 것들은 주위를 둘러쌓고 있는 공기의 온도와 같은 온도를 갖는다. 그러나 사람과 기타 포유동물들은 스스로 열을 생성하여 정상적으로 공기의 온도보다 높은 온도를 유지한다.

2. 섭씨온도가 화씨온도보다 크므로 1℃ 상승이 더 크다(9/5만큼).

3. 그렇다. 같은 평균속력을 가지나 같은 순간속력을 갖지는 않는다. 어떤 순간 같은 평균속력을 가지나 분자들은 서로 굉장히 다른 순간속력을 가질 수 있다.

4. 기체분자들은 제멋대로 움직이며 마구잡이 속력으로 운동한다. 기체분자들은 서로 충돌하며 때로는 운동에너지를 주위에 공급하기도 하며 때로는 받기도 한다. 이와 같은 연속적인 상호작용을 통해서 많은 분자들이 같은 속력을 갖기란 불가능하다. 온도는 평균속력을 결정한다.

5. 사람의 손과 앞이마 사이에는 온도차가 없기 때문에 앞이마에 손을 대는 것으로는 열이 있는지 없는지를 입증할 수 없다. 앞이마의 온도가 정상온도보다 높다면 손의 온도 역시 높다.

6. 높은 온도에 의해서 입증되듯이 증기 1g 내의 한 분자는 훨씬 더 큰 에너지를 갖는다.

7. 뜨거운 커피는 높은 온도를 갖고 있으나 큰 내부에너지를 갖고 있지 않다. 빙산은 단위 질량당 작은 내부에너지를 가지나 빙산의 거대한 질량은 작은 컵 속의 커피보다 큰 총에너지를 부여한다(얼음의 부피가 작을 경우 컵 속의 뜨거운 커피에 몇 개 안되는 큰 에너지를 가진 분자들이 큰 총 내부에너지를 형성하지만 빙산에 비교되지는 않는다).

8. 수은은 유리보다 더 팽창한다. 팽창률이 같다면 온도차에 대한 눈금 읽기는 불가능하다. 모든 온도에서 같은 눈금을 갖게 될 것이다.

9. Calorie가 가장 크며 1000calories이다.

10. 돌과 물의 상대적인 양과 관계없이 뜨거운 돌은 서늘해지고 서늘한 물은 더워질 것이다. 그러나 온도 변화량은 재료들의 상대적인 질량의 큰 부분과 관계된다. 뜨거운 돌을 대서양에 낙하

시키면 온도 변화는 너무 작아서 측정할 수 없다. 돌의 질량을 계속 증가시키거나 바다의 질량을 계속 감소시키면 온도변화는 분명해질 것이다.

11. 두 용기 내의 분자들의 평균속력은 같다. 물이 가득 찬 유리관이 더 큰 내부에너지를 갖는다(같은 온도에서 물의 두 배). 물이 가득 찬 유리병의 온도를 1℃ 올리는 데 더 많은 열, 즉 두 배가 요구된다.

12. 폭포꼭대기에 있는 물의 퍼텐셜에너지가 아래에서 운동에너지로 변환된 다음 낙하물이 정지할 때 열과 내부에너지로 변환되기 때문에 그 이외의 효과를 무시하면 온도는 약간 올라갈 것이다(신혼여행에서 J.P. 쥴은 열에 대한 관심에서 물의 온도 차를 측정하려고 시도하였다. 그러나 온도가 상승하리라고 기대하였으나 물이 낙하할 때 증발에 의한 냉각으로 온도상승은 상쇄되어 나타나지 않았다).

13. 기체의 압력은 온도 변화에 따라 변한다.

14. 온도 상승은 분자들의 운동에너지를 증가시키며 따라서 분자들의 운동량을 증가시켜 용기 벽에 더 큰 충돌과 압력을 작용하게 된다. 용기 속의 기체 온도가 상승하면 분자들은 더 빨리 움직이며 용기의 벽에 충돌하여 튀어 나올 때 더 큰 압력을 작용한다.

15. 서로 다른 물체들은 물체에 따라 내부에너지를 저장하는 방법이 서로 다르므로 열 특성 또한 다르다. 질량이 같은 두 물체에 같은 양의 열이 서로 다른 온도 변화를 일으킬 때 두 물체는 사로 다른 비열을 갖고 있다고 말한다. 각각의 물질은 자체의 특이한 비열을 갖는다. 온도는 마구잡이 운동에 의한 평균운동에너지를 측정하는 것이나 다른 종류의 에너지는 측정하지 못한다.

16. 비열이 작은 철 덩어리에 더 큰 온도 변화가 발생한다.

17. 서서히 냉각하는 물질이 더 큰 비열을 갖는다.

18. 비열이 작으면 온도 변화에 짧은 시간이 걸리므로 짧은 시간 목욕하는 것이 좋다.

19. 비열은 커진다. 분자들이 내부적으로 보다 여러 방법으로 운동하려면 내부 운동을 여기시키도록 보다 많은 에너지를 흡수할 수 있다. 흡수에너지에 대한 큰 용량은 큰 비열이 요구된다.

20. 수박 속의 물은 샌드위치에 포함된 내용물보다 더 큰 비열, 즉 "열관성"을 갖고 있다. 더운 날 수박을 즐길 때 물이 큰 비열을 가졌음에 유의하여라.

21. 알코올이다. 낮은 비열은 작은 열관성을 의미하므로 온도에 큰 변화가 나타난다.

22. 금속팬과 물은 같은 온도 변화를 받는다. 그러나 물은 비열이 금속팬보다 크므로 더 많은 열을 흡수한다.

23. 벽돌은 빨리 식어서 한 밤중에는 추울 것이다. 비열이 큰 더운 물로 채운 병을 침대에 가져오면 온도를 유지시켜 밤동안 따뜻할 것이다.

24. 버뮤다의 기후는 다른 섬들의 기후와 같이 물의 큰 비열에 의해 온화함을 유지한다. 기후를 온화하게 만드는 것은 물의 작은 온도 변화에서 방출하고 흡수하는 에너지량이다. 공기가 물보다 서늘해지면 물은 공기를 덥히고 공기가 물보다 더워지면 물은 공기를 서늘하게 만든다.

25. 버뮤다의 기후와 같이 아이슬란드의 기후는 주위를 둘러싸고 있는 물로 인해 온화해진다.

26. 물이 공기보다 따뜻한 겨울 몇 개월 동안 내륙보다 따뜻한 해변 기후를 만들도록 공기는 물에 의해 따뜻해진다. 여름 몇 개월 동안 내륙보다 서늘한 해안기후를 만들도록 물은 공기를 서늘하게 만든다. 이것이 바로 해안 사회와 특히 섬들이 내륙 지역의 특색을 나타내는 극단적인 온도를 경험하지 못하는 것이다.

27. 겨울에 샌프란시스코 연안 밖의 해양이 서늘해지면 열을 방출하여 접촉하고 있는 대기가 따뜻해진다. 이 따뜻한 공기는 해안선으로 불어와 상대적으로 따뜻한 기후를 형성한다. 바람이 서쪽이 아니라 동쪽으로 분다면 샌프란시스코의 기후는 네바다에서 불어오는 건조하고 차가운 겨울바람에 의해 냉각될 것이다. 대서양이 서늘해져 생긴 따뜻한 공기가 워싱턴 시로 불어와 따뜻한 겨울 기후를 만들어 워싱턴 시의 기후는 역전될 것이다.

28. 내부에너지의 작은 변화에 대한 상대적으로 큰 온도 변화에 의해 확인된 바와 같이 모래는 작은 비열을 갖는다. 환언하면 큰 비열을 가진 물질은 비교될만한 온도변화에 큰 양의 내부에너지를 흡수 또는 방출한다.

29. 물은 예외이다.

30. 기능을 발휘할 수 없다. 팽창률이 다를 때 쌍금속 띠나 코일은 휜다. 서로 다른 팽창률이 없다면 쌍금속 띠는 가열할 때 휘지 않는다.

31. 갈대 못이 식을 때 축소하며 판에 꼭 붙도록 만든다.

32. 물에 넣을 때 옥석의 외부는 차가워지는 반면에 내부는 그대로 뜨겁다. 이것이 수축 차이를 만들어 옥석을 깨뜨린다.

33. 타이어가 가열됨에 따라 타이어 내부 공기도 가열된다. 가열된 공기 분자들은 보다 빨리 움직이며 타이어 내부의 압력을 증가시킨다.

34. 온도 차이는 서로 다른 팽창과 수축의 원인이 되며 건축 구조물의 팽창과 수축으로 소음이 발생한다.

35. 안쪽 유리잔에는 찬 물, 바깥쪽 유리잔에는 더운 물을 부어라. 더운 물과 찬 물을 반대로 붓는다면 유리잔들은 더 달라붙을 것이다(깨지지 않는다면).

36. 팽창률이 크면 온도 차에 따른 외형은 큰 변화를 가져오므로 망원경 거울에 맞도록 팽창률이 작은 유리거울을 사용하여야 한다.

37. 서로 다른 재료를 선택하여 팽창률이 다르다면 열쇠와 자물쇠는 서로 맞지 않는다.

38. 굴뚝은 건물의 어떤 부분보다도 큰 온도 변화를 받게 된다. 따라서 팽창과 수축의 변화가 크다. 그와 같은 변화는 건물의 무게를 지탱하는 모든 부분에서 같아야 한다. 그렇지 않으면 휘거나, 늘어짐 또는 더 나쁜 상태가 발생한다.

39. 사진은 아마도 따뜻한 날에 찍은 것이다. 추운 날에 찍었다면 조각 사이의 공간이 더 벌어졌을 것이다.

40. 가스연료는 부피로 팔린다. 가스 사용량을 기록하는 가스계량기는 통과하는 가스 부피 단위 수를(입방 핏트와 같은) 기록한다. 따뜻한 가스는 팽창한 가스이며 더 넓은 공간을 차지하여 가스계량기를 통과하면 차가워서 촘촘한 가스보다 더 큰 부피를 차지하기 때문에 계량기를 통과하는 순간 가스가 따뜻하면 가스회사가 이익을 본다.

41. 넘쳐흐름은 고체 탱크보다 액체연료가 더 크게 팽창하기 때문이다.

42. 가열되면 금속 고리의 모든 부분이 팽창한다. 두께뿐만 아니라 안쪽, 바깥쪽 둘레 역시 팽창한다. 그러므로 같은 온도에서 구멍을 정상적으로 통과하는 공은 고리가 가열되었을 때 팽창한 구멍을 통해 더 쉽게 통과할 것이다(흥미롭게도 구멍은 같은 금속으로 된 원반이 이 온도에서 팽창하는 것과 똑같이 구멍도 팽창할 것이다. 대장장이는 금속 테를 가열하여 목조 마차 바퀴에 끼운다. 냉각되면 수축하여 잘 맞는다).

43. 가열된 공은 같은 직경을 가질 것이다.

44. 같은 온도 변화의 경우 놋쇠는 철보다 더 팽창하고 더 수축한다. 일단 철이 식으면 놋쇠에 철이 달라붙어 좋은 전도체인 두 재료는 서로 가열되었다 식는다. 온도가 상승하면 철이 팽창하지만 놋쇠는 더 팽창한다. 식으면 두 재료는 서로 분리되지 않으며 아주 낮은 온도에서 놋쇠의 철보다 더 심한 수축은 서로를 분리시킨다.

45. 고리를 가열하면 고리 간격은 더 넓어질 것이다. 다음과 같이 시도하여 보아라: 고리 위에 한 쌍의 선들을 일정한 간격을 두고 그려라. 고리를 가열하면 이 선들은 선 사이에 간격이 있는 것처럼 분리될 것이다. 고리의 모든 부분 두께, 간격, 길이 등 모든 것이 균일하게 가열할 때 비례하여 팽창할 것이다.

46. 수은 온도계가 따뜻해질 때 열이 유리관에 있는 수은에 전달되기 전 외부 유리관을 가열한다. 그러므로 첫째 유리관이 팽창하면(연습문제 42의 고리와 같이) 수은은 유리관으로부터 수은 저항 용기로 내려간다. 수은이 유리관과 같은 온도로 따뜻해지면 수은의 더 큰 팽창률 때문에 유리관을 따라 위로 밀려 올라간다.

47. U자형은 고정점의 위치 변화 없이 팽창이나 수축에 의한 늘어남이나 줄어들음을 받아들인다.

48. 급속한 온도변화 때문에 얇은 유리를 사용한다. 유리가 두꺼우면 팽창과 수축이 급속한 온도 변화에 의해 유리가 깨질 것이다.

49. 백열등을 제조함에 있어서 백금 전기 납과 유리가 같은 열팽창을 갖는다는 것은 중요하다.

금속납이 유리보다 더 팽창하면 유리가 깨질 수 있다. 가열되는 동안 금속이 유리보다 덜 팽창하면 이때 생긴 간격을 통해서 공기가 누출될 것이다.

50. 더운 날 쇠자는 대지보다 더 팽창한다. 따라서 "늘어난" 쇠자로 땅을 측정하게 될 것이다. 그러므로 지역 측정은 추운 날 측정한 것보다 작을 것이다. 추운 날 행한 측정은 대지가 조금 넓음을 제시할 것이다(그러나 이미 경계를 정하지 않은 땅에 말뚝을 박는다면 더운 날에 더 땅을 얻게 될 것이다).

51. 4℃

52. 물은 4℃에서 가장 큰 밀도를 가지므로 이 온도에서 냉각 또는 가열하여도 물은 결과적으로 팽창 상태에 있다. 물의 작은 상승은 불분명하며 물온도계는 이 온도 영역에서 실용적이 아니다.

53. 대부분의 물질을 구성하는 원자와 분자들은 액체보다 고체에서 더 촘촘히 채워져 있다. 그러므로 대부분의 물질은 액체 상태에서보다 고체 상태에서 더 밀도가 크다. 그러나 물은 다르다. 고체 상태에서 물은 열린 구조를 갖게 되어 얼음을 밀도가 작으므로 물속에서 뜬다.

54. 밀도 대 온도의 곡선은 다음과 같다.

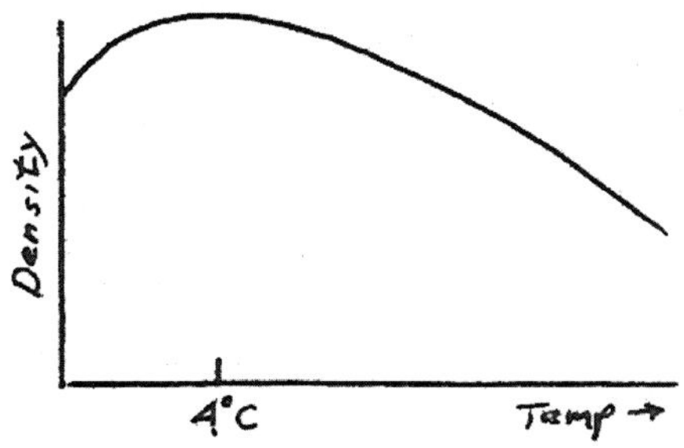

55. 부피는 증가한다.

56. 얼음조각에서 수억 개의 육각형 열린 구조 공간의 합은 얼음이 물에 떠 있을 때 물위에 더 있는 얼음조각의 부피와 같다. 얼음이 녹을 때 이 부피는 물 위에 떠 있는 얼음으로 메꾸어진다. 유리잔 속 얼음물의 얼음이 녹을 때 물의 높이가 변하지 않는 이유가 여기에 있다. 얼음은 녹아서 이 빈 공간을 채운다.

57. 0℃에서 약간 더워지면 물은 수축할 것이며 4℃에서는 팽창 및 6℃에서도 물은 팽창할 것이다.

58. 물의 온도가 물의 어는 온도 이하로 떨어질 때 물은 얼면서 팽창하는 반면에 수도관(금속이라면)은 그 속의 물이 얼 때 수축할 것이기 때문에 수도관 내의 물이 얼지 않도록 하는 것은 중요하다.

59. 물이 낮은 비열을 갖는다면 연못은 쉽게 얼 것이다. 물이 에너지를 방출할 때 온도는 떨어지기 때문에 물은 쉽게 어는 온도로 냉각될 것이다.

60. 냉각이 물표면 대신에 연못 바닥에서 시작된다고 하여도 얼음은 그대로 표면에서 생기기 시작할 것이나 연못이 얼기에는 보다 긴 시간이 걸릴 것이다. 연못 내의 모든 물은 얼음이 만들어지기 전 4℃보다 0℃의 물로 온도가 떨어져야 하기 때문이다. 냉각과정이 시작되는 바닥에서 만들어지는 얼음은 밀도가 낮아 표면으로 떠오를 것이다(연못 바닥에 가라 앉은 물체의 주위에서 형성될 수 있는 얼음은 제외).

실전문제

1. 차가운 물이 얻은 열 = 더운 물이 방출한 열. 물의 질량이 같으므로 최종 온도는 중간온도 30℃이다. 그러므로 결국에는 30℃의 물 100g이 될 것이다.

2. 길이 1m인 막대가 0.5cm 팽창할 때 길이가 100배 되는 막대는 같은 온도 변화의 경우 100배 팽창할 것이다. 즉 100×0.5cm = 50cm 늘어난다(그러므로 가열된 막대의 길이는 100.5m일 것이다).

3. $\Delta U = \alpha L_0 \Delta T = (11 \times 10^{-6}/℃) \times (1300\text{m})(15℃) = 0.21\text{m}$

4. 지구 반경 주위로 꼭 맞게 조정된 강철관의 온도가 1℃ 상승한다면 지면에서 약 70m 멀리 떨어질 것이다. 이것을 이해하는 간단한 방법은 4000km인 강철관의 반경을 고려해 보는 것으로 지구의 반경인 6370km와 같을 것이다. 강철은 온도 1℃ 상승함에 따라 길이의 백만분의 십일 팽창한다. : 둘레와 같이 반경은 이 길이 만큼 팽창할 것이므로 6370km의 백만분의 십일은 70m이다. 놀랍지 않은가?
공식에 따르면 지구 반경의 경우 $\Delta L = \alpha L_0 \Delta T = (11 \times 10^{-6}/℃) \times (6370\text{km})(1℃) = 70\text{m}$

제 16 장 열전달

16장 연습문제

1. 금속손잡이는 나무보다 열을 더 잘 전도하기 때문이다.

2. 깃털(과 깃털 속의 공기)은 좋은 절연체이며 체내의 열을 주위에 아주 천천히 전도한다.

3. 그렇지 않다. 모피는 열원이 아니며 단지 모피로 된 옷을 입은 사람의 열에너지가 신속히 방출되는 것을 막아준다.

4. 70°F에서 공기는 빈약한 도체이기 때문에 편안하게 느껴진다. 우리의 따뜻한 피부는 열을 천천히 공기로 전달한다. 그러나 물은 공기보다 열을 잘 전달하는 도체이므로 물속에 있는 따뜻한 신체는 쉽게 열을 물로 전달한다.

5. 벽돌의 온도와 접촉하는 손의 온도가 같을 때 열전달은 없다. 손과 접촉물 사이에 온도차가 있을 때에만 접촉물들 사이에 열이 흐른다.

6. 에너지는 높은 온도에서 낮은 온도로, 즉 손에서 얼음으로 흐른다. 차가움을 느끼는 손에서 에너지, 즉 열이 흘러나가는 것이다. 찬 물체에서 더운 물체로의 열 흐름은 발생하지 않으며 열은 단지 더운 물체에서 찬 물체로 이동한다.

7. 동과 알루미늄은 스테인리스강보다 좋은 도체이므로 팬의 바닥에 균일한 온도를 확립하며 조리기구 내부로 열을 전달한다.

8. 배달되는 구운 감자를 알루미늄 은박지로 포장하는 이유는 오븐에서 꺼낸 후 감자가 더운 상태로 오랜 시간 있도록 하기 위함이다. 감자에서 나오는 복사가 내부로 반사되며 복사에 의한 열전달을 최소화시키며 순환하는 공기가 포장된 감자에 접촉할 수 없게 만들어 대류에 의한 열전달을 최소화시킨다. 또한 은박지는 습기를 그대로 보호해 준다.

9. 공기는 우수한 절연체이다. 유리섬유가 좋은 절연체라는 이유는 주로 유리섬유가 차지하는 공간에 많은 양의 공기를 포함하고 있다는 뜻이다.

10. 아주 차가운 금속에 혀가 닿으면 혀가 금속에 붙게 되며 영도에 가깝도록 많은 열을 신속히 금속으로 전도하여 잃게 된다. 상대적으로 열이 전도가 낮은 나무의 경우 아주 작은 열량이

혀로부터 전도되어 갑자기 달라붙게 하기에 충분하리만큼 급속히 얼어붙은 현상은 발생하지 않는다.

11. 상대적으로 따뜻한 흙으로부터 열은 묘비석과 접촉되어 있는 눈을 녹이도록 비석을 통해 전달된다. 나무나 다른 물질과 지하에 있는 물질들도 눈보다는 좋은 열전도체이다.

12. 보통 장갑보다 벙어리장갑에는 더 큰 공기 공간이 있어서 손을 따뜻하게 만든다. 또한 벙어리장갑 속의 손가락들은 손을 따뜻하게 유지하도록 인접되어 있다.

13. 이글루(에스키모의 얼음집)에 눈과 얼음이 나무보다 더 좋은 절연체이다. 나무 오두막보다 이글루 내가 더 따뜻하다.

14. 나무는 어떤 온도에서든 질이 낮은 전도체이므로 나무 손잡이가 달린 팬을 잠시 동안 안전하게 손으로 잡을 수 있다. 팬의 쇠 부분을 만지는 것은 열이 쉽게 전도되기 때문에 전혀 다른 문제이다.

15. 나무의 전도도는 어떤 온도에서도 상대적으로 낮으며 심지어 빨갛게 타고 있는 석탄의 경우에도 마찬가지이다. 신속히 밟으면 맨발로 빨갛게 타고 있는 석탄을 가로질러 안전하게 걸을 수 있다(앞의 연습문제에서 뜨거운 오븐 위에서 나무 손잡이가 달린 팬을 빠르게 옮기듯이). 이것은 아주 작은 열이 발에 전도되기 때문에 가능하다. 석탄의 낮은 전도도 때문에 석탄속의 에너지는 발에 전달된 에너지를 쉽게 보충하지 못한다. 발이 석탄 위를 지나간 뒤 석탄의 감소된 붉은 색으로 이것을 명백히 알 수 있다. 그러나 빨간 고온의 철 석탄을 밟은 것은 전혀 별개의 이야기이다.

16. 한 물체가 다른 물체보다 높은 온도에 있는 한 두 경우 모두 가능하다. 내부에너지가 아닌 온도 차이는 열흐름을 만든다.

17. 온도가 50℃인 초콜릿은 온도가 상승하고 온도가 60℃인 초콜릿은 온도가 내려가기 때문에 온도는 두 온도 사이에 있다.

18. 흐르는 것은 열에너지, 즉 열이므로 두 물체 사이에 열에너지가 흐른다고 말하는 것이 정확하다.

19. 두 물체가 접촉했을 때 온도가 아니라 한 물체의 열에너지 증가는 다른 물체의 열에너지 감소와 같다고 말하는 것이 맞는다. 뜨겁고 따뜻한 물체들이 같은 재료이며 질량이 같을 때에는 온도를 사용하여도 맞는다.

20. 동의한다. 기체들은 같은 온도에 있으므로 분자들은 분자당 같은 평균 운동에너지를 갖는다고 말할 수 있다.

21. 동의하지 않는다. 혼합기체가 같은 온도에 있다할지라도 분자당 운동에너지는 같으나 가벼운 수소분자들은 질소분자들보다 큰 평균속력을 갖는다.

22. 실내 공기 분자들은 같은 평균 운동에너지를 갖고 있으나 같은 평균속도를 갖지는 않는다. 공기는 질량이 다른 분자들, 즉 질소, 산소 및 그 이외의 극소 기체량으로 구성되어 있다. 그러므로 이들 분자들이 같은 평균 운동에너지를 갖는다 하더라도 같은 평균속력을 갖지는 않는다. 가벼운 분자들은 무거운 분자들보다 큰 평균속력을 갖는다.

23. 수소는 산소와 혼합되어 있을 때 더 빠르게 움직일 것이다. 이들 분자들은 같은 온도 상태에 있으며 같은 평균에너지를 갖는다. $KE = mv^2/2$을 생각해보라. 수소의 질량이 산소의 질량보다 현격히 작으므로 이에 대응해서 수소의 속력은 산소의 속력보다 더 커야 한다.

24. 앞의 연습문제에서 설명하였듯이 작은 질량을 가진 기체 분자들은 보다 큰 평균속력을 가질 것이다. 주기율표에서 아르곤(A=18)이 크립톤(A=36)보다 작은 질량을 가짐을 확인할 수 있다. 빠르게 운동하는 원자들은 아르곤 기체이며 이 기체들이 분리된 용기에 들어 있어도 같은 현상이 일어난다.

25. 큰 질량을 가진 기체 분자들은 작은 평균속력을 갖는다. 그러므로 무거운 U-238에 속하는 분자들은 평균속력에서 뒤떨어진다. 따라서 구멍이 많은 막을 통해서 빠른 U-235 기체의 확산을 허용한다(1940년대에 과학자들이 이 현상을 이용하여 U-235를 U-238로부터 분리시켰다).

26. 앞의 질문에서와 같이 U-235의 빠른 분자들이 질량이 더 무겁고 속력이 떨어지는 U-238분자들보다 빠르게 확산할 것이다.

27. 서늘한 방의 분자들이 더 많다. 천천히 움직이는 더 많은 수의 분자들이 따뜻한 방에서 빠르게 움직이는 작은 수의 분자들이 문에 만드는 압력과 같은 공기압력을 만들 것이다.

28. 뜨거운 공기는 연기처럼 주위의 공기보다 작은 밀도를 가지며 위쪽으로 뜬다. 연기는 주위의 공기와 접촉하여 식으며 더 밀도가 커진다. 이 밀도가 주위의 공기 밀도와 같아질 때 부력과 무게는 평형을 이루어 상승이 사라진다.

29. 이들은 공기의 열상승 바람 속에서 달린다.

30. 같은 온도에서 헬륨, 질소 및 산소 분자들은 같은 평균 운동에너지를 갖는다. 그러나 작은 질량 때문에 헬륨은 보다 큰 평균속력을 갖는다. 그러므로 헬륨은 대기 상층부에서 지구 이탈속력보다도 빠른 속력으로 이동하여 우주 속으로 사라질 것이다. 마구잡이 충돌을 통해서 모든 헬륨 원자들은 결국 이탈속력을 능가할 것이다.

31. 얼음조각이 커피 잔 바닥에 있다면 커피 잔 표면에 있는 가장 뜨거운 커피를 접촉하지 못하게 됨으로 냉각은 늦어질 것이다. 얼음조각은 커피의 더운 부분의 온도를 낮출 수 있는 표면에 있는 것이 적당하다.

32. 분자와 야구공은 다 같이 중력의 영향 하에 있으며 g값으로 하향 가속될 것이다. 다른 분자들이 낙하를 방해한다면 자유낙하 가속도 g는 유지되지 않는다.

33. 빠르게 운동하는 (더운 공기) 분자들은 대기 중의 "열린 창"을 통해서 고도로 이동하여 상향대류를 형성할 것이다.

34. 비열이 큰 물 때문에 햇빛은 대지보다 물을 덜 따뜻하게 만든다. 결과적으로 공기는 대지 위에서 더워져 상승한다. 찬 물위에 있는 공기가 차져서 대류를 형성한다. 태양이 대지와 물을 동등하게 가열한다면 그와 같은 대류(와 대류가 만드는 바람)는 발생하지 않을 것이다.

35. 한 부피의 공기를 가열할 때에는 공기에 에너지를 공급하는 것이다. 한 부피의 공기를 팽창시키면 보통 공기로 에너지가 방출된다(팽창하는 공기는 주위에 일을 하기 때문이다). 그러므로 조건들이 아주 다르므로 결과도 다를 것이다. 실제로 공기 부피의 팽창은 공기의 온도를 낮춘다.

36. 그렇지 않다. 그러나 천장 선풍기는 5° 정도 서늘하게 느낄 수 있는 바람의 차가움을 만들 수 있다. 천장선풍기는 실내의 온도를 낮추지는 않으나 서늘하게 느끼도록 단지 공기를 순환시킨다.

37. 겨울에는 마룻바닥 근처의 공기가 따뜻하기를 기대하므로 선풍기는 천장 근처의 더운 공기를 아래 방향으로 밀어내야 한다. 여름에는 마룻바닥 근처의 공기가 서늘하기를 기대하므로 선풍기는 공기를 위로 끌어올려야 한다.

38. 노즐을 통해서 혼합물이 방출될 때 이 혼합물은 팽창하므로 냉각된다. 0℃의 온도에서 얼음이 형성된다.

39. 복사는 열전달에 매질을 필요로 하지 않는다.

40. 분자 또는 다른 디자인에 따른 좋은 열 방출체는 역시 좋은 흡수체이다. 반사의 반대인 흡수도 복사이기 때문에 흡수체는 검게 보인다.

41. 평균 온도에서 물체에서 방출되는 적외선에 대해서 우리의 눈은 전혀 감수성이 없다.

42. 좋은 흡수체가 역시 좋은 방출체가 아니라면 열평형은 불가능할 것이다. 좋은 흡수체가 흡수만 한다면 좋은 흡수체는 근처에 있는 나쁜 흡수체의 온도보다 높아질 것이다. 나쁜 흡수체가 좋은 방출체라면 나쁜 흡수체의 온도는 좋은 흡수체의 온도 이하로 떨어질 것이다.

43. 좋은 반사체는 나쁜 열 흡수체이며 나쁜 반사체는 좋은 흡수체이다.

44. 지구 표면에 있는 바위에서 발산되는 에너지는 바위에서 생성되는 즉시 주위 환경에 전달된다. 그러므로 지구 내부에서 발생하는 에너지 축적은 생기지 않는다.

45. 열은 맑은 밤공기쪽으로 복사되며 자동차의 온도는 떨어진다. 보통 열은 상대적으로 따뜻한 땅으로부터 전도되나 고무바퀴는 땅으로부터 열전도를 막는다. 그러므로 복사되어 나간 열은 쉽게 충전되지 않으며 자동차는 주위의 공기보다 낮은 온도로 냉각된다. 이와 같이 위의 어는 환경 하에서 아래의 어는 환경에 있는 차 위에 서리가 만들어진다.

46. 넓은 하늘 아래 대지는 열을 복사하지만 하늘은 아래로 전면 복사하지 않는다. 벤치의 아래쪽에 있어서 벤치의 아랫방향 복사는 대지에서 복사되는 알짜 복사를 감소시키나 결과적으로 따뜻한 대지 속에 있게 되므로 서리가 생기지 않는다.

47. 온실로 들어오는 복사열을 줄이려 할 때 단순히 입사하는 복사를 반사시키기 위해서 유리창에 백색 도료를 칠한다. 반사된 에너지는 흡수되지 않은 에너지이다.

48. 최고의 따뜻함을 바란다면 플라스틱 외투를 착용하여 온실 효과를 활용하여 보아라.

49. 대기 상층부에서 현재 진행되고 있는 지구 복사량보다 많은 복사량이 방출된다면 많은 에너지가 빠져나가므로 지구의 기후는 더 서늘해질 것이다.

50. 켈빈온도와 섭씨온도는 같은 크기이며 두 눈금의 비가 아주 다른 결과를 만든다 할지라도 켈빈온도의 눈금 차이와 섭씨온도의 눈금 차이는 같은 것이다. 뉴턴의 냉각법칙은 온도차를 포함하므로 두 온도 눈금은 사용될 수 있다.

51. 더운 공기는 위로 올라가기 때문에 천장은 벽보다 높은 온도를 유지한다. 다락방의 내부와 외부의 온도차가 크므로 열전달을 지연시키기 위해 굵은 절연체를 사용한다.

52. 다음과 같은 세 가지 이유에서 즉시 크림을 넣어라. 검은 커피는 흰 커피보다 많이 복사하므로 바로 조금 흰 커피를 만들어 기다리는 동안 복사하지 않아 빨리 식지 않도록 만들어라. 또한 뉴턴의 냉각법칙에 따라 커피 온도가 주위 온도보다 높으면 냉각률이 클 것이므로 바로 크림을 넣어 냉각률이 떨어지도록 온도를 낮추어라. 이것은 빨리 식게 하기보다 천천히 식게 한 다음 뒤에 크림을 추가하여 온도를 낮추는 것이다. 표면적은 변하지 않고 같으므로 더 천천히 식는다.

53. 난방기를 완전히 끄고 연료를 절약하여라. 밖이 추울 때 집은 항상 열을 방출하고 있다. 얼마나 방출하는가는 집의 단열과 내외의 온도차에 달려 있다(뉴턴의 냉각법칙). 온도차 ΔT가 크면 더 많은 에너지를 소모한다. 연료를 적게 소비하려면 온도차 ΔT를 작게 유지하며 난방기를 완전히 끄라. 외출하는 동안 따뜻하게 유지시키는 것보다 끄고 나갔다가 돌아올 때 더 많은 연료가 요구되는가? 전혀 그렇지 않다. 되돌아왔을 때 가옥이 방출한 열을 평균 온도에서 충전시켜 주지만 난방기를 켜놓고 나갔다면 정상온도에서 가옥이 방출한 열을 충당하려면 더 많은 열을 공급하여야 한다(아마도 교사는 구멍이 뚫린 물통의 유사성을 이용하여 이 문제를 설명할 것이다).

54. 앞 문제의 답에서처럼 온도차 ΔT가 작아지도록 냉방기를 완전히 끄라. 열은 그렇게 춥지 않은 가옥보다 추운 가옥으로 큰 비율로 흘러들어간다. 집에서 유출되는 율이 클수록 냉방기는 더 많은 연료를 소비한다.

55. 지구의 온도가 상승하면 복사율도 증가할 것이다. 이와 같은 가외의 지구복사가 막힌다면 지구의 온도는 상승하여 복사율로 단순히 증가할 것이다. 새로운 보다 좋은 평형온도가 확립될 것이다.

56. 스스로 만들어 보아라.

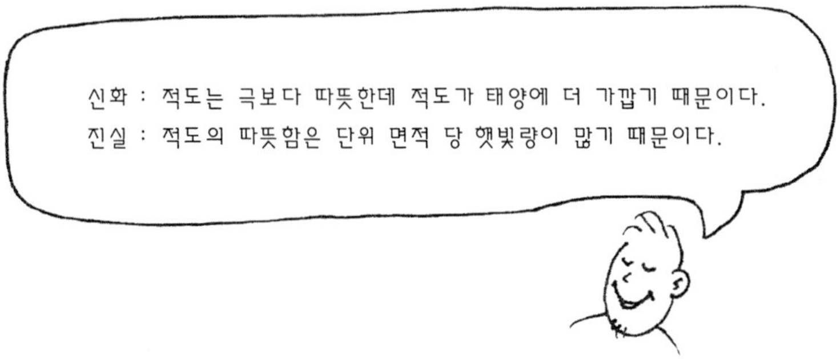

실전문제

1. (a) 물이 흡수한 열량은 $Q = cm\Delta T = (1.0\text{cal/g℃})(50.0\text{g}) = (50℃ - 22℃) = 1400\text{cal}$
효율이 40%에서 땅콩으로부터 에너지의 0.4가 물의 온도를 상승시킨다. 그러므로 땅콩에 들어있는 칼로리는 1400/0.4=3500cal 또는 3.5Kcal이다.
(b) 땅콩의 영양가는 3500cal/0.6g=5833cal/g 또는 5.8Kcal/g이다.

2. $Q = cm\Delta T$에서 $Q/m = c\Delta T = (800\text{J/kg℃})(500℃) = 400000\text{J/kg}$이다($Q/m$은 단순히 kg 당 에너지임). 요구되는 시간은 400000J/kg/0.03J/kg이면 13.3×10^6년이다.

3. 커피의 온도는 8시간 동안 25℃ 떨어진다. 뉴턴의 냉각법칙에 따르면 냉각율은 온도차에 비례한다. 그러므로 온도차가 반으로 줄어들 때 냉각율도 반으로 줄어들 것이다. 그러므로 커피는 두 번째 8시간 사이에 천 번째 8시간 사이에 떨어진 온도의 반으로 떨어질 것이므로 12.5도 떨어져 커피의 온도는 50℃에서 37.5℃로 냉각될 것이다.

4. 10%의 전환효율로 인해서 집열판의 단위 m^2당 평균 20watts를 공급할 수 있으므로 3kW 요구를 충족시키려면 $3000\text{W}/20\text{W/m}^2 = 150\text{m}^2$ 면적의 집열판이 필요하다. 이 넓이는 대략 12m^2 또는 $40\,\text{ft}^2$의 면적으로 보통 가정의 정원에 맞으며 보통 집 지붕보다 더 넓다.

5. (a) 물이 얻은 열량과 쇠못이 잃은 열량은 같으므로 $(cm\Delta T)_{물} = (cm\Delta T)_{쇠}$이다.
$(1.0\text{g℃})(100\text{g})(\text{T} - 20℃) = (0.12\text{cal/g℃})(100\text{g})(40℃ - \text{T})$를 풀면 $T = 22.1℃$ 이다.
(b) 질량은 서로 같다고 할지라도 비열은 크게 차이가 난다. 즉 철의 비열은 매우 낮은 반면에 물의 비열은 매우 크다. 철이 물의 온도를 2.1℃ 올리는 데 많은 열이 필요하다.

제 17 장 상변화

17장 연습문제

1. 알코올은 높은 증발열 때문에 더 빨리 냉각된다.

2. 젖은 손가락이 바람에 노출될 때 바람이 부는 방향의 증발이 더 커서 차갑게 느껴진다. 손가락의 차가운 방향이 바람의 방향이다.

3. 물은 사람의 몸에서 열을 흡수하며 마른 공기 속으로 신속히 증발하여 서늘해진다.

4. 땀이 증발할 때 피부에서 열을 가지고 가서 시원해진다.

5. 뜨거운 국이 담긴 그릇을 훅 불면 알짜 증발을 증가시켜 알짜 증발을 줄이고 응축시키려는 더운 증기를 제거시켜 냉각효과에 놓인다.

6. 접시에 부은 뜨거운 커피는 (1) 커피의 표면적이 더 많은 증발을 일으키며 (2) 에너지보존법칙에 따라 접시를 덥게 만든 내부에너지가 커피에서 공급되기 때문에 더 빨리 냉각한다.

7. 물의 온도는 낮아진다.

8. 물 먹는 장난감 타조를 계속 움직이게 만드는 에너지는 태양 램프 또는 증발이 발생하는 아래쪽 통을 덥히는 어떤 것에서 공급된다. 타조의 아래쪽 통에 열에너지를 공급하면 매 분 몇 번씩 머리를 물에 담그는 것을 볼 수 있다.

9. 향수가 증발하지 않는다면 향내는 발생하지 않는다. 물질의 향내는 향수의 증발을 확인하는 것이다. 증발하지 않는 향수 발명에는 투자하지 말라.

10. 이 가정의 경우 방출되는 분자에너지는 남아 있는 분자에너지와 다르지 않기 때문에 증발은 나머지 액체를 냉각시키지 않는다. 액체의 내부에너지 증발로 인해서 감소할지라도 분자당 에너지는 감소하지 않는다. 액체의 온도 변화는 발생하지 않는다(환언하면 이 가정의 경우 액체 주위의 공기가 차질 것이다. 액체 표면에서 방출된 분자들은 액체의 인력에 의해 속력이 작아진다).

11. 선풍기는 방을 냉각시키지는 않으나 그 대신 신체를 냉각시키는 발한 작용의 증발을 진전시킨다.

12. 물은 다공성 덮개 자루 표면을 통해서 새어나가 증발하면서 자루를 냉각시킨다. 자동차 운동은 증발율을 증가시키므로 냉각율을 증가시킨다. 이것은 바로 뜨거운 고깃국이 갖는 고깃국 냉각율보다 큰 냉각율을 제공한다(연습문제 5).

13. 젖은 수건은 증발에 의해 냉각된다. 증발이 진행됨에 따라 천으로 싼 물의 온도는 떨어지며 병 속의 물보다 병의 온도를 더 낮게 냉각시킨다.

14. 우리의 신체는 증발과정을 통해서 정상적인 37℃의 온도를 유지한다. 몸이 과열되면 발한작용이 일어나며 발한작용이 증발을 허용하면 신체는 냉각된다(흥미롭게도 더운 물에 들어가면 발한작용이 작동하지만 오랫동안 머무르는 것은 적절치 않기 때문에 증발과 냉각이 계속되지 않는다).

15. 유리창 사이에서 물이 응축된다면 유리창의 시야를 해친다. 그러므로 유리창 사이의 기체는 물 증기를 포함해서는 안된다.

16. 어는 온도보다 약간 높은 온도에 있는 공기는 빙산 근처에서 냉각되어 공기 중에 포함된 수증기의 응축이 안개를 만든다.

17. 서늘한 밤에 주차되어 있는 자동차 내에서 서로 충돌하고 있는 분자들을 제외하고 내부에서 생성된 따뜻한 공기는 찬 유리창에 부딪혀 분자의 속도는 감소되며 이 결과 유리창 내의 물을 응축시키는 결과를 가져온다.

18. 창밖이 안쪽보다 따뜻한 날에는 응축이 유리창 바깥 면에 생긴다. 자동차 내에서 냉방기를 창막이 쪽으로 향해 작동시키면 이 현상을 볼 수 있다.

19. 차가운 공기는 아래쪽에 있으므로 정상적으로 온도 구배가 존재한다. 그러므로 서리는 아래쪽 유리창의 찬 부분에 형성된다.

20. 상공으로 발진한 공기는 대기압이 낮은 영역에서 팽창한다. 팽창은 냉각을 동반하며 충돌로 합쳐지기에 충분히 분자들은 작은 속력으로 이동한다. 그러므로 이렇게 생긴 습기가 바로 구름이다.

21. 대지는 물보다 작은 비열을 갖고 있기 때문에 구름은 섬 위에 형성되어 대지는 주위의 물보다 신속히 따뜻해진다. 이것이 따뜻한 대지 위로 공기를 끌어올리게 되며 물을 축적하여 상승한 공기는 팽창하여 물 분자들이 합착하도록 냉각시킨다(그림 17.7).

22. 응축과정을 통해서 분자 퍼텐셜에너지가 분자 운동에너지로 전환될 때 많은 열에너지가 방출된다(물방울이 얼어서 얼음이 형성될 때 더 많은 에너지가 내부에너지를 방출한다).

23. 물이 상변화를 진행할 때 온도 변화 없이 열을 첨가할 수 있다.

24. 물이 상변화를 진행할 때 온도 변화 없이 열을 빼낼 수 있다.

25. 난로가 가열한 만큼 끓는 과정을 통해 물이 끓을 때 물은 냉각한다. 그러므로 물의 온도는 100℃로 유지된다.

26. 공기방울이 위로 올라감에 따라 공기방울에 작용하는 압력이 줄어들기 때문이다.

27. 압력이 낮아지면 분자의 압착을 감소시키므로 서로 분리되어 증기를 형성한다.

28. 병이 끓는점에 도달했을 때 병은 주위의 100℃의 물과 평형을 이루고 있기 때문에 그 이상 병에 열이 들어가지 않는다. 이것이 바로 이중 보일러의 원칙이다.

29. 압력 요리 도구에서 물의 끓는 온도가 더 높은 것과 같이 매우 큰 압력 하에서 더운 물의 끓는 온도는 낮다.

30. 그렇지 않다. 식품은 주위의 물 끓음에 의해서가 아니라 식품에 주어진 온도에 의해 요리된다. 예를 들면 실온의 물을 진공에 넣으면 끓을 것이다. 그러나 이 끓는 물에 넣은 계란은 전혀 익지 않을 것이다.

31. 앞의 연습문제에서 설명하였듯이 식품에 주어지는 높은 온도와 그 결과로 생기는 내부에너지가 요리하는 데 필요한 것이다. 낮은 온도에서 물이 끓는다면 (아마도 낮은 압력 하에서) 식품은 요리되기에 충분히 뜨겁지 않을 것이다.

32. 행주의 습기는 증기로 바뀌어 손에 화상을 입힐 것이다.

33. 열과 압력은 끓음에 관계된다. 압력을 줄이는 것만이 끓음을 만들어낸다.

34. 얼음은 정말로 차다. 왜 차가울까? 물의 신속한 증발 때문에 물은 어는점으로 냉각한다.

35. 플라스크 병 속의 공기 압력이 매우 낮으므로 손으로 전달되는 열이 낮은 압력 하에서 물이 끓게 만든다(여러분의 선생은 여러분이 손을 대기 전 플라스크 병이 깨지지 않고 견딜 수 있기를 바랄 것이다).

36. 펄펄 끓는 물이나 잔잔히 끓는 물이나 같은 온도를 유지하므로 요리시간에는 차이가 없다. 펄펄 끓는 물에서 스파게티를 요리하는 이유는 단순히 스파게티가 서로 들러붙거나 팬에 붙는 것을 막는 데 있다. 연료 소비 입장에서 본다면 간단히 잔잔히 끓는 물에서 스파게티를 뒤섞어 주는 것이다.

37. 뚜껑은 빨리 끓게 하는 열을 냄비 속에 가두어 두며 끓는 온도로 상승하는 끓는 물에 압력을 약간 증가시킨다. 뚜껑이 압력솥을 내리 누르지 않는다면 이 효과는 중요하지 않다 하더라도 이에 대응해서 뜨거워진 물은 식품을 짧은 시간 동안에 요리한다.

38. 압력 증가로 핵반응로의 물 끓는 온도는 보다 높다. 반응로는 압력솥과 같이 작용한다.

39. 간헐천이 물을 분출한 다음 물이 채워지면 같은 가열 싸이클이 진행되어야 한다. 충전율과 가열율이 변하지 않는다면 방출단계에 이르도록 끓는데 걸리는 시간은 같을 것이다.

40. 라디에이터에 압축되어 들어 있는 물은 온도가 100℃를 초과하여도 끓지 않는다(압력솥 안의 물이 끓지 않듯이). 그러나 라디에이터 뚜껑을 갑자기 열면 압력이 떨어져 고온의 물이 즉시 끓는다. 뚜껑을 제거할 때 머리를 라디에이터 물 위에 있도록 하지 마라.

41. 그렇다 에너지를 흡수할 때 얼음이 녹는 온도인 0℃보다 훨씬 낮은 온도에 있을 수 있다. 평형상태에 있는 얼음과 물로 된 혼합체의 온도는 0℃이다. 예를 들면 얼음이 떠 있는 차의 온도는 0℃이다.

42. 피부에 붙어 있는 습기는 소금을 포함하고 있기 때문에 0℃ 온도 이하에서만 얼어붙는다. 아주 찬 얼음이 사람의 손과 접촉하면 피부 표면에 있는 습기가 얼어붙으며 피부와 얼음 사이에 접착이 발생한다. 이것이 바로 끈적끈적한 이유이다.

43. 순수한 물질의 경우 어는점과 녹는점은 같다.

44. 눈 오는 것은 분명히 아주 추운 날에도 가능하다. 그러나 눈이 만들어질 때 물(H_2O)이 기체에서 고체로 또는 액체에서 고체로 상태가 바뀌므로 공기의 온도가 올라간다. 그러므로 눈이 올 때 따뜻하게 관측되어 추운 날에는 눈이 올 수 없다는 오해를 만들었다(유사하게 우리의 귀는 일생을 통해서 성장한다. 어떤 사람들은 큰 귀를 가지고 있는 어린 아이들을 보고 오래 살 운명이라고 잘못 말한다).

45. 어는 물은 순수한 물이다. 얼음을 녹이면 순수한 물을 얻게 될 것이다.

46. 얼음이 열린 구조로 되어 있지 않다면 되얼음은 발생하지 않는다. 결정 표면 위에 전선이 작용하는 압력은 결정을 함몰시켜 전선이 따라 들어간다. 전선 위에는 압력이 즉각 사라지므로 분자들은 낮은 에너지 결정 상태를 이룬다. 전선 위가 얼도록 물이 방출한 에너지는 전선을 통해 전달되어 전선 아래 부분을 녹인다. 전선을 따라 빠르게 전달됨에 따라 더 빠른 되얼음이 발생한다. 줄과 같은 절연체인 경우에 되얼음은 절대로 발생하지 않는다.

47. 나무이다. 나무는 더 큰 비열을 갖고 있기 때문에 냉각하면서 더 많은 열을 방출한다.

48. 물이 얼음에서 물로 상 변위를 할 때 에너지를 흡수한다. 이 에너지가 주위의 공기로부터 공급된다면 주위의 공기 온도는 떨어질 것이다.

49. 안경유리는 실내 공기보다 차가우며 실내에서 공기의 응축은 안경유리에서 발생한다. 그림 17.7은 하나의 예임.

50. 탄산음료 내의 물은 얼을 때 팽창하여 탄산 음료수 캔 끝부분을 부풀어 오르게 한다.

51. 설탕은 과일주스의 물과 함께 얼지 않으므로 반쯤 얼은 주스는 처음 농도의 두 배가 되는 설탕을 갖게 되기 때문이다(물이 얼어서 반으로 줄기 때문).

52. 이것은 그림 17.7을 설명하는 또 다른 한 예이다. 더운 공기 속의 수증기가 냉방기 내부의 낮은 온도에 있는 금속 표면에 응축된다.

53. 차가운 코일에 응축이 발생한다. 이것이 바로 코일이 물을 흘리는 이유이다.

54. 냉각효과를 감소시켜 얼음을 오랫동안 보존하는 것이 아니라면 아이스박스 안의 얼음을 신문지로 싸는 것은 적절치 않다. 절연 신문지는 녹는 과정을 천천히 진행시켜 주위로부터 열흡수를 방지한다. 얼음이 녹기 때문에 주위는 주로 냉각된다. 이와 같은 녹음을 유지시키려면 요구되는 냉각과정을 단축시키는 것이다.

55. 녹는 얼음이 에너지를 흡수하므로 근처의 공기 온도는 떨어진다.

56. 냉각되어 어는 물 1g은 포도주 저장소에 80cal의 열에너지를 방출한다. 이와 같은 어는 물의 연속적인 에너지 방출은 포도주 저장소이 온도가 0℃ 이하로 떨어지지 않게 만든다. 깡통 속에 들어 있는 식품의 설탕과 소금은 0℃에서 식품이 어는 것을 막아준다. 통 속의 물이 전부 얼 때만 포도주 저장소의 온도는 영하로 떨어질 것이므로 통조림 식품도 얼게 될 것이다. 그러므로 농부는 통 속의 물이 얼기 직전 또는 얼자마자 교체한다.

57. 이 답은 앞의 연습문제 답과 유사하다. 얼음으로 나무 가지를 씌우는 것은 절연 담요와 같은 역할을 한다. 물 1g은 얼 때 80cal의 열을 방출하는데 이 양은 과일의 경우 매우 큰 양이다. 나무를 덮는 얇은 얼음켜는 더 추운 날씨에 열발산을 막는 절연 담요 역할을 한다.

58. 장치는 열펌프이다. 이 들 두 형태의 작동 방식은 열을 찬 영역에서 더운 영역으로 이동시키는 것이다.

59. 개는 땀샘을 갖고 있지 않으므로 (대부분의 개의 경우 발가락 사이에 있는 땀샘을 제외하고는)입과 호흡 통로를 통해서 습기를 증발시켜 몸을 냉각시킨다. 그러므로 개는 호흡기를 통해 증기를 몸에서 내뿜어 몸을 냉각시킨다.

60. 스스로 만들어 보아라.

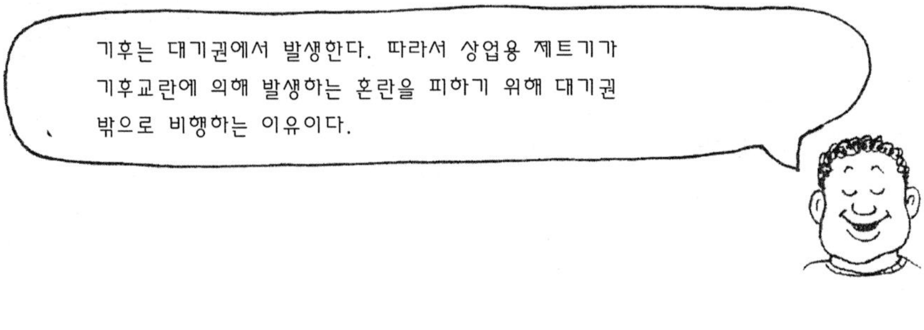

실전문제

1. (a) 0℃의 얼음 1kg을 0℃의 물로 만들려면 80Kcal의 열이 필요함.
(b) 0℃의 얼음 1kg을 100℃의 물로 만들려면 100Kcal의 열이 필요함.
(c) 100℃의 물 1kg을 100℃의 수증기로 만들려면 540Kcal의 열이 필요함.
(d) 0℃의 얼음 1kg을 100℃의 수증기로 만들려면 (80+100+540)=720Kcal의 열이 필요함.

2. −273℃의 얼음 1g을 0℃의 얼음 1g으로 만드는 데에는 (273)(0.5)=140cal의 열이 필요하다. 0℃의 물을 100℃의 물로 만들려면 80cal의 열이 필요하다. 따라서 필요한 열량은 320cal이다. 이 물을 100℃의 끓는 물로 만드는 데에는 540cal의 열을 흡수하며 절대영도에서 100℃의 물을 만드는 데 필요한 에너지보다 훨씬 큰 에너지이다(사실 매우 낮은 온도에서 물이 비열은 0.5cal/g℃보다 작으므로 보다 정확한 차이는 여기서 계산한 값보다 더 크다).

3. 100℃의 물 10g이 0℃의 물 10g으로 변할 때 방출되는 열량을 먼저 계산하여라. 수증기 100g이 100℃의 물 100g으로 상변위할 때 5400cal의 열을 방출하며 0℃의 물로 냉각될 때 1000cal의 열을 방출한다. 그러므로 6400cal의 열이 얼음을 녹이는 데 사용될 수 있으므로 6400cal/80cal/g=80g이며 0℃의 얼음 80g을 0℃의 물로 상전이 시킬 수 있다.

4. 물의 최종온도는 0℃의 얼음 온도와 같아질 것이다. 물이 얼음에 공급하는 열량은 $Q=cm\Delta T$ $=(1\text{cal/g℃})(50\text{g})(80\text{℃})=4000\text{cal}$이다. 이 열은 얼음을 녹일 것이다. $Q=mL$에서 $m=Q/L$ $=4000\text{cal}/80\text{cal/g}=50\text{g}$이다. 그러므로 80℃의 물은 같은 질량이 0℃의 얼음을 녹일 것이다.

5. 철이 방출하는 열량은 $Q=cm\Delta T=(0.11\text{cal/g℃})(50\text{g})(80\text{℃})=440\text{cal}$이다. 철은 얼음에 $Q=mL$의 열량을 공급할 것이다. 그러므로 녹는 얼음의 질량은 $m=Q/L=440\text{cal}/80\text{cal/g}$ $=5.5\text{g}$이다(철의 비열이 낮다는 것은 앞의 연습문제와 비교할 때 확실히 볼 수 있다).

6. $mgh=mL$이므로 $gh=L$이며 $h=L/g=\dfrac{334000\text{J/kg}}{9.8\text{m/s}^2}=34000\text{m}=34\text{km}$이다. 여기서 양변의 질량은 상쇄되며 $\text{J/kg}=\text{m}^2/\text{s}^2$이다. 그러므로 떨어지는 동안 에너지 손실이 없는 경우 34km를 자유 낙하하는 얼음조각은 충돌할 때 완전히 녹을 것이다.

7. $PE=Q,\ 0.5mgh=cm\Delta T$

$$\Delta T=\frac{0.5mgh}{cm}=\frac{0.5gh}{c}=\frac{(0.5)(9.8\text{m/s}^2)(100\text{m})}{450\text{J/kg℃}}=1.1\text{℃}$$

8. 에틸 알코올의 증발열(200cal/g)은 물의 융해열(80cal/g)보다 2.5배 크므로 상전이에서 얼음이 2.5배 더 상전이를 일으킬 것이다. $2.5\times 2\text{kg}=5\text{kg}$이다. 공식에서 냉각제는 $Q=mL=$ $(2000\text{g})(200\text{cal/g})=4\times10^5\text{cal}$의 열을 뺏으므로 얼음의 질량은 $4\times10^5\text{cal}/(80\text{cal/g})=$ $5000\text{g}=5\text{kg}$이다.

제 18 장

Thermodynamics

18장 연습문제

1. 오븐 내의 온도가 500도인 경우 켈빈온도와 섭씨온도와는 큰 차이가 있다. 켈빈 온도 500K는 섭씨 227℃로 섭씨 500℃와는 큰 차이가 있다. 그러나 50,000도인 경우 273도 높거나 낮음은 실제로 큰 차이를 만들지 않는다. 온도가 50,000도인 별의 경우 반올림하면 그대로 50,000K이거나 50,000℃이다.

2. 어느 온도의 척도인지 문제가 되지 않는다. 왜냐하면 앞의 경우에서와 같이 10,000,000℃인 경우 273도 차이는 무시할 정도로 작다.

3. 늘 그런 것은 아니다. 이들에서의 내부 에너지의 변화는 같다. 이는 이들이 같은 물질로 구성되어 있고 질량도 같다면 이 둘의 온도 변화는 같음을 의미한다.

4. 아니다.-온도와는 달리 내부 에너지는 평균해서 얻어지는 값이 아니다.

5. 이 물체의 절대 온도는 273+0=273K이다. 이것을 두 배로 하면 546K이다. 이를 섭씨로 표현하면 (546-273)℃=273℃이다.

6. 액체를 앞 뒤로 세게 흔들어주면 액체에 일을 해주는 것이 되며, 그 결과로 액체의 내부 에너지는 증가한다. 이는 액체의 온도가 올라가는 것을 보면 알 수 있다(19세기 중반에 제임스 주울은 그릇에 담긴 액체를 수저로 젓는 과정을 통해 일을 해주면서 젓기 전 후의 온도를 측정하여 "열과 동등한 역학적 양"이 있음을 밝혀냈으며 이로서 좀 더 광범하게 적용되는 에너지 보전법칙을 발견하게 되었다).

7. 공기를 압축할 때는 일도 하게 되며, 이 일로 인해 공기의 내부 에너지는 증가한다.

8. 내부 에너지의 증가는 100J-80J=20J이다.

9. 용기 내의 공기를 압축하기 때문에 펌프는 뜨거워진다. 빠져나가는 공기는 팽창하기 때문에 타이어 밸브는 차갑게 느껴진다. 이 둘은 단열 과정이다.

10. 풍선에 공기를 불어 넣을 때 공기는 압축되며 풍선의 온도는 올라간다. 공기가 빠져 나올 때는 공기는 팽창하며, 풍선의 온도는 내려간다. 둘이 모두 단열과정이다.

11. 통을 가열하면 통 안의 압력은 증가하고, 식히면 압력은 감소한다. 기체가 가하는 압력은 기체 분자의 평균 운동에너지에 의존하고 따라서 온도에 의존한다. 일정 부피에서 온도가 올라가면 압력도 증가한다.

12. 역학에너지는 쉽게 열에너지로 전환될 수 있고 이는 흔히 볼 수 있는 현상이다; 운동에너지를 가지고 움직이는 어떤 물체도 마찰에 의해 정지하게 되면 그것이 가지고 있는 모든 운동에너지가 열에너지로 전환된다(예를 들면 도로에서 미끄러지며 멈추어 서는 자동차의 경우). 그러나 이 현상의 반대 현상은 일어날 수 없다. 열역학 제2법칙에 의하면 열에너지의 일부 만이 역학에너지로 전환된다. 예를 들면 이상적인 조건에서도 발전소에서 태우고 있는 연료가 제공하는 열에너지에서 반도 채 못 되는 양만이 전기를 생산하는데 쓰이는 역학에너지로 전환된다.

13. 단열적으로 압축되기 때문에 온도가 올라간다.

14. 대기 중에 있는 공기방울이 위로 올라가면 방울은 팽창하면서 주위의 상대적으로 압력이 낮은 공기에 일을 한다. 이 일은 내부에너지에서 얻는 것이기에 방울의 내부 에너지는 감소하고, 이는 방울의 온도가 감소하는 것으로 알 수 있다. 따라서 산 위의 온도는 평지에서보다 낮다.

15. 태양 에너지. 재활용과 비재활용이라는 용어는 실제로 재 생산되는 시간의 크기에 따라 정해진다 – 즉 나무의 경우는 수십 년인데 비해 석탄이나 석유의 경우는 수백만 년이다.

16. 태양 에너지.

17. 이 경우는 에너지가 손실이나 이득이 없이 그대로 전환되기 때문에 제1법칙을 위반하지 않는다. 그러나 내부 에너지는 찬 물체에서 뜨거운 물체로 자유롭게 이동하지 않기 때문에 제2법칙에는 위반된다.

18. "공해"는 어떤 과정에서 원치 않게 생산된 부산물들을 칭하는 용어이다. 특정 부산물이 원하는 것이냐 아니냐 하는 것은 상대적인 것으로 그때그때 상황에 달려 있다. 예를 들면 발전소에서 나오는 폐 열을 수영장의 물을 가열하는데 사용하는 것은 원하는 일이지만, 물고기가 사는 개천에 버리는 것은 원치 않는 일이다.

19. 깡통 안의 기체의 압력이 크게 줄면 깡통은 찌그러진다. 깡통 입구를 통해 깡통 안으로 들어가는 물의 표면의 수증기가 응축되면서 깡통 안에서의 수증기 압력은 감소한다. 만약 물이 끓고 있으면, 이 물은 응고하는 수증기만큼의 수증기를 공급하고 수증기의 총 양은 변함이 없게 되어 깡통의 찌그러짐은 없다. 그러나 뜨거운 물이라도 100℃ 이하의 온도라면 응고하는 양이 더 많아 깡통은 찌그러진다.

20. 증기로 가동하는 기관에서는 열공급원과 열배출 싱크의 온도 차이가 크면 클수록 기관의 효율이 높아지기 때문에 증기의 온도가 높을수록 좋다(본문에서 사디 카르노 방정식을 보라).

21. 카르노 방정식에 의하면 기관의 효율은 열원(기관 안의 폭발실)과 열싱크(배기구를 둘러싸고 있는 공기)의 온도 차가 크면 클수록 기관의 효율은 높다.

22. 폐 열이 버려지는 열 저수지의 온도를 낮추면 기관의 효율은 높아진다; $(T_{hot}-T_{cold})/T_{cold}$에 좀 더 작은 값을 대입해보면 이를 확인해 볼 수 있다.

23. 열이 배출되는 열 저수지의 온도가 절대온도 영도일 때만(0K) 열기관은 이상적인 효율인 100%의 효율을 얻는다.

24. 앞의 예에서 보았듯이 같은 양의 온도 변화라도 T_{cold}를 내릴 때가 T_{hot}를 올릴 때보다 더 높은 효율을 얻게 한다. 예를 들면 T_{hot}의 온도가 600K이고 T_{cold}의 온도가 300K일 때 기관의 효율은 (600−300)/600=1/2이다. T_{hot}의 온도가 200K 증가하면 효율은 (800−300)/800=5/8이다. 이에 비해 T_{cold}의 온도를 200K 감소시키면 기관의 효율은 (600−100)/100=5/6이 된다.

25. 아니다. 이 경우 열싱크 역시 방 안에 있다. 이 때문에 응축 코일은 냉방되어야 하는 곳과 분리된 곳에 둔다. 냉동기의 모터가 주변의 공기를 덥히기 때문에 방 안의 온도는 실제로 오른다.

26. 그렇다. 앞의 예에서 원했던 냉각과는 달리, 문이 열린 오븐이 방에 주는 에너지는 방 안의 온도를 올린다.

27. 선풍기가 당신의 피부 위의 공기를 불어내면서 피부 표면의 수분증발 속도를 높이기 때문에 당신의 몸은 식혀진다. 그러나 당신의 신체는 전체 시스템의 일부이고 실제로 전체의 온도는 증가한다.

28. 냉장고 안과 주변의 온도 차이를 유지하기 위해서는 일을 해 주어야 한다. 유지해야 할 온도 차가 크면 클수록 더 많은 일을 해 주어야 하고 따라서 더 많은 에너지가 소모된다. 따라서 방 안이 더울 때가 차가울 때보다 냉장고는 더 많은 에너지를 소모한다.

29. 외부에서 계에 추가로 일을 해주고 있기 때문에 제2법칙을 위반하는 것은 아니다.

30. 기체가 더 밀집되어 있다 – 밀도가 증가한다.

31. 기체를 압축할 때는 일을 하고 있는 것이고, 따라서 내부 에너지가 증가한다.

32. 대부분의 사람들은 전구에서 전기에너지를 빛에너지로 바꾸는 것이 비효율적이라는 것을 알기 때문에 전기에너지를 100% 열로 바꾸는 것이 가능하다는 사실에 놀란다. 만약 건물이 전기를 사용해서 난방을 하는 건물이라면, 빛도 가열하는데 훌륭한 역할을 하며, 따라서 건물을 덥힐 때 전등을 켜 놓는 것은 낭비가 아니다. 그러나 냉방을 할 때 전등을 켜 놓는 것은 전등이 내뿜는 열에너지를 추가로 제거해야 하기 때문에 에너지를 낭비하게 된다.

33. 이 장난감은 열 기관이 하는 역할을 한다: 한 종류의 에너지(태양 에너지)를 역학에너지(새를 흔들어주는)로 변환한다.

34. 전등을 밝히는데 쓰이는 전기 에너지는, 일부는 전도와 대류를 통해 공기 중으로 나가고, 일부는 안 보이는 파장의 빛(열 복사)으로 복사되어 주위에 흡수되어 내부 에너지로 바뀌고, 일부만 가시광선으로 복사된다. 전열 전구에서는 매우 작은 에너지만 빛으로 전환되고 형광등도 효율이 이보다 조금 더 높을 뿐 비슷하다. 이런 경우라도 빛의 형태로 나온 것은 빛이 쪼여진 물질에 흡수되어 내부 에너지로 전환된다. 따라서 열역학 제1법칙에 따라 전기에너지는 모두 내부 에너지로 바뀐다. 또한 제2법칙에 따라 질서를 가진 형태의 전기에너지가 무질서한 형태의 내부에너지로 바뀌게 된 것이다. 따라서 열역학 제1법칙과 제2법칙 모두에 위반되지 않는다.

35. 노즐 밖으로 증기가 뿜어 나올 때, 증기 분자의 운동에너지는 대부분 흐르는 유체의 질서 있는 에너지이고, 작은 부문만이 불규칙적인 운동에너지이어서 온도는 내려간다. 기체를 팽창시키는 과정도 기체의 온도를 내리는 역할을 한다.

36. 우주 내의 에너지는 시간이 경과하면서 점점 사용할 수 없는 것으로 변한다. 뜨거운 물체는 차가워지고 차가운 물체는 덥혀지고 있다. 이게 사실이라면 우주 내의 모든 것은 소위 "죽음의 온도"라는 에너지가 일을 할 수 없는 어떤 평균 온도로 가고 있다(그러나 우리는 우주 전체에 열역학 법칙을 적용할 수 있는지 확신할 수 없다. 왜냐하면 지금 현재 우주 내에 있는 이 대단한 에너지를 공급하는 근원이 무엇인지 알지 못하기 때문이다. 자연은 깜짝 놀랄 또 하나의 신비를 지니고 있는지 모른다).

37. 우주는 더 무질서한 상태로 가고 있다.

38. 대기 중이나 바다 물 속 곳곳에서 단열 과정이 일어나고 있다.

39. 어떤 것이든 그것이 자연스럽게 내줄 수 있는 에너지보다 더 많은 에너지를 뽑아낼 수는 있다. 따라서 바다 물 속에서 에너지를 뽑아 쓸 수는 있지만 이를 위해서는 더 많은 에너지를 사용해야 할 것이며, 그것은 실용적이 아니다. 에너지적으로 순 이익을 낼 수는 없다.

40. 분자들은 액체 안에서 더 많이 움직일 수 있고, 따라서 더 무질서한 운동을 한다.

41. 그것은 자연에서는 모든 것이 질서 있는 상태에서 무질서한 상태로 바뀌어 간다는 일반적인 경향을 지배하고 있다는 점에서 기본적인 것이다. 그러나 그것은 결정론에 근거하는 것이 아니라 확률 법칙에 근거한다는 점에서 부정확한 이론이다.

42. 아니다. 이는 소금 결정의 질서 상태가 물이 증발하면서 생긴 수증기 상태의 무질서의 대가로 얻어진 것이기 때문이다. 소금의 결정 과정에만 집중해본다 해도 이 과정 중에 햇빛이나 기타 외부의 것들이 계에 일을 하고 있어 계는 고립되어 있지 않기 때문이다.

43. 물을 얼음 상태로 바꾸기 위해서 외부에서 냉동 계에 일을 하기 때문에 물을 얼리는 과정은 엔트로피 법칙을 위반하지 않는다. 냉동기 주변의 것들까지 고려해보면 실제로 계는 더 무질서한 상태가 되었다.

44. 닭은 전체 계의 아주 작은 일부이며 계 전체의 엔트로피는 증가한다.

45. 그와 같은 기계는 열역학 제2법칙을 위반하고 있으며, 아마 제1법칙도 위반하고 있을 것이다. 이들 법칙은 오랫동안 수많은 실험을 통해 확인되었기 때문에 특허국에서는 열역학 법칙들에 문제가 있다기보다는 기기 자체에 문제가 있다고 현명하게 판단을 내린다.

46. 영구기관은 마찰이 없는, 마찰이 영인 경우에는 작동할 수 있다. 실제로 거대 계에서는 마찰은 항상 존재하고, 영구한 움직임은 에너지 증가를 초래하고 따라서 에너지보존법칙을 위반하게 된다. 이에 반해 원자나 분자들은 서로 탄성충돌을 하며 에너지를 소모하지 않고 영구한 운동을 한다.

47. 당신의 학우는 영구한 운동과 영구 기관과의 차이점을 구별하지 못하고 있다. 우주는 영구한 운동을 하고 있다고 생각하는 것은 옳다. 그러나 영구 기관이 들어가는 에너지보다(마찰에너지를 포함해서) 내놓는 에너지가 더 크다고 생각하는 것은 옳지 않다.

48. (a) 그렇다. 그럴 확률이 높다. 평균적으로 4번 던졌을 때 한 번 꼴로 두 개 모두 얼굴쪽이 위로 나올 것이다.
(b) 거의 그렇지 않다. 열 개의 동전이 얼굴을 위쪽으로 할 확률은 1000에 하나이다.
(c) 매우 불가능하다. 평생토록 시도하더라도 열역학 법칙들은 큰 숫자의 확률에 근거를 두고 있다.

실전문제

1. 이상적인 효율은 (2700−270)/2700=2430/2700=0.9 또는 90%이다.

2. 켈빈 온도로 변환하면; 25℃=298K; 4℃=277K. 따라서 카르노 효율은 $(T_{hot}-T_{cold})/T_{hot}$= (298−277)/298=0.07 또는 7%이다. 이는 매우 낮은 효율이므로 충분한 동력을 생산하기 위해서는 많은 양의 물이 필요하다.

3. 만약 그녀가 의미하는 "두 배로 차게"라는 말이 절대온도의 반이 되는 것을 의미한다면, 온도는 (1/2)/(273+10)=141.5이다. 이것이 섭씨온도로 영하 얼마인지 알기 위해서는 먼저 273K에서 141.5K를 빼고, 즉 273K−141.5K=131.5K이고, 섭씨로 영하 141.5K−273K = −131.5℃가 된다.

4. 단열압축은 가두어 둔 공기를 높이가 1킬로미터 감소할 때 마다 온도가 10℃씩 상승하도록 가열한다. 초기에 −35℃이였든 공기는 100℃가 증가하여 (−35℃+100℃)=65℃가 된다.

5. 이상적인 효율은 $(T_{hot}-T_{cold})/T_{hot}$ = (2700K−300K)/2700K = 89%이다.

6. (a) 윌리의 실수는 온도를 켈빈 온도로 변환시키지 않은데 있지 않다. 300℃ = 273+300K = 572K이고 25℃ = 273K+25K = 298K이다.
(b) 그러면 이상적인 효율은 (572K−298K)/572K = 0.48 = 48%이다.

7. 1kg의 물을 3℃ 가열하려면 3℃×1kg×4184J/kg℃ = 12,550J이 필요하다. 초당 공급되는 열량이 1.5×10^8이므로 초당 가열되는 물의 양은 $\frac{1.5\times10^8\text{J}}{12{,}550\text{J/kg}}$=12,000kg이다.

8. 수들의 조합 중에 합이 일곱이 되는 조합의 경우가 더 많아서 7이 될 확률이 높다. 36개의 가능한 경우 수에서 "일곱"이 나오는 경우의 수는 6이다.

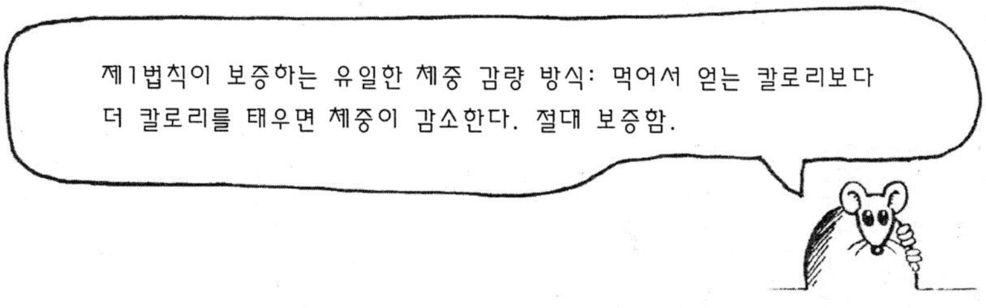

제 19 장
Waves and Vibrations

19장 연습문제

1. 진자의 주기는 추의 질량에는 무관하고, 줄의 길이에 의존한다.

2. 질량은 주기에 영향을 주지 않기 때문에 주기는 같다.

3. 줄의 길이가 짧은 진자는 좀 더 높은 진동수와 더 짧은 주기로 앞 뒤로 진동한다.

4. 진자의 주기는 중력에 의한 가속에 의존한다. 더 강한 중력장에서는 더 빨리 떨어지듯이 진자도 더 빨리 앞뒤로 진동할 것이다(더 정확한 관계식인 $T=2\pi\sqrt{\dfrac{L}{g}}$ 이 본문의 각주에 나와 있다). 따라서 산 위에서는 지구의 중력장이 약간 작아서 진자는 약간 긴 주기로 진동할 것이고, 진자로 작동하는 시계는 약간 느리게 갈 것이다.

5. 가방에 책을 가득 채우더라도 가방의 무게중심이 변하지 않는다고 가정하면 책을 채운 가방이나 속이 빈 가방은 모두 흔들리는 주기가 같다. 이는 진자의 주기가 추의 질량과는 무관하기 때문이다. 진자의 줄의 길이가 변하지 않기 때문에 진동수나 주기는 변하지 않는다.

6. 당신이 그네 위에 올라서면 진자의 길이가 줄어드는 효과를 가져와 주기도 짧아진다. 이는 진자의 추의 무게중심(당신 자신)이 올라가 진동 축에 가까워지기 때문이다.

7. 주기와 진동수는 서로 역수의 관계에 있음으로 주기는 증가한다.

8. 진자의 주기는 복원력, 즉 중력에 의존한다. 질량이 두 배가 되면 진자에 토크를 가하는 중력이 두 배가 된다. 질량이 크면 토크는 그만큼 커지지만 관성도 비례해서 커지고 따라서 결과적으로 달라지는 것이 없다. 이와 비슷하게 질량은 자유 낙하에 영향을 주지 않는다(그림 18.1을 보라). 낮은 진동수는 파의 마루와 마루 사이가 더 벌어지게 하고, 따라서 파장은 증가한다. 파장과 진동수는 서로 역수의 관계에 있다.

9. 낮은 진동수는 파의 마루와 마루 사이가 더 멀어지고 따라서 파장이 긴 파를 만든다. 파장과 진동수 사이에는 역수의 관계가 있다.

10. 파장은 두 배로 늘어난다. 속도와 진동수는 서로 비례한다.

11. $v = f\lambda$의 식에서 속도가 두 배가 되려면 진동수가 두 배가 됨을 알 수 있다.

12. 진흙 덩어리는 회전관성을 증가시키고 따라서 느리게 진동하게 된다. 진흙 덩어리를 중간에 놓으면 가장자리에 놓았을 때 보다 회전관성이 작아지고, 진동 속도는 증가한다. 회전관성에 대해서는 8장을 참조하라(흥미롭게도 진자의 주기는 추의 질량과는 무관하지만, 쇠톱 날의 주기는 질량에 의존한다. 왜냐고? 쇠톱 날의 경우 복원력은 중력이 아니고 강철의 탄성에 의한 것이기 때문이다. 질량 커지면 토크는 증가하지 않아도 회전관성도 커지기 때문에 주기는 증가한다).

13. 주기는 같다. 흥미롭게도 원 주위를 균일한 속도로 도는 물체를 옆에서 보면 선 운동을 하는 것으로 보인다. 즉 단순조화운동을 한다. 따라서 자동차 엔진에서 위아래로 운동하는 피스톤은 단순조화운동을 하고 있고, 따라서 이 피스톤이 구동시키고 있는 축의 원운동과 같은 주기를 갖는다.

14. 파의 진동수는 흔들어주는 진동수와 같다. 모든 파동의 진동수는 파원의 진동수와 같기 때문에 파의 형태에 관계 없이 이들은 같다.

15. 사인 파와 같은 모양의 파동을 만들기 위해서는 정원의 물 호스를 호스에 수직한 방향으로 위아래로 흔들어라.

16. 용수철에 횡파를 만들려면 용수철에 수직한 방향으로 위아래로 흔들어라(위 문제의 정원 호스의 경우처럼). 종파를 만들려면 용수철의 길이 방향으로 앞뒤로 흔들어 주어 일련의 압축된 부분과 팽창된 부분이 만들어지게 하면 된다.

17. (a) 횡, (b) 종, (c) 횡

18. 가스통 밸브에서 가스가 나올 때 냄새가 나기 전에 나오는 소리가 먼저 들리는 것으로 미루어 볼 때 분자들의 충돌 펄스(소리)는 분자들의 이동속도 보다 빠르다는 것을 알 수 있다(세 가지의 속도들을 고려해야 한다: (1) 온도로 나타나는 분자들의 평균 속도 – 대단히 빠르다. (2) 분자들이 충돌하면서 만드는 펄스의 속력 – 분자 속력의 약 3/4이고, (3) 분자들의 유동 속도 – 매우 느리다).

19. 진동수와 주기 사이에는 역수 관계가 있다; $f = \frac{1}{T}$ 또는 $T = \frac{1}{f}$. 하나가 두 배가 되면 다른 양은 절반이 된다. 진동하는 물체의 진동수를 두 배로 하면 주기는 절반이 된다.

20. 아니다. 왜냐하면 파의 속도는 파동이 진행하는 속도를 나타내고 파의 진동수는 매질이 얼마나 자주 진동하는가를 나타낸다.

21. 자색 빛이 더 높은 진동수를 가진다.

22. 시계의 초침은 분당 한 바퀴 회전하는 진동수를 가진다; 분침은 한 시간에 한 바퀴 돌고, 시침은 12시간에 한 바퀴 돈다. 이 것을 헤르츠로 표시하면 모든 시간을 초 단위로 바꾸어야 한다. 즉 시침의 진동수는 $= \frac{1}{60\text{헤르츠}}$이고, 분침은 $= \frac{1}{3600\text{헤르츠}}$이며, 시침의 진동수는 $\frac{1}{12 \times 3600} = \frac{1}{43{,}200\text{헤르츠}}$이다.

23. 두꺼운 줄에서 가는 줄로 넘어가는 과정에서는 진동수만 변하지 않는다.

24. 물에 손가락을 집어넣는 회수가 높아질수록 이로 인해 생기는 파동의 진동수는 더 높을 것이다(여기서 "얼마나 자주"와 "진동수" 사이의 관계를 볼 수 있다). 진동수가 높은 파동에서는 마루들 사이가 가깝고 따라서 파장은 짧다.

25. 진동의 진동수와 초당 지나가는 파의 수는 같다.

26. 시간에서의 한 번 순환(사이클)이 주기이고, 공간 상으로 한 사이클은 파장이라고 생각하면, 파동은 한 주기의 시간 동안에 한 파장 진행할 것이라고 쉽게 결론질 수 있겠다. 식으로 정확히 표현하면: 거리=속도×시간인데, 여기서 속도=진동수×파장이므로 거리=진동수×파장×시간 =(1/주기)×파장×주기=파장이다.

27. 역학적 파동의 경우에는 진동하는 것이 물체이고, 전자파의 경우에는 진동하는 것이 전하가 되겠다.

28. 양 끝을 제외하고도 두 파장 길이의 파동에는 세 개의 마디가 있고, 세 파장 길이의 파동에는 5개의 마디가 존재한다(그림을 그려보면 쉽게 볼 수 있다).

29. 수면파의 에너지는 파동의 원주가 증가하면서 점차 퍼지고 이 에너지 값이 물의 열 운동에너지와 같아지는 정도에서 없어진다. 파동의 에너지는 물의 내부 에너지에 더해진다.

30. 확장하고 있는 파동이 만드는 모양이 원형인 것은 파동이 모든 방향으로 똑같이 퍼지고 있다는 증거가 되겠다.

31. 빛의 속도는 300,000km/s로 음속의 약 백만 배가 된다. 이 속도 차이 때문에 천둥소리를 듣는 것보다 백만 배 빨리 번개를 볼 수 있다.

32. 마디는 고정된 점에서 생기고 따라서 줄의 양 끝들도 마디가 된다.

33. 진동수가 두 배가 되었다.

34. 도플러 효과로 인해 진동수가 더 높다.

35. (a) 진동수는 증가한다.
(b) 파장은 감소한다.
(c) 속도는 변하지 않는다(공기가 당신에 대해서는 운동을 하지 않으므로).

36. 도플러 효과란 파원이나 감지기 또는 이들 모두가 운동하는 결과로 인해 주파수가 변하는 현상을 말한다. 그러므로 당신이 정지하고 있는 음원쪽으로 운동하면 당신은 파의 마루를 더 자주 만나게 될 것이고, 따라서 감지되는 파의 진동수는 더 높을 것이다. 당신이 음원으로부터 멀어지면, 당신은 음의 마루들을 덜 자주 만나게 되고, 따라서 더 낮은 진동수의 음을 듣게 될 것이다.

37. 아니다. 짧아진 파에 의한 효과와 길어진 파에 의한 효과들은 서로 상쇄된다.

38. 음원이 청취자에 수직하게 운동하면 도플러 효과는 나타나지 않는다. 이 경우 음원이 관측자에게 접근하거나 멀어지지 않고, 따라서 파들이 밀집되거나 퍼지지 않는다(참고로 "2차적인" 횡 도플러 효과라는 것이 존재한다).

39. 경찰은 움직이는 차에서 반사한 레이더 파를 이용한다. 되돌아 온 파의 진동수 변화로부터 반사체(자동차)의 속도를 알아낸다.

40. 도플러 효과에서 한쪽은 접근하고 있고 다른 쪽은 멀어지고 있는 것을 알 수 있다. 이로서 태양이 회전하고 있다는 사실을 알 수 있다.

41. 주의해라! 절대 아니다. 도플러 효과는 진동수의 변화에 관한 것이지 속도에 관한 것이 아니다.

42. 충격파는 보다 작은 파들이 많이 모여 보강 간섭의 형태로 중첩되어 만들어진 파이다. 하나의 파의 마루가 다른 파의 마루와 겹치고 여기에 또 다른 파의 마루가 겹치면서 큰 진폭의 파가 만들어진 것이다.

43. 보우파를 만드는 배는 물의 파동보다 더 빨리 움직인다.

44. 충격파의 원뿔 각은 배의 속도가 빠르면 더 작아진다. 아래 그림에서 이를 볼 수 있다.

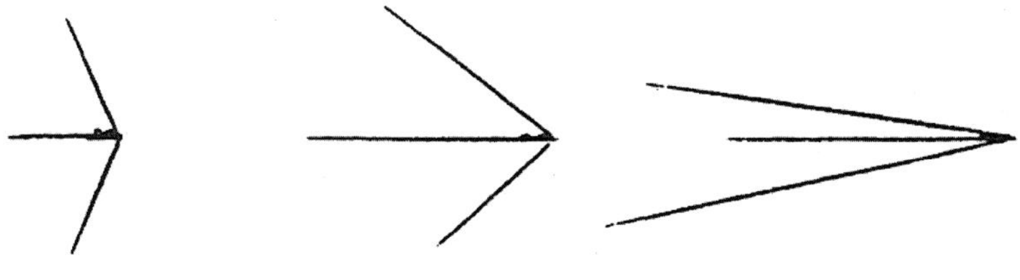

45. 비행기가 보이는 방향과 다른 방향에서 비행기 소리가 들린다는 사실은 비행기가 움직이고 있다는 것을 -꼭 소리 속도보다 빠르지 않더라도- 의미한다(충격파가 들리면 초음속으로 가고 있다는 증거). 소리의 속도와 빛의 속도가 같다면 비행기가 보이는 곳에서 비행기 소리도 들린다. 이들 두 속도가 서로 매우 다르기 때문에 비행기 소리를 듣기 전에 비행기를 볼 수 있다.

46. 충격파와 그 결과로 생기는 굉음들은 비행기가 막 초음속으로 나르기 시작했거나, 또는 여러 시간 동안 계속해서 초음속으로 나르고 있었거나 관계없이, 초음속으로 나를 때는 항상 생긴다. 보통 비행기가 초음속을 돌파할 때만 굉음이 생긴다고 잘못들 이해하고 있다. 이는 보트의

속도가 물결 파의 속도를 초과하는 순간에만 보우파가 생긴다고 생각하는 것과 같은 잘못이다. 보우파가 보트가 물결 파의 속도를 초과하는 순간 생기지만, 보트의 속도가 이 속도에서 크게 달라지지 않으면 중첩되어 생긴 보우파는 크게 확장되지 않는다. 비행기에서도 일어나는 현상도 이와 유사하다. 큰 모양의 보우파와 충격파를 만들기 위해서는 보트나 비행기 모두 파동의 속도보다 훨씬 큰 속도를 내야 한다.

47. 충격파를 만드는 데는 소리의 크기보다는 음원의 속도가 결정적인 요소가 된다. 음속 이하의 속도에서는 파들의 중첩은 없고 따라서 충격파는 만들어지지 않는다.

48. 그렇다. 공기 중에서 초음속으로 움직일 때와 유사하게 초음속으로 수영하는 물고기는 물 속에 충격파와 이에 따른 굉음도 만들 것이다(단 물소에서의 소리 속도와 공기 중에서의 소리 속도는 다른 점을 유의할 것).

49. 열린 문제

50. 열린 문제

실전문제

1. (a) $f=\frac{1}{T}=\frac{1}{0.10\text{s}}=10\text{Hz}$

(b) $f=\frac{1}{T}=\frac{1}{5\text{s}}=0.2\text{Hz}$

(c) $f=\frac{1}{T}=\frac{1}{1/60\text{s}}=60\text{Hz}$

2. (a) $T=\frac{1}{f}=\frac{1}{10\text{Hz}}=0.10\text{s}$

(b) $T=\frac{1}{f}=\frac{1}{0.2\text{Hz}}=5\text{s}$

(c) $T=\frac{1}{f}=\frac{1}{60\text{Hz}}=\frac{1}{60\text{s}}$

3. 관측자가 매 5초마다 15미터의 파가 지나가는 것을 감지했다. 따라서 파의 속도는 거리/시간 = 15m/5s = 3m/s이다. 이를 파동의 용어를 사용하여 계산하면 속도 = 진동수×파장 = (1/5)Hz ×15m = 3m/s이다.

4. (a) 진동수 = 2진동/초 = 2Hz

(b) 주기 = 1/진동수 = 1/2초

(c) 진폭이란 평형 점에서 최대 변위까지의 거리를 말함으로 꼭대기에서 꼭대기까지의 거리 20cm의 절반인 10cm이다.

5. $d = vt$ = (340m/s)×(1/600)s = 0.57m. 또는 속도 = 파장×진동수의 관계식을 이용하면 파장 = 속도/진동수 = (340m/s)/600Hz = 0.57m

6. (a) 주기 = 1/진동수 = 1/256Hz = 0.00391s, 또는 3.91ms
(b) 속도 = 파장×진동수를 이용하면 파장 = 속도/진동수 = (340m/s)/256Hz = 1.33m

7. 비행기의 속도 = 1.41×소리의 속도(마하 1.41). 소리가 A점에서 C점으로 가는 시간 동안 비행기는 A점에서 B점으로 간다. 삼각형 A-B-C는 45-45-90의 삼각형이므로, AB의 거리는 AC거리의 $\sqrt{2}$ = 1.41배가 된다.

8. $T=\frac{75\text{s}}{15\text{진동}}=5.0\text{s}$. $T=2\pi\sqrt{\frac{L}{g}}$ 의 관계식에서 $g=4\pi^2\frac{L}{T}=4\pi^2\frac{(1.00\text{m})}{5\text{s}^2}=1.6\text{m/s}^2$이다.

제 20 장 Sound

20장 연습문제

1. 빛은 소리보다 약 백만 배 빠르게 전파한다. 그러므로 듣는 시각과 보는 시각에 차이가 나겠다.

2. 소리는 진공 중에서는 전파하지 않는다.

3. 지구와 다른 행성 사이의 공간은 진공이다. 소리는 진공 중에서는 전파하지 않는다.

4. 같은 모양이겠다. 돌에 의해 형성된 원들은 모두 물을 기준으로 원을 그린다. 따라서 물과 원들은 함께 하류로 흐른다.

5. 벌들이 나를 때 윙윙거리는 것은 그들이 날개를 소리의 진동수로 날개치기 때문이다.

6. 박쥐들은 더 짧은 파장의 소리를 듣는다(높은 진동수의 소리는 짧은 파장을 가진다).

7. 방송국에서 발사하는 전자파의 운반 주파수는 101.1MHz이란 뜻이다.

8. 전자파는 그 속도가 훨씬 더 빠르기 때문에 파장이 훨씬 더 길다. 이는 관계식 속도=진동수×파장에서 볼 수 있고, 따라서 진동수가 같다면, 속도가 빠르다는 것은 파장이 길다는 것을 의미한다. 이를 또한 한 주기에서 일어나는 현상으로 생각해보면 –둘의 주기는 같으므로– 둘은 각각 한 파장씩 전파할 것이고, 속도가 빠른 파의 파장이 더 긴 것을 의미한다.

9. 음원 A에서 나오는 소리의 파장은 음원 B에서 나오는 소리의 파장의 절반이다.

10. 관계식 $v=f\lambda$에서 생각해보면 속도에는 변함이 없으므로 파장이 줄어들면 진동수는 높아진다는 것을 알 수 있다.

11. 공기 중에서 빛은 소리보다 약 백만 배 빨리 전파한다. 따라서 거리가 떨어진 곳에서 일어나는 사건을 소리로 듣는 것보다 백만 배 일찍이 볼 수 있다.

12. 전자식 출발신호 총은 총에 가까운 선수에게 유리하게 작용하는 소리의 속도를 이용하는 대신, 출발 신호가 모든 선수에게 동시에 전달되도록 한다.

13. 음파가 공기 중의 어떤 한 점을 지날 때, 그 곳의 공기는 음파가 지나가는 동안 먼저 압축된 후, 다시 팽창하며 공기 밀도가 증가했다 감소하는 일을 반복한다.

14. 소리굽쇠의 가지 바로 밖에서 높은 압력이 생성되는 순간, 두 가지 사이에서는 낮은 압력의 영역이 생성된다. 이는 소리굽쇠의 두 가지들이 탁구공으로 가득 채운 공간에 위치한 두 개의 탁구채와 같은 역할을 하기 때문이다. 탁구채를 한 방향으로 밀면 미는 방향의 앞 공간에서는 탁구공의 밀도가 높아지고 탁구채 뒤의 공간에서는 탁구공의 밀도가 낮아진다. 반 주기 후에는 소리굽쇠의 가지는 소리굽쇠의 중앙으로 움직이면서 두 가지 사이에 높은 압력의 영역이 만들어지고, 가지 밖에는 낮은 압력의 영역이 생긴다.

15. 눈은 좋은 소리 흡수 물질이기 때문에 소리를 거의 반사하지 않는다. –그래서 눈이 오면 주변이 조용해진다.

16. 종이 보이기는 해도 종소리를 들을 수 없다는 사실은 소리와 빛의 전파는 아주 다른 현상임을 암시한다. 진공 속에 있는 종이 울리는 것을 볼 수 있다는 사실은 빛이 진공 중에서 전파할 수 있다는 것을 의미한다. 그러나 종소리를 들을 수 없다는 사실은 소리는 진공 중에서 전파할 수 없음을 의미한다. 소리가 전파하려면 매질이 필요하다. 빛은 매질이 필요없다.

17. 달 표면에는 소리가 전파할 수 있는 대기가 없으므로 달은 침묵의 행성이라 일컫는다.

18. 물을 채운 유리 컵을 가볍게 두드릴 때 나는 소리는 채우기 전보다 음조가 낮아진다. 계(유리잔 과 물)의 질량이 증가하면 계의 고유진동수는 낮아진다. 같은 계에서는 질량이 클수록 고유진동수는 낮다. 이는 기타에서 볼 수 있는데 현의 질량이 클수록 낮은 고유진동수를 가진다.

19. 만약 진동수가 다른 소리는 속도도 다르다면,즉 진동수가 높은 소리가 더 빠를 속도로 전파한다면, 악기에서 멀리 떨어져 있는 청취자에게는 소리가 매우 뒤범벅이 되어 들릴 것이다. 이 경우 높은 진동수의 소리가 귀에 먼저 들릴 것이다. 실제로 이런 뒤범벅이 일어나지 않는다는 사실이 모든 진동수의 소리가 같은 속도로 전파한다는 증거가 된다(이게 사실인 것을 고마워해야 한다, 특히 야외 음악당에서 맨 뒤 좌석에 앉았을 때는!).

20. 소리는 진동수가 두 배가 되도 소리의 속력은 변하지 않고, 파장만 반으로 줄어든다. 소리의 속력은 그의 진동수나 파장 또는 진폭과는 관계가 없고, 오직 소리가 전파하는 매질에만 의존한다(세기가 매우 커져 충격파가 생성될 때까지는).

21. 찬 공기에서는 소리가 더 느리게 전파하는데 이는 찬 공기 안에 있는 공기분자들의 속도가 느리고 이 결과 분자들 사이의 충돌들도 더 더디게 일어나기 때문이다.

22. 습기 찬 공기에서는 소리가 더 빨리 전파되는데 이는 물분자가 질소분자나 산소분자들보다 질량이 가벼워 이들보다 더 빨리 움직이기 때문이다. 이 빠른 움직임 때문에 소리는 더 빨리 전파한다는 사실은 연습문제 21에서 논의되었다.

23. 굴절은 파동의 속도가 변화하는 결과로 일어나는 현상으로 파의 한 부분의 속도가 다른 부분의 속도와 다르게 되면서 일어난다. 이 현상은 바람의 속도가 균일하지 않거나, 공기의 온도

가 균일하지 않은 곳에서 일어난다. 흥미롭게도 바람이나 온도가 소리의 속도를 변화시키지 않는다면 굴절은 일어나지 않을 것이다(굴절이 일어난다는 사실이 소리의 속도가 변화된다는 것을 증명하고 있다). 같은 온도에서 물분자나 산소분자, 질소분자의 운동에너지는 같으므로 질량이 제일 가벼운 물분자의 속력이 제일 빠르다.

24. 먼 곳에서 폭발이 일어났을 때 폭발 소리를 듣기 전에 땅에서의 진동이 먼저 느껴진다는 사실은 소리가 공기에서 보다 고체에서 더 빠르게 전파한다는 것을 의미한다.

25. 바람이 관측자의 방향으로 불 때 소리는 더 쉽게 들린다. 지상에서 높은 곳에서 부는 바람의 속도가 지면 가까이에서 부는 바람의 속도보다 빠르기 때문에 음파는 그림 20.8에 보이는 것 같이 지면으로 굴절해 내려간다.

26. 초음파는 파장이 짧기 때문에 작은 물체도 영상으로 잡는다. 이는 11장에서 잠시 논의되었던 것처럼 현미경이 파장이 상대적으로 짧은 청색을 사용할 때 더 작은 것들을 상세히 볼 수 있는 것과 유사하다(후에 29장에서 짧은 파장을 쓰면 파동 효과의 하나인 "회절"효과를 줄이어 더 깨끗한 상을 얻을 수 있음을 보게 되겠다).

27. 역 제곱 법칙에 따르면 거리가 세 배로 늘면 세기는 1/9로 준다.

28. 소리는 전파하며 퍼지며 세기가 줄어들기 때문에 메아리는 원래의 소리에 비해 세기가 약하다. 소리의 원천에 위치하여 메아리를 들으면 소리가 그 것을 반사한 벽에서 시작해 오는 것 같이 들린다(거울에 있는 당신의 상을 볼 때 빛이 마치 거울 안에 있는 당신의 상에서 오는 것 같이 보이는 것과 유사하다). 또한 벽은 소리의 완전한 반사체는 아니다.

29. 우선, 대기권 밖에는 음파를 운반할 매질이 존재하지 않는다. 둘째로, 매질이 있다 해도 소리가 오기 전에 빛이 먼저 올 것이다.

30. 규칙은 맞다. 이는 공기 중의 소리의 속도 (340m/s)를 1/3(km/s)로 반올림 할 수 있기 때문이다. 그러면 거리=속도×시간의 공식에서 거리=1/3(km/s)×초 단위의 시간으로 계산할 수 있다. 그냥 초 단위의 시간을 3으로 나누어서도 얻을 수 있다.

31. 만약 요동 하나가 발생하면서 속도가 알려진 종파와 이보다 약간 속도가 느린 횡파를 내 보낸다면, 이 두 파가 각각 도달한 시각의 차이를 측정하여 요동이 발생한 곳까지의 거리를 계산할 수 있다. 시간 차이가 크면 거리는 더 멀 것이다. 그러나 이 것 만으로 요동이 발생한 방향은 알 수 없다. 관측자를 중심으로 하고 이 거리를 반경으로 하는 원을 지도에 그려보면 발생지점은 이 원주 상에 있을 것이다. 추가로 두 사람이 같은 측정을 각기 다른 지점에서 한 후 셋이 같은 방법으로 원을 지도에 그려보면 이 세 원이 교차하는 점이 요동이 발생한 장소가 되겠다.

32. 긴 행진 행렬에서 악대의 악기 소리가 행렬 양 끝에 도달하는데 걸리는 시간이 다르기 때문에, 맨 뒤에서 행진하는 사람과 맨 앞에서 행진하는 사람과 발이 맞지 않을 수가 있다. 그들은 시간 지연되어 들리는 악기 소리의 박자에 발을 맞추어 행군할 것이다.

33. 군대 행렬이 다리를 건널 때는 다리가 강제진동에 공명하여 무너지지 않도록 발맞춤을 피하고 엇박자로 행군한다.

34. 하프는 그 소리 판이 피아노의 것 보다 작고 가볍기 때문에 피아노 보다 부드러운 소리를 낸다.

35. 속도에 대한 견해에는 동의하나 진동수에 대한 견해에는 동의하지 않는다.

36. 벽을 통해서 음이 들릴 때 베이스 음색이 높은 진동수의 음색보다 더 뚜렷하게 들리는 데는 두 가지 주된 원인이 있다. 그 중 하나의 이유는 초당 진동을 더 자주하는 진동은 낮은 진동의 것보다 그 에너지를 더 빨리 열로 잃어 버린다. 높은 진동수의 파동은 벽을 구성하는 물질에 열 손실로 먹혀버리는 동안 저 진동의 음은 비교적 적은 손실을 입고 통과한다. 또 하나의 이유는 큰 벽이나 마루 또는 천장은 작은 표면들보다 고유 진동수가 낮아 낮은 진동수의 소리에 더 쉽게 강제 진동에 공명한다.

37. 아래에 있는 줄이 위에 있는 줄에 공명하고 있는 현상이다.

38. 일부 댄스 스텝은 마루를 마루의 고유 진동수에 공명하도록 진동시키며 이렇게 되면 마루는 크게 들썩거리는 진동을 하게 된다.

39. 오디오 스피커들을 두 스피커에서 같은 거리에 떨어진 곳에서 들으면 그들의 음조들은 간섭하여 보강되는 것으로 들린다. 한 발짝 옆으로 이동하여 들으면 한 스피커까지의 거리는 다른 스피커까지의 거리와 다르게 되고 따라서 이들에서 나온 소리들은 더 이상 위상이, 다시 말해 결이 맞지 않게 되고 그 결과 서로 간섭하여 상쇄된다(옆으로 더 이동하면 이들이 다시 보강되는 점으로 가게 된다).

40. 착암기를 작동하는 사람이 귀에 장착한 소음 제거장치는 착암기에서 나오는 소음을 간섭 현상을 이용하여 제거하는 원리를 이용한다. 착암기의 소음이 작아지기 때문에 작동자는 옆에서 말하는 소리를 들을 수 있다. 그러나 옆 사람은 소음 제거장치를 쓰고 있지 않기 때문에 소음에 묻혀버릴 것이다.

41. 긴 파장의 음이 대부분 상쇄되기 때문에 소리는 매우 가늘게 들릴 것이다. 예를 들면 스피커를 4cm 띠어 놓으면 파장이 1미터 보다 긴 파들은 위상이 거의 180도 어긋나나, 파장이 2cm인 파동은 위상이 맞는다. 이 과정에서 고주파수의 소리가 가장 적게 상쇄된다.

42. 아이를 그네에 태우고 (한 방향으로만) 밀어주는 경우를 생각해보자. 그네의 한 주기 당 두 번씩 밀어주면 한 번 걸러 한 번씩은 그네의 움직임에 반대방향으로 밀어 주게 된다. 물론 더 자주 밀어줄 때도 마찬가지이다. 한 주기 당 한 번 이상 밀어주면 그네의 운동을 방해하게 된다. 반면 그네를 한 주기 걸러 한 번씩 밀어주면 그네의 운동과 거스르지 않게 되어 그네의 진폭이 증가한다. 즉 진동 회수보다 적은 회수로 밀어주면 그네의 운동을 방해하지 않는데, 이는 소리에서도 적용된다.

43. 공명으로 유리잔을 계속 진동시키면 공명 에너지가 축적되면서 유리잔을 깨트리는 수준까지 될 수도 있다.

44. 맥놀이는 간섭현상이지 도플러 효과는 아니다.

45. 아니다. 같은 단어(beat)가 음악의 두 개의 다른 내용을 표현하는데 쓰이고 있다. 음악의 맥놀이 "beat of music"는 리듬을 나타내며, 소리의 맥놀이 "beat of sound"는 간섭에 의해 소리가 반복해서 커졌다 작아져다 하는 것을 표현하고 있다.

46. 같은 진동수의 소리는 보강 간섭할 수도 있고 상쇄 간섭할 수도 있으며 이는 그들의 상대적인 위상 관계에 달려 있다. 보강 간섭과 상쇄 간섭이 교대로 일어나기 위해서는 두 소리의 주파수가 서로 달라야 한다. 맥놀이는 보강 간섭과 상쇄 간섭이 교대로 반복해서 일어나는 현상이다.

47. 맥놀이 진동수는 분 당 두 번이 되겠고 당신의 친구와는 분당 두 번, 즉 30초에 한 번씩 발이 맞을 것이다. 이는 친구의 보폭이 당신의 보폭보다 약간 짧은(정확하게 24/25만큼) 사실에서 알 수 있다. 따라서 당신이 24 걸음 걸었을 때 친구는 25 걸음 걷게 되고, 이때 다시 둘은 발이 맞게 되겠다.

48. 피아노 조율사는 피아노 현을 풀어주어야 한다. 초 당 세 개의 맥놀이가 들리면, 조율사는 현이 정 진동수에서 세 진동수 벗어나 있음을 안다. 그러나 이는 세 진동수 높을 수도 있고 낮을 수도 있다. 현을 조일 때 맥놀이 진동수가 줄어들면 조율사는 피아노가 제대로 조율되어 가고 있음을 안다. 만약 매놀이 진동수가 증가하면 현을 반대로 풀어주어야 할 것이다. 맥놀이가 없어지면 진동수는 정확하게 맞게 된 것이다.

49. 가능한 진동수는 (264+4)Hz=268Hz, 또는 (264−4)Hz=260Hz.

50. 높은 주파수의 두 소리의 맥놀이 진동수 2kHz의 소리를 들을 것이다.

실전문제

1. 파장 = 속력/진동수 = (340m/s)/340Hz = 1m.
이와 유사하게 34,000Hz 파에서는 파장 = (340m/s)/34000Hz = 0.01m = 1cm

2. $v = f\lambda$이므로 따라서 λ = (1530m/s)/7Hz = 219m

3. 대양의 밑 바닥은 4590m 수면 아래에 있다. 6초 시간 지연이 있었다는 것은 밑바닥까지 내려가는데 3초 걸렸음을 의미한다.

4. 소리의 속력이 약 340m/s이므로 동굴은 약 17m 거리에 있다. 이는 소리가 벽에 도달하는 시간이 약 1/20초이였으므로, 거리 = 속력×시간 = 340m/s × $\frac{1}{20}$ s = 17m이다.

5. 쩰리가 망치질을 멈추는 것을 본 후에 단 한 번의 망치소리가 들렸다는 사실은 쩰리가 친 처음의 망치질을 하는 동안은 소리가 안 들렸을 것이고 그 후의 망치질 소리들은 그 다음 망치

질과 동기화 되었을 것이다. 따라서 소리가 도달하는데 걸린 시간은 망치질의 한 주기였을 것이며 쌜리와 당신과의 거리는 340m/s×1s=340m이다.

6. 소리가 잠자는 사람으로부터 산에까지 가는 데는 4시간 걸리고 다시 돌아와 자는 사람을 깨우는데 다시 4시간 걸릴 것이다. 소리를 내는 사람에서 산까지의 거리는 (340m/s)×(3600s/h)×4h=4,900,000m=4,900km이다(매우 멀어서 역 제곱법칙에 따라 매우 작아졌음을 알 수 있다).

7. 여기에는 3개의 가능한 맥놀이 진동수가 있다; 2Hz, 3Hz, 5Hz. 이는 소리굽쇠의 진동수의 차이들에 의한 것으로; 261−259 = 2Hz; 261−256 = 5Hz; 259−256 = 3Hz에서 나온다.

8. 파장 = 속력/진동수 = (1,500m/s)/57Hz = 26m. 다른 방법: 한 진동수의 소리는 다른 매질에서 파장이 파의 속력에 비례하므로 물 속에서의 파장/공기 중에서의 파장=물 속에서의 속력/공기 중에서의 속력 = (1,500m/s)/(340m/s) = 4.4. 여기에 6m를 곱하면 25m가 나온다.

제 21 장

Musical Sounds

21장 연습문제

1. 동의한다, 음조는 진동수의 주관적인 표현이기 때문이다.

2. 더 높은 음조는 더 높은 진동수를 의미한다.

3. 동의한다.

4. 상업성 제품의 소리는 귀에 가장 예민한 진동수에 집중되어 있다. 소리 전체가 규정에 잘 맞추어져 있지만, 우리의 귀에는 이 진동수의 소리가 확실히 더 크게 들린다.

5. 연주하는 동안 현은 덥혀지면서 길이가 늘어난다. 따라서 현은 덥혀진 상태에서 조율해야 무대에 있는 동안 재 조율을 할 필요가 적어진다.

6. 플루트에서 그 길이는 플루트가 연주하는 음색을 결정하는데 중요한 요소이다. 온도 변화에 따라 플루트가 팽창하거나 수축하면 플루트의 음조가 변하고 따라서 다른 악기들과의 조율이 어긋난다.

7. 진폭

8. 다음의 경우 기타의 음조는 변한다. 현이 (a) 길이가 늘어나거나, (b) 느슨해져 장력이 줄거나, (c) 현에 줄을 감거나 하여 질량이 늘어날 때. 베이스 현이 굵은 이유는 현의 질량을 증가시키기 위한 것이다.

9. 음조는 진동수에 의존하고, 소리의 크기나 음질에는 무관하다.

10. 진동하는 현의 진동수와 소리의 진동수는 같다.

11. 각 현들은 각기 다른 질량과 다른 장력을 가진다. 현이 하나일 경우 손가락을 사용하여 현의 진동하는 부분의 길이를 바꿀 수도 있다.

12. 손가락으로 현을 줄 받침에 눌러 진동하는 현의 길이를 줄이면, 현의 진동수는 증가한다. 이렇게 하면 더 높은 음조의 소리가 들린다.

13. 파장은 길이가 고리의 두 배이다. 60cm이다.

14. 소리굽쇠의 긴 가지는 관성이 크고, 따라서 진동에 좀 더 저항하여 낮은 진동수로 진동하게 된다.

15. 질량이 커지면 현의 관성은 더 커지고 이는 현의 진동수를 줄인다.

16. 가는 현은 질량이 작고 관성도 작아 높은 주파수의 음을 낸다.

17. 기타의 소리 판(소리를 내는 판)은 진동하는 면적이 넓어 더 큰 소리를 낸다. 그러나 기타의 줄이 작업대에 고정되어 있으면 작업대는 진동이 작아 소리도 작게 들린다.

18. 소리 판이 없는 기타 줄을 손으로 퉁기면 기타 줄은 오랜 시간 진동을 계속하는데, 그 이유는 소리 판이 있을 때 보다 공기가 덜 진동하게 되고 따라서 진동하는 현의 에너지는 더 느리게 감소하기 때문이다.

19. 현의 기본 화음은 진동하는 현에 두 개의 마디만 있을 때 생기고(현의 양 끝에 한 개씩), 이때 현은 배 하나를 가진 고리로 진동한다. 현의 중앙을 손가락으로 누르면, 현은 두 개의 고리를 가진 형태로 진동한다. 이때 파장은 반으로 줄고, 따라서 주파수는 두 배로 늘어난다(줄을 따라 전파하는 소리의 속력에는 변화가 없음에 유의하라; 속력=주파수×파장).

20. 한 고리로 진동 할 경우 현의 양 끝에 각각 놓은 두 장의 종이 조각이 날라가지 않고 기타 줄에 고정되어 있을 수 있고, 두 고리로 진동하는 경우 에는 가운데 마디에 추가로 한 장 더 놓을 수 있어 세 장이 가능하다.

21. 동의한다.

22. 기본 배음이 같아도 두 악기의 음색을 좌우하는 고차 화음들의 상대적 크기의 분포가 다르기 때문이다.

23. 음파에서의 진폭은 공기가 밀집된 영역에서의 압력의 증가나, 희석된 부분에서의 압력의 감소를 나타낸다.

24. 왼쪽에 보인 모양이 높은 진동수, 즉 높은 음조를 가지고 있다.

25. 오른쪽에 보인 형태의 것이 더 큰 진폭을 가지고 있고 따라서 더 크게 들린다.

26. 더 긴 밀집에 만들어지는 더 긴 파장의 “서 있는 파”에 의해서 더 낮은 음조가 만들어진다.

27. 소리의 세기(intensity)는 객관적인 양으로 물리학적으로 양이 정의되어 있고 다양한 음향 측정 기기로 측정할 수 있는 양이다. 반면 소리의 크기(loudness)는 비록 세기와 깊은 관계가 있지만 심리학적인 양으로 사람마다 다르게 느낄 수 있고, 또 같은 사람이라도 시간에 따라 다르게 느껴지기도 한다.

28. 소리에 예민한 사람이란 아주 약한 세기의 소리도 들을 수 있는 사람을 말한다 – 5dB의 세기를 들을 수 있는 사람도 있다.

29. 전자 오르간은 일반 악기들이 내는 소리의 기본 음과 이들의 배음들의 사인 파들을 만들어 이들을 적절히 중첩시켜 일반 악기의 음들을 흉내낸다.

30. 같은 온도에서라면 헬륨 분자와 산소 분자의 운동에너지는 같다. 운동에너지는 $1/2mv^2$임으로 헬륨 원자는 같은 온도에서 속도가 더 빠르다(17장 참조).

31. 목욕실에서 당신의 목소리는 더 풍부하게 들리는데 이는 욕실의 공간이 작아서 목소리가 벽에서 벽으로 반사하면서 울리기 때문이다.

32. 전화기를 통해 전달되는 음은 주파수의 영역이 제한적이어서 음악의 20Hz에서 20kHz에 걸치는 넓은 주파수 영역을 감당하지 못한다. 특히 음악의 질을 좌우하는 고주파수 영역의 고차 화음들을 잘라낸다.

33. 인간이 들을 수 있는 소리의 영역은 20Hz에서 20,000Hz로 약 1000배이다. 이는 약 10옥타브의 영역인데 한 옥타브는 주파수가 2배로 증가하는 영역을 말하고 1000배는 2배를 열 번해서(정확히 1024) 얻을 수 있기 때문이다. 피아노의 주파수 영역은 7옥타브보다 약간 크다.

34. 제2화음은 주파수가 2배임으로 524Hz이다.

35. 제2화음의 주파수는 기본 배음 주파수의 2배이니까 440Hz이다. 제3화음의 주파수는 3배, 660Hz이다.

36. 첫 화음은 기본 화음으로 440Hz이다. 제2화음은 이것의 두 배로 880Hz이고, 제3배음은 기본 화음의 3배로 3×440Hz=1320Hz이다.

37. 두 파장 길이의 파에는 양 끝 점들을 제외하고도 5개의 마디가 있고, 세 파장 길이의 파에는 7개의 마디가 있다.

38. 피아노 현을 타격하면 그 것이 조율된 기본 화음인 220Hz로 진동할 뿐 아니라 현의 제2화음 주파수인 440Hz로도 진동한다. 만약 현이 약간 벗어난 주파수에 조율되어 있었다면, 생성된 제2화음이 조율용 소리굽쇠와 간섭하여 맥놀이를 만들 것이다. 이 맥놀이를 들으면서 조율하게 되는데, 맥놀이가 없어질 때까지 현을 조이거나 풀어 조율한다.

39. 바람이 부는 날은 청취자의 귀를 지나가는 소리의 속력이 달라지지만, 소리의 파장도 달라져서 주파수나 음조에는 변화가 없다. 다른 예로 설명해보면 친구가 콘베어 벨트 한 끝에서 초당 한 개씩의 "주파수"로 병을 담는 경우를 생각해보자. 당신은 벨트의 다른 끝에서 초당 한 개씩 병을 꺼낸다 하자. 콘베어 벨트의 속도를 증가시키면서 친구가 여전히 초당 한 개씩 병을 놓는다면 다른 끝에 있는 당신에게 초당 도달하는 병의 수가 달라지겠는가? 아닐 것이다.

40. 나팔을 부는 사람이 나팔을 부는 강도와 입을 나팔에 접촉시키는 방법을 조절하여 다른 화음들을 낼 수 있다. 나팔에서 나는 소리의 음조는 실제로 여러 화음들로 구성되어 있다; 기본 화음은 들리지도 않는다.

41. 푸우리에 분석기는 두 개 이상의 사인 파로 구성되어 있는 파에서 개별 사인 파를 구분해 내는 기기로, 인간의 귀는 바로 이 구실도 한다. 여러 주파수로 복잡하게 구성된 파에서 순수한 음조들을 구별해 듣는 능력이 있다.

42. 파란색 빛은 고주파수의 빛으로 파장이 짧기 때문에 회절이 적게 일어나 빨간색 빛 보다 더 작은 점으로 집속시킬 수 있어 더 작은 구멍을 만들 수 있다.

43. 우리는 음식이나 음료수의 맛이나, 냄새, 손으로 만질 때 느끼는 감각 또는 그림을 볼 때와 같이 우리가 감지하는 방법을 배웠거나 경험한 것들은 다시 감지할 능력이 있다. 종교적 믿음에서 나오는 진실에 관한 감각이나 정치적 믿음, 어떤 사건들에서 우리가 어디에 속하나 하는 우리의 느낌 등도 어디까지나 우리가 배워 온 것들에 근거를 두고 있다. 사람의 청각은 진동수별로 감도가 사람마다 약간씩 다르고 따라서 음을 느끼는 정도도 그만큼 다를 것이다.

44. 우리는 우리의 조상들이 경험한 소리들보다 훨씬 큰 소리에 노출되고 있을 확률이 높다. 이어폰의 예와 같이.

45. 열린 문제.

실전문제

1. 가장 높은 진동수의 파는 $\lambda = \frac{v}{f} = \frac{340\text{m/s}}{20{,}000\text{Hz}} = 0.017\text{m} = 17\text{cm}$, 가장 낮은 진동수의 파는 $\lambda = \frac{v}{f} = \frac{340\text{m/s}}{20\text{Hz}} = 17\text{m}$

2. 주기$= \frac{1}{f} = 1/440\text{s} = 0.0023\text{s} = 23\text{ms}$

3. 주기$= \frac{1}{f} = 1/264\text{s} = 0.0038\text{s} = 38\text{ms}$

4. 데시벨 척도는 10의 멱수로 표시된다. 귀는 소리 세기에 로그 척도로 반응한다. 소리의 세기가 10배 증가할 때마다 데시벨로 표시되는 소리의 세기는 10단위씩 증가한다. 따라서 소리가
(a) 10dB(데시벨)이면, 겨우 들을 수 있는 문턱 소리 세기의 10배의 세기이고,
(b) 30dB이면, 1000배이고
(c) 60dB이면 100만 배의 세기가 된다.

5. 40dB의 소리라면 문턱 소리세기의 만 배가 된다(10dB 증가할 때마다 열 배 늘어남).

6. 40dB의 소리 세기는 30dB의 소리 세기보다 10배 더 세다.

7. 1000Hz보다 한 옥타브 높은 주파수는 2000Hz이고, 두 옥타브 높은 주파수는 4000Hz이다. 1000Hz보다 한 옥타브 낮은 주파수는 500Hz이고, 두 옥타브 낮은 주파수는 250Hz이다.

8. 제2화음은 기본 화음의 첫 번째 옥타브, 제4화음은 두 번째 옥타브이다. 그리고 이들 둘 사이에 제3화음이 존재한다. 제2옥타브의 주파수는 기본 화음 주파수의 8배이고 따라서 제1옥타브와 제2옥타브 사이에는 세 개의 화음(제5, 6, 7화음)이 존재한다(파장으로 생각해도 된다. 제2화음의 파장은 기본 화음 파장의 반이고 제3화음은 그것의 1/3배이고, 제5화음은 기본 화음 파장의 1/5배이다. 옥타브들의 파장은 기본 화음 파장의 1/2배, 1/4배, 1/8배 등등이다).

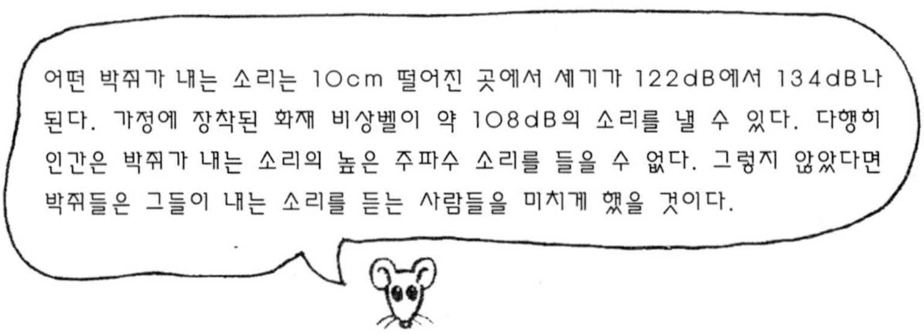

제 22 장 Electrostatics

22장 연습문제

1. 원자수준에서는 원자들이 가지고 있는 전자의 수가 원자핵 내에 있는 양성자 수보다 더 많거나 혹은 적을 때 물체는 대전되어 있다고 말한다.

2. 양성자들이 원자핵 안에 강하게 묶여 있는데 반해 일부 전자들은 원자의 가장자리에 느슨하게 묶여 있기 때문이다.

3. 물체에는 같은 수의 양성자들과 전자들이 있기 때문에 대전되어 있지 않다.

4. 옷은 옷의 천들끼리 서로 비벼대는 과정에서 전자들이 하나의 천에서 다른 천으로 이동하면서 대전된다. 이들의 재료가 좋은 전도체라면, 천들 사이에서 곧 방전이 일어날 것이다. 그러나 이들 천이 전도체가 아니라면, 서로 반대로 대전된 천들끼리 서로 끌어당겨 붙을 정도로 오래 동안 전하들이 천에 남아 있는다.

5. 마른 헝겊으로 닦으면 콤팩트 디스크는 대전되며 먼지 입자들을 분극시켜 끌어드린다.

6. 털과 플라스틱이 서로 비벼대면서 전자들이 플라스틱에서 털로 이동한다. 플라스틱은 전자들이 부족해져 양으로 대전된다.

7. 대전된 플라스틱 랩은 금속보다는 전기 부전도체인 플라스틱을 더 잘 분극시키고 따라서 플라스틱에 더 잘 붙는다.

8. 빗으로 머리카락을 빗으면, 머리카락에서 빗으로 전자들이 이동하면서 머리카락은 양전하로 대전된다; 빗은 이동해온 전자들로 인해 음으로 대전된다.

9. 고속도로 통행세 내는 곳에 설치되어 있는 도선은 돈을 내는 사람이나 받는 사람이 전기 충격을 입지 않도록 차량에 대전된 전하를 제거하는데 사용된다.

10. 지금부터 20년전, 트럭의 바퀴가 전도체로 만들어지기 전에는 트럭의 몸체에 전선이나 쇠사슬을 달아 도로 표면에 닿게 하여 끌고 다녔다. 이는 공기나 도로와의 마찰로 인해 트럭에 대전된 전하를 제거하기 위해서였다. 오늘날의 전기적으로 도체인 바퀴는 정 전하가 트럭에

축적되는 것을 방지해 줌으로서 충격적인 방전을 예방한다. – 방전은 가연성 물질을 운반하는 트럭에서는 매우 위험하다.

11. 검전기의 다른 부품들과 마찬가지로 박막 잎들은 대전된 물체들로부터 전하를 얻으면서 서로를 밀어낸다. 이들 전도성 박막 잎들은 매우 가벼워서 아주 작은 힘이 가해져도 쉽게 식별할 수 있다.

12. 우주선은 공기 중에 이온들을 생성하는데 이 이온들은 대전된 물체들에게 방전되는 전하가 갈 수 있는 길을 제공한다. 우주에서 대기를 통해 내려오는 우주선은 방사성 붕괴나 흡수 등으로 감소하게 됨으로 복사나 이온화는 얕은 고도에서보다 높은 고도에서 더 강하게 일어난다. 따라서 대전된 물체들은 고도가 높은 곳에서 전하를 더 잘 잃는다.

13. 대전된 물체를 검전기의 구에 접촉시킬 필요는 없다. 음전하가 검전기에 가까워지면 구에 있는 음전하들이 반발력에 의해 금 잎으로 밀려나 구 자체는 양으로 대전된다. 또는 양전하가 구에 가까워지면 전자들이 이들에 끌리어 구 안으로 들어오면서 구는 음으로 대전되고 금 잎들은 양으로 대전된다. 이는 "유도"에 의해서 전하가 분리되는 현상이다(당신이 이것을 실험으로 관측하지 못하고 해답을 하고 있다면 참 불행한 일이다. 주변의 흔한 것들에 대한 물리학 원리를 공부하는 것이 좋을 것이다).

14. 어떤 물체가 양으로 대전된다면, 그 물체는 전자들을 잃는 것이고 따라서 질량도 줄어든다. 그 양은 얼마나 될까? 물체를 떠난 전자들의 무게만큼 줄 것이다. 물체가 음으로 대전되면 그 물체는 전자들을 얻는 것이고 따라서 전자의 질량도 얻는다(대전 과정에서 이렇게 얻거나 잃는 전자의 무게는 물체의 무게에 비해 아주 작다. 예를 들어 풍선을 머리카락에 문질러 대전시킨 경우 대전되는 전자의 질량은 풍선 무게의 백억에 백억의 천만 분의 일 정도가 된다).

15. 음으로 대전된 동전은 중성일 때 보다 전자들을 더 가지고 있기 때문에 질량이 약간 더 크다. 양으로 대전되었다면 전자들을 잃어버린 것임으로 질량이 약간 작다.

16. 결정체는 전기적으로 중성이어서 한 부분에서 음으로 대전되어 있다면 반드시 다른 어떤 부분에서 이것과 같은 양의 양전하로 대전되어 있다. 따라서 전자의 총 음전하의 양은 양이온의 총 전하량과 똑같다(결정체 안에서의 이 양전하와 음전하의 양적 균형은 거의 완전하나 결정체가 약간의 전자를 초과로 갖거나 잃을 수는 있다).

17. 유도를 이용한 방법: 중성의 대전될 물체에 양으로 대전된 물체를 가까이 가져오면 중성 물체의 대전된 물체로부터 먼 쪽 부분은 양으로 대전될 것이다. 이때 이 부분에 손을 접촉시키면 전자들이 당신의 몸에서부터 양전하로 흘러 들어가게 된다. 손을 떼면 물체는 음으로 대전되어 있을 것이다(흥미롭게도 어느 부분에 손을 접촉시키든 결과는 같아진다).

18. 원자핵의 끄는 힘이 원자핵 가까이 있는 내부 궤도 전자들의 반발력에 의해 대부분 상쇄되기 때문에 바깥 궤도에 위치한 전자가 받는 힘은 수소 원자 안에 있는 단일 전자가 받는 힘과 거의 같다. 내부에 있는 전자의 경우에는 자신보다 바깥에 있는 전자들로부터는 힘을 받지 않는다(이는 지구 내부에서의 중력과 유사하다. 땅속 깊이 있는 물체의 경우 물체보다 더 깊이

있는 부분으로부터 만 중력을 받고, 더 얕게 있는 부분으로부터는 중력을 받지 않는다). 따라서 내부 전자들은 핵으로부터의 힘을 전부 받고 있어 그들을 꺼내는 데는 많은 에너지가 필요하다. 따라서 중 원자로부터 전자들을 모두 제거하는 것은 매우 어렵다. 극히 최근에서야 미국 캘리포니아 대학 버클리 캠퍼스에서 우라늄과 같은 중 원자에서 전자들을 모두 제거하는데 성공했다.

19. 원자의 바깥 궤도에 있는 전자들은 쉽게 떼어낼 수 있다. 그러나 양성자들은 핵 안에 단단히 고정되어 있다.

20. 법칙들이 달리 쓰여지지는 않았을 것이다.

21. 힘은 거리의 제곱에 반비례한다고 기술하고 있다.

22. 동전 안에 있는 전자들은 그 안에 함께 있는 백억에 백억의 오십 배의 양전하들이 끄는 힘에 묶여 있어 동전으로부터 그냥 튀어나오지는 않는다.

23. 역 제곱 법칙에 따라 힘은 증가한다. 이 거리의 절반이었을 때에 비해 4배가 되겠고, 삼분의 일일 때에 비해서는 9배가 되겠다.

24. 역 제곱 법칙은 여기서도 적용된다. 이 거리의 절반일 때는 전기력은 4배가 되고, 1/4의 거리라면 전기력은 1/16배가 된다.

25. 전하의 부호에 관계없이 거리가 두 배가 되면 힘은 1/4배가 된다. 이는 쿨롱의 법칙에 근거를 둔 것이다.

26. 한쪽의 전하를 두 배로 증가하면 힘은 두 배로 증가된다. 힘의 크기는 전하의 부호와는 관계가 없다.

27. 양쪽의 전하 모두를 두 배로 하면 힘은 4배가 된다. 부호에 따라 작용 방향은 달라진다.

28. 중력에서 G값이 매우 작아서 중력이 매우 작았든 것에 비해 전기력에서는 k의 값이 매우 크고 이는 전기력이 중력에 비해 매우 크다는 것을 의미한다.

29. 선들이 밀집되어 있는 곳에서 장은 더 강하다.

30. 관습에 의해 선의 방향은 양 전하에서 음 전하로 가는 것으로 약속되어 있다.

31. 역 제곱 법칙에 따라 두 배의 거리에서 장의 세기는 1/4배가 된다.

32. 전기 저항이 없어진다.

33. 지구는 음 전하로 대전되어 있다. 양 전하로 대전되어 있다면 선은 밖으로 향해 나갈 것이다.

34. 구름과 번개에 좀 더 가까이 하기 위해서이다.

35. 땅속에 박힌 금속 못들은 지면과 사람 사이의 전기저항을 감소시켜 구름과 지면 간에 전기적인 경로를 마련해준다. 매우 나쁜 생각이다.

36. 나무는 구름과 지표면을 잇는 저항이 적은 경로를 제공하기 때문에 벼락에 맞을 가능성이 높다. 나무와 그 근처의 지표면은 나무에서 먼 곳의 땅보다 더 높은 전기퍼텐셜 상태로 올라간다. 만약 다리를 넓게 벌려 한쪽은 높은 퍼텐셜의 땅을, 다른 쪽은 낮은 퍼텐셜 땅을 딛고 서 있거나, 또는 머리와 발을 퍼텐셜 차이가 큰 곳에 놓이게 누워 있으면 당신의 몸이 전기가 통하는 경로가 되고 있음을 발견할 것이다. 이는 당신이 원치 않는 일이다.

37. 전기장 안에서는 중성의 원자도 전기적으로 변형된다(그림 22.11). 전기장이 충분히 강하면 원자들의 변형은 심해져 원자의 전하들이 서로 분리되는 상태인 이온화가 된다. 이 이온들이 전기가 전도되는 경로를 제공한다.

38. 접착의 작동원리는 전하의 유도를 이용한다. 금속으로 만든 문의 경우 대전된 풍선은 문에 반대의 전하를 유도한다. 이는 풍선이 금속 내에서의 전하를 반대 전하는 가까이 끌고 같은 부호의 전하는 멀리 밀어내면서 이루어진다. 풍선과 문의 반대 부호의 전하로 대전된 부분은 달라붙는다. 만약 문이 절연체라면 풍선은 문의 분자들을 분극시킨다. 문 표면에 있는 분자의 반대 부호로 대전된 쪽이 풍선을 향하게 되면서 풍선과 문은 서로 끌게 된다. 따라서 문이 도체든 절연체든 대전된 풍선은 전기 유도에 의해 문에 달라붙는다.

39. 안개 형태의 페인트 입자들은 분극되어 있어 대전된 자동차 표면에 끌린다.

40. 이온은 가까이 있는 중성 원자를 분극시켜 원자에서 이온에 가까운 쪽은 이온 전하와 반대 부호의 전하를 얻고 그 반대쪽은 이온의 전하와 같은 부호의 전하를 얻게 한다. 이때 이온에서 멀리 떨어진 쪽이 이온에 의해 반발되는 힘보다 이온에 가까운 쪽이 이온에 끌리는 힘이 더 커서 이온이 원자에 가하는 알짜 힘은 끄는 힘이 된다. 뉴턴의 제3법칙에 따라 이온도 원자에 끌린다.

41. 전자와 양성자에 가해지는 힘은 크기는 같으나 방향은 반대이다.

42. 양성자는 질량 크기 때문에 전자에 비해 가속이 덜 되고, 가속 방향은 전기장 방향이다. 양성자의 질량이 전자 질량의 약 2000배이므로 양성자는 전자 가속의 1/2000배로 가속된다. 전자는 전기장과 반대방향으로 가속된다.

43. 전자와 양성자는 서로 반대방향으로 가속된다.

44. 원형 대전체는 원의 중심에서 전기장이 상쇄되어 영이 되기 때문에 반원형 대전체가 중심에 만드는 전기장은 그보다는 더 강할 것이다. 반원형 대전체가 중심에 만든 전기장은 각 전하가 만드는 전기장 벡터의 합이므로 수직 성분들끼리는 서로 상쇄되고 수평 성분들끼리 합쳐져 수평으로 힘을 가하는 전기장이 만들어진다.

45. 중앙에 놓인 시험 전하가 양쪽 전하로부터 받는 힘이 서로 상쇄되어 영이므로 전기장도 영이 된다.

46. 전자가 충돌에 의해 더 큰 속력을 얻는다. 둘에 가해지는 힘은 같고, 이들이 이동하는 거리도 같고, 장이 이들에 해주는 일도 같고, 이 입자들의 운동에너지도 같다. 그러나 운동에너지가 같다면 질량이 작은 입자인 전자가 더 큰 속력을 가질 것이다.

47. 관습에 따라 한 점에서의 전기장의 방향은 그 점에서 양전하가 받는 힘의 방향과 같다. 양성자 주변에 양성자를 가져다 놓으면 반발력을 받으므로 전기장 방향은 항상 양성자로부터 나가는 방향이 된다.

48. 실 조각은 전기장 안에서 분극이 되어 전기적으로 나침반의 자침에서의 남극과 북극에 해당하는 모양이 된다. 실(자침)의 양 끝에 각각 반대방향으로 가해지는 힘들은 실(자침)을 장의 방향으로 나열시키는 토크를 만든다(24장의 그림 24.3을 보라).

49. 전하들은 모서리에 더 밀집되어 있다.

50. 변화는 10볼트(1쿨롱 당 10주울)이다.

51. 풀려나면 10주울의 퍼텐셜에너지는 출발점을 지날 때 10주울의 운동에너지로 바뀐다.

52. 그렇다. 두 경우 모두 어떤 단위 양당의 에너지로 표시된다. 온도의 경우 에너지/분자이고, 전기퍼텐셜의 경우 에너지/전하로 표시한다. 분자가 작더라도 분모도 작으면, 그 비는 클 수 있다. 고온 불꽃 섬광기나 고전압 금속 구들이 이와 같은 예가 되겠다.

53. 전압=0.5J/0.0001C=5000V.

54. 천둥 번개를 동반하는 큰 비에서 금속은 전기장이 없는 영역(패러데이 영역)을 제공한다. 자동차 금속 표면에 있는 전하들을 스스로 그 위치를 조정하여 금속 내부에서의 전기장이 상쇄되어 영이 되도록 한다.

55. 전하가 한 물체에서 다른 물체로 이동한 것이기 때문에 두 물체의 전하량은 그 크기가 같다. 이런 이유로 축전지의 알짜 전하량은 영이다.

56. 판의 면적을 증가시키면 축적되는 에너지도 증가한다(서로 접촉되지 않는 상태로 두 판을 가까이 하여 축적되는 에너지를 증가시킬 수도 있다. 또는 유전체라는 절연 물질을 판들 사이에 넣어서 에너지 축적용량을 늘릴 수도 있다).

57. 축전지가 아직 대전되어 있을 가능성이 있어 위험하다.

58. 1Mev는 백만 ev이다; 1Gev는 10억 ev이고 따라서 1Mev의 1000배이다.

59. 아니다, 대전된 도체 안에는 전기장이 항상 없다. 금속 표면에 분포된 상호 반발하는 전하들이 금속 내부에 만드는 전기장은 서로 상쇄되어 영이 된다. – 속이 꽉 찬 덩어리든 속이 일부 비어 있든 관계 없이(내부에서 전기장이 영이 아니라면 전도 전자는 전기장에 반응하여 내부의 장이 영이 되는 새로운 평형 상태가 될 때까지 이동할 것이다).

60. 맞는다. 머리카락은 검전기에서의 금속 잎과 같이 행동한다. 당신의 팔이 머리카락만큼 가볍다면 팔들도 쭉 뻗칠 것이다.

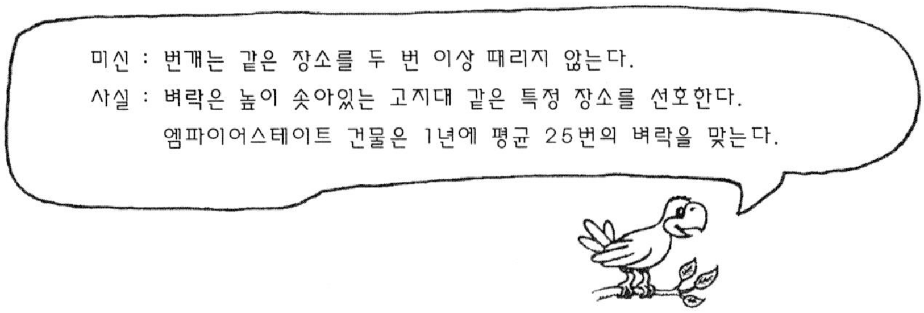

실전문제

1. 역 제곱 법칙에 의하면 두 배의 거리이면 힘은 1/4배이다; 5N. 답은 상대적 거리만 관계가 있고, 전하의 크기는 문제시 하지 않았다.

2. 쿨롱 법칙으로부터 힘은 $F=\frac{kq^2}{d^2}$이고, 따라서 전하의 제곱은 $q^2=\frac{Fd^2}{k}=(20\text{N})(0.06\text{m})^2/9\times10^9\text{Nm}^2/\text{C}^2=8.0\times10^{-12}\text{C}^2$이다. 이것의 제곱근을 계산하면 $q=2.8\times10^{-6}\text{C}$ 또는 2.8마이크로 쿨롱이다.

3. 쿨롱 법칙으로부터 $F=k\frac{q_1q_2}{d^{22}}=(9\times10^9)(1.0\times10^{-6})^2/(0.03)^2=10\text{N}$이다. 이는 질량 1kg의 무게와 같다.

4. $F_{\text{grav}}=mg=(9.1\times10^{-31}\text{kg})(9.8\text{m/s}^2)=8.9\times10^{-30}\text{N}$
$F_{\text{elec}}=qE=(1.6\times10^{-19}\text{C})(10{,}000\text{V/m})=1.6\times10^{-15}\text{N}$인데 이는 중력의 약 10^{14}배이다.

5. $F_{\text{grav}}=G\frac{m_1m_2}{d^2}=(6.67\times10^{-11})(9.1\times10^{-31})(1.67\times10^{-27})/(1.0\times10^{-10})^2=1.0\times10^{-47}$

$F_{\text{elec}}=k\frac{q_1q_2}{d^2}=(9\times10^9)(1.6\times10^{-19})^2/(1.9\times10^{-10})^2=2.3\times10^{-8}\text{N}$. 전자와 양성자 사이에 작용하는 전기력은 1,000,000,000,000,000,000,000,000,000,000,000,000,000배 크다(이 비율은 두 입자들이 분리되어 있는 거리에 관계없이 같다).

6. 전기장은 힘을 전하로 나눈 양이다: $E=\frac{F}{q}=\frac{3.2\times10^{-4}\text{N}}{1.6\times10^{-10}\text{C}}=2\times10^6\text{N/C}$(단위 N/C는 단위 V/m와 같으므로 장의 크기는 미터당 2백만 볼트이다).

7. 에너지 = 전하×퍼텐셜: $PE = qV = (2C)(100 \times 10^6 V) = 2 \times 10^8 J$.

8. 퍼텐셜은 단위 전하당 에너지로 정의되며 따라서 $V = \frac{PE}{q} = 0.1J/1.0 \times 10^{-6}C = 1.0 \times 10^5 V$ 또는 100,000V이다.

9. (a) ΔV = 에너지/전하 = 12J/0.0001C = 120,000볼트.
(b) 2배의 전하에 대한 ΔV는 ΔV = 24J/0.0002C = 120kV(위와 같다.)

10. (a) $E = \frac{F}{q}$ 로부터 $q = \frac{F}{E} = \frac{mg}{E} = (1.1 \times 10^{-14} kg)(9.8 m/s^2)/1.68 \times 10^5 N/C = 6.4 \times 10^{-19} C$
(b) 전자의 수 = $6.4 \times 10^{-19} C/1.6 \times 10^{-19} C$/개 = 4개의 전자.

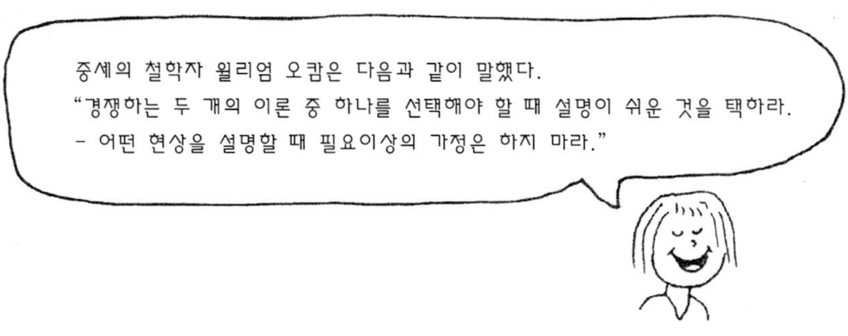

제 23 장
Electric Current

23장 연습문제

1. 파이프의 단면적을 좀 더 넓히고 좀 더 큰 압력을 가한다. 도선을 좀 더 굵게 하고 좀 더 큰 전압을 가한다(저항이 적은 도선을 사용해도 된다).

2. 분당 6갤론($10^{-4} = 6$)

3. 6암페어($10^{-4} = 6$)

4. 자동차의 냉각시스템은 전기회로와 유사하다. 왜냐하면 냉각시스템은 전기회로처럼 경로가 닫혀진 회로이고, 전기회로에서 전지의 역할을 하는 펌프가 있다. 냉각시스템은 물을 재순환시키나 정원 호스는 물을 순환시키지 않는다.

5. 전구에서 전류가 증가하면, 전구는 더 밝아진다.

6. 동의하지 않는다, 전지는 회로에 전기장만을 공급한다. 회로에는 전자들이 이미 존재하고 있다.

7. 통상 전류가 흐르는 도선은 대전되어 있지 않다. 이는 전류가 흘러도 도선 안에 있는 전자의 수와 양성자의 수는 같기 때문이다.

8. 그 강사는 잘못 가르치고 있다. 암페어는 전류를 측정하는 단위이고, 볼트는 전압을 측정하는 단위이다. 이들은 서로 완전히 다른 개념이다; 전압이 도선에서 전류(암페어)를 만든다.

9. 제5회로만 경로가 닫힌 것으로 전등이 켜질 것이다(회로 1과 2는 건전지의 양극과 음극 사이가 단락되어 있어 빠른 시간 안에 전지의 에너지를 소모하겠다. 회로 3에서는 전구의 필라멘트의 양 끝이 같은 점에 연결되어 있어 퍼텐셜이 같다. 회로 4에서는 필라멘트의 한쪽 끝만이 전지에 연결되어 있다).

10. 파이프로 연결된 수도관 회로에서 순환되는 물과 같이 전류는 전기회로에서 흐른다. 물 펌프가 물에 압력을 가하면 물은 펌프와 관으로 구성된 회로를 통해 흐른다. 전류도 이와 유사하게 전기회로를 통해 흐른다. 예를 들어 전지와 전구로 구성된 간단한 회로에서 전구에 흐르는

전류는 전구와 전지를 잇는 도선에 흐르는 전류와 크기가 같고, 이는 또 전지에 흐르는 전류와 크기가 같다. 같은 양의 전하가 이 기기들을 통해 흐른다(전하의 흐름이 전류이다).

11. 전류가 아니고 에너지만 소모된다는 친구의 의견에 동의한다.

12. 두 전지를 병렬로 연결하여 친구의 전지로부터 전압을 공급받는 것이다.

13. 동의한다, 그렇게 하면 적절한 전압이 공급될 것이다.

14. 모든 다른 조건이 같다면, 평균자유행로가 짧은 물질이 전자의 흐름에 좀 더 저항하며 좀 더 큰 전기저항 값을 가진다. 모든 물질들은 열을 가하면 분자들의 운동이 더 혼란스러워지고 평균자유행로는 짧아지며, 그 결과 저항값이 증가한다. 평균자유행로를 길게 하려면 물체의 온도를 내려라. 낮은 온도로 식히면 대부분의 물질들은 전도도가 크게 증가한다.

15. 열이 가해지기 전에는 필라멘트의 온도는 좀더 낮아 전기저항도 작다가 전류가 흐르기 시작하면서 회로에는 열이 나고 저항도 커진다.

16. 전열 전구에 공급되는 대부분의 에너지인 90% 이상이 열로 낭비된다. 열에너지는 전기에너지의 무덤이다.

17. 형광등은 전열전구에 비해 에너지를 더 많이 빛에너지로 바꾸고 열에너지로 낭비하는 양은 더 적어 전열전구보다 더 효율적이다.

18. 거짓말 탐지기의 원리는 사람이 거짓말을 할 때 신체의 저항이 바뀌는 현상을 이용한다. 흥분하면 땀이 나오면서 신체의 전기저항을 감소시키고 따라서 신체를 통해 흐르는 전류가 증가한다. 거짓말을 하면서도 감정에 변화가 없고 땀도 나지 않는다면 그와 같은 사람에게는 거짓말 탐지기는 소용이 없다(눈동자를 들여다보는 방법이 오히려 더 좋겠다).

19. 굵은 도선은 가는 도선에 비해 저항이 작아서 전류가 흐르는 동안 열도 적게 발생한다.

20. 필라멘트는 전선보다 저항이 훨씬 더 커서 백열 광을 내고 에너지도 더 소모한다.

21. 수도관이 물을 "끌어들이지 않듯이" 저항도 전류를 끌어들이지 않는다; 단지 전기압력이 가해지면 전하가 흐르도록 "허용"할 뿐이다.

22. 같은 퍼텐셜 차이로 연결된 경우 가는 필라멘트보다 굵은 필라멘트에 더 큰 전류가 흐른다.

23. 전기 충격은 신체에 전압이 가해지면서 신체에 전류가 흐를 때 발생한다. 따라서 원인은 전압이 제공하지만 실제 손상은 전류에 의한 것이다.

24. 첫 번째 경우에서는 전류가 가슴, 즉 심장을 통해서 흐르는 것이고, 두 번째 경우는 전류가 팔로만 흐르는 경우다. 팔을 잘라내면 살 수 있으나 심장을 잘라낼 수는 없다.

25. 가정의 전력 단자를 통해 공급되는 전력은 220V, 60Hz이다. 이는 교류이다. 전지는 교차하지 않고, 한 방향으로 흐르는 전류만을 공급한다. 그러나 자동차의 전지는 24V 직류 전지이다.

26. 자동차의 전조등은 병렬로 연결되어 있다. 전구 하나가 끊어져도 다른 전구들은 불이 켜진다. 여러 전구 중 한 개가 꺼진 자동차를 보았다면 전구들이 병렬로 연결되어 있음을 확신할 수 있겠다.

27. 고속도로 요금 징수소를 늘리거나 전기회로에서 분기점을 늘리면 같은 원리로 저항이 적어진다.

28. 높은 출력의 전구는 저항도 적다. 출력=전류×전압이므로 같은 전압에서 출력이 더 크려면 전류가 큼을 의미한다. 오옴의 법칙에 따르면 같은 전압에서 전류가 더 흐른다는 것은 저항이 더 작다는 것을 의미한다($P=IV$와 $I=V/R$을 수식으로 정리해 보면 수식으로 정리해 보면 $P=V^2/R$로 표현된다).

29. (a) 볼트
(b) 암페어
(c) 에너지(주울)

30. 직렬연결에서 유효 저항은 각 저항들의 합과 같다. 따라서 더 큰 저항을 얻기 위해서는 저항들을 직렬로 연결하라.

31. 두 개의 저항을 병렬로 연결한 회로의 유효 저항은 두 저항 중 작은 저항의 저항 값보다 작다. 따라서 저항을 줄이려면 병렬로 연결하라.

32. 직렬연결에서는 회로에 흐르는 전류는 회로 어디에서나 같다.

33. 병렬연결에서는 각 저항에 가해지는 전압은 저항의 크기에 관계없이 같다.

34. 기기가 도체에 공급하는 전류는 도체의 저항 값과 기기가 도체에 가하는 전압에 의해 결정된다. 또한 기기가 공급할 수 있는 전하량도 매우 중요한 요소이다; 높은 전압에 있는 큰 전하량은 큰 에너지를 의미하나(전력선과 같이), 반면 낮은 전압에 있는 적은 양의 전하는 작은 에너지를 의미한다(머리카락에 문질러 대전시킨 풍선을 방전시키는 경우). 경고가 붙어있는 기기는 높은 전압으로 높은 에너지를 가진 기기일 가능성이 높고, 따라서 이런 기기는 조심해야 한다. 큰 전류를 공급할 수 있는 기기들은 보통 경고가 붙어있지 않지만, 이들은 고전압과 고에너지 기기이어서 기기와 지상 사이에 전도의 길을 만들어주면 치명적인 전류를 공급할 수 있다.

35. 이 경고문은 농담이다. 고전압은 위험할 수 있다, 그러나 큰 저항은 부도체들의 특성이다.

36. 관심을 둘 이유가 없다. 경고문은 농담을 목적으로 쓰인 것이다. 그것은 전자를 기술하고 있는데, 전자는 모든 물질 안에 존재한다.

37. 가전기기의 손상은 기기에 큰 전류가 흘러 기기에 열이 발생하면서 생긴다. 머리카락 건조기의 경우 220V용 건조기를 110V 단자에 꽂을 경우가 손상이 적다.

38. 평행으로 가설된 두 도선의 간격이 새의 두 날개의 폭보다 작다면, 새가 날개로 두 도선을 단락시킬 가능성이 있고 이 과정에서 새는 죽고, 전력의 공급마저 중단시킬 수 있다.

39. 없다. 전력회사는 전자를 파는 것이 아니다; 그들은 에너지를 판다. 집으로 들어가는 전자의 수와 같은 수의 전자들이 집에서 나온다.

40. 전기스위치를 킨 이후 얼마나 빨리 전구가 빛을 낼 수 있는가는 전자의 유동 속도와는 관계가 없고, 전기장이 회로를 따라 전파하는 속력에만 의존한다. - 이 속력은 빛의 속력과 거의 같다.

41. 전기에너지는 전자들의 충돌을 통해 전달되지 않고 전파에 의해 거의 빛의 속력으로 회로를 통해 전달된다. 반면 소리는 분자나 원자들의 충돌을 통해 전파한다.

42. 필라멘트의 일부가 다른 곳보다 더 가열되면 그 부분이 증발하게 되고 그 결과 저항이 다른 곳보다 더 커지면서 열의 발생이 더 증가하고 전구도 더 밝아지는 악순환 과정을 통해 이 부분이 완전히 증발하여 필라멘트는 끊어진다.

43. 병렬연결된 전구들이 더 밝을 것이다. 이는 각 전구마다 전지의 전압이 전부 가해지기 때문이다. 그러나 동일한 두 개의 전구들이 직렬로 연결되어 있다면 각 전구에는 전지의 전압의 반씩만 가해질 것이다. 그 대신 병렬로 연결된 경우에 전지는 더 빨리 소모된다.

44. 밝기는 변하지 않을 것이다.

45. 전구의 필라멘트에 있는 에너지의 대부분은 열로 바뀐다. 전구에 흐르는 전류가 낮을 때는 필라멘트가 붉은색을 내거나 하얀색을 내기에 충분한 열을 발생하지 못한다.

46. 전구 C에는 전지의 전압이 다 가해지므로 전구 C가 가장 밝다. 전구 A와 B는 전지의 전압을 반씩 나누어 받고 또 분기회로 AB에 흐르는 전류도 전구 C에 흐르는 전류의 반이 되어 밝기는 전구 C의 1/4이 되겠다. 전구 A를 빼면 위쪽 회로는 끊기기 때문에 전구 B는 불이 밝혀지지 않고, 반면 전구 A는 영향을 받지 않고 밝기도 그대로 남아 있다. 전구 C를 제거해도 위쪽 회로에 가해지는 전압과 흐르는 전류와 전구 A, B의 밝기에는 변함이 없다.

47. 직렬연결에서는 더 많은 전구들을 연결할수록 저항은 더 커지고 흐르는 전류는 적어진다. 전구들은 점점 희미해진다. 병렬연결에서 전구들을 더 많이 연결시킬 때 각 전구들은 전지에 직접 연결되어 있기 때문에 각 전구들의 밝기는 변하지 않는다. 각 전구들은 전류가 흐르는 자신만의 경로를 갖는다.

48. 직렬연결에서는 기기를 더 많이 연결할수록 회로에 흐르는 전류는 작아진다. 반면 병렬연결에서는 연결되는 기기가 많을수록 회로에 흐르는 전류는 증가한다. 이는 직렬연결에서는 회로의 저항이 증가하지만, 병렬연결에서는 회로의 저항이 감소하기 때문이다.

49. 병렬연결에서는 한 분기회로에 가해지는 전압이 다른 분기회로의 단락 여부에 영향을 받지 않으므로 이 분기에 흐르는 전류도 변함이 없다.

50. 동의한다. 직렬연결에서는 저항은 더해진다.

51. 동의한다. 이는 가장 작은 저항의 입장에서 볼 때 저항을 추가로 병렬연결하면 전류가 추가로 흐르는 경로가 제공되고 따라서 총 저항은 감소한다.

52. 40옴의 저항 한 쌍을 병렬로 연결하라.

53. 40옴의 저항 4개를 병렬로 연결하라.

54. 동일한 저항들을 직렬로 연결한 경우 전구에 가해지는 전압, 소모되는 전력, 흐르는 전류 모두 두 전구에서 같다. 저항들이 서로 같지 않다면, 저항값이 적은 저항에 작은 전압이 가해지고 있으며 소모되는 전력도 작다. 저항값에 관계없이 각 저항에 흐르는 전류는 같다.

55. 병렬연결에서 동일한 저항들에게는 모든 것이 똑같다. 저항값들이 같지 않으면, 저항값이 클수록 저항 소자에 흐르는 전류가 적고, 전력 소모도 적다. 저항값에 관계없이 저항에 가해지는 전압은 모두 같다.

56. 병렬연결이라도 너무 많은 전구를 연결하면 전지에 흐르는 전류가 너무 커지면서 전등의 밝기가 감소한다. 전류가 증가하면 전지의 내부에 걸리는 전압도 증가하고, 그 결과 회로에 전력을 공급하기 위해 회로의 양단에 가해지는 전압은 그만큼 감소한다(병렬연결 회로가 변전소같이 강력한 전원에서 벽의 전기단자를 통해 전기를 공급받는다면 전구가 어두워지는 현상은 좀처럼 없을 것이다).

57. 세 회로 모두 실질적으로 동등한 회로이다. 회로 내의 각 분기회로는 전지에 독립적으로 연결되어 있다.

58. 각 가전기기마다 직렬로 퓨즈를 연결하는 것이 좋다. 어떤 가전기기에 문제가 생길 때 해당되는 퓨즈만 녹아 끊어질 것이다.

59. 100와트 전구에 더 큰 전류가 흐를 것이다. 이는 "전력=전류×전압"의 관계식에서 볼 수 있다. 같은 전압에서 더 큰 전류가 흐르면 이는 저항이 작음을 의미한다. 따라서 100와트 전구는 60와트 전구에 비해 저항이 작다. 저항을 같은 물질로 같은 길이로 만들었다면, 저항값이 작은 도선은 굵기가 더 굵을 것이다. 고출력 전구의 필라멘트는 저출력 전구의 것보다 필라멘트의 굵기가 굵다(백열 전구에는 전압과 출력이 모두 명기되어 있다. 전구에 100W, 120V라고 쓰여 있으면 전구 양단에 120V의 전압이 가해질 때만 100와트의 출력이 나온다는 뜻이다. 만약 110V가 가해진다면 출력은 84와트가 되겠다).

60. 100와트의 전구는 좀 더 굵고 저항이 작은 필라멘트를 가진다(위에서 논의된 것과 같이). 따라서 직렬로 연결되었을 경우 각 전구에 흐르는 전류는 같으므로 저항이 작은 전구가 전력을 좀 더 적게 소모한다. 이는 작은 저항에 더 작은 전압이 가해짐을 의미하고 이 부분을 지날 때 전압 강하도 작음을 의미한다. 따라서 직렬연결에서는 100와트 전구보다 60와트 전구에서 전압 강하가 더 크고 밝기도 더 밝다! 병렬로 연결되었을 경우에는 각 전구에 가해지는 전압은

같고, 저항이 작은 100와트 전구에서 더 큰 전류가 흐르므로 100와트 전구가 60와트 전구보다 더 밝다.

자동차용 전지의 위험은 전기충격보다는 폭발이 더 위험하다.
전지의 두 단자를 금속 렌치로 접속시키면 스파이크가 일어나는데
이는 전지 안의 수소를 점화시켜 전지와
그 안에 있는 산성 용액을 산산이 날려보낼 수 있다

실전문제

1. $I = V/R$의 관계식에서 전압과 저항이 각각 두 배가 되어도 전류는 변하지 않음을 알 수 있다. 전압과 전류가 각각 반으로 줄어도 마찬가지이다.

2. "출력 = 전류×전압"에서 60와트 = 전류×102볼트이고, 전류 = 60W/120V = 0.5A이다.

3. 전류 = 전압/저항에서 저항 = 전압/전류 = 120V/20A = 6옴.

4. 전력 = 전류×전압에서 전류 = 전력/전압 = 1200W/102V = 10A.
저항 = 전압/전류 = 120V/10A = 12옴

5. 두 개의 전조등이 6암페어의 전류를 쓰면, 60암페어-시간 용량의 전지는 10시간 사용될 수 있다.

6. \$2.52. 우선 100와트는 0.1킬로와트이고, 1주는 168시간이므로 168시간×0.1킬로와트 = 16.8킬로와트-시이며 시간당 15센트이므로 16.8킬로와트/시간×\$0.15/시간 = \$2.52.

7. (a) 전력 = 전류×전압에서 전류 = 전력/전압 = 4W/120V = 1/30V.
(b) 전류 = 전압/저항에서(옴의 법칙) 저항 = 전압/전류 = 120V/(1/30)A = 3600W.
(c) 4와트 = 0.004킬로와트이고, 1년은 8760시간이므로, 8760시간×0.004킬로와트 = 35.0kWh.
(d) 킬로와트 당 15센트면, 연간 비용은 35.0kWh×\$0.15kWh=\$5.25.

8. 전기다리미의 출력은 $P = IV$ = (110V)(9A) = 990W = 990J/s. 1분당 생성되는 열량은 E = 출력×시간 = (990J/s)(60s) = 59,400J.

9. 전류란 단위 시간당 흐르는 전하를 말하니까, 전하 = 전류×시간: $q = It$ = (9A)(69s) = (9C/s)(60s) = 540C(이 정도 양의 전하가 흐르는 것은 흔한 일이다. 그러나 전하가 한 곳에 쌓여 있기에는 이 정도의 전하는 대단히 많은 양이다).

10. 토스터의 저항은 $R = V/I$ = 120V/10A = 12옴이다. 108V의 전압이 가해지면 전류는 $I = V/R$ = 108V/12옴 = 9.0A이고, 출력은 $P = IV$ = (9.0A)(108V) = 972W이며 정격 전력의 81퍼센트에 해당한다(왜 81%인지 짐작할 수 있겠나? 전류와 전압이 각각 10%씩 감소해서 0.9×0.9 = 0.81이 되기 때문이다).

제 24 장
Magnetism

24장 연습문제

1. 자석을 사용하면 쉽게 분리할 수 있다(한 번 해보라. 깜짝 놀랄 것이다).

2. 모든 자성은 움직이는 전하에서 기인한다. 전자의 경우 자신을 축으로 회전하는 운동과 관련된 자성과 원자핵 주위를 공전하는 운동에 관련된 자성, 그리고 전류의 일부분으로의 운동에 관련된 자성 등이 있다. 이런 의미에서 모든 자석은 전자석이다.

3. 자기장의 방향은 전하의 운동방향에 의존한다(자기장은 벡터 양이다). 대부분의 물질에서 서로 반대로 운동하는 전하들이 많아 자기장은 상쇄되어 없다.

4. 쇠 못을 망치로 두드리면 쇠 못 안의 자기구역들이 흔들려 섞이면서 다수의 구역들이 지자기장 방향으로 나열한다. 이 결과 자기구역들의 평균 순방향은 못의 길이 방향이 된다(이미 자기화 된 쇠 조각이 지자기 방향과 다른 방향으로 향하고 있을 때 못을 망치로 두드리면 오히려 자성을 약하게 만든다).

5. 자석은 그 주위에 가까이 있는 쇠 조각을 자신과 반대 방향으로 자기화를 유도하기 때문에 이들은 서로 끌어 들인다. 북극은 남극을, 남극은 북극을 유도한다. 이는 풍선이 음으로 대전되어 있든, 양으로 대전되어 있든 상관없이 벽에 달라붙는 전하 유도 현상과 유사하다.

6. 그렇다. 극들은 반대 부호를 가지므로 서로 끈다. 자석이 U자 모양으로 굽혀져 극 사이의 거리가 짧아지면 이들 사이의 끄는 힘은 더 커진다.

7. 자석의 극들은 서로 끄는 힘이 작용하고 그 결과 자석은 구부러질 것이며, 자석이 쉽게 구부러지는 물질이라면 극들이 서로 맞닿는 정도까지 굽어지는 것도 가능하다.

8. 전자는 전기장 내에서 항상 힘을 받고 있으며 그 힘의 크기는 전기장의 세기와 전하량에만 관계한다. 그러나 자기장 안에 있을 때 전자가 받는 힘은 또 하나의 요소, 즉 속도에도 관련된다. 자기장 안에 있는 전자가 운동을 하지 않으면 전하에 작용하는 자기력은 없다. 또 전하의 운동방향이 자기장의 방향과 같다면 역시 전하에 작용하는 자기력은 없다. 전기력과는 달리 자기력은 전하의 속도에 의존한다.

9. 정지해 있는 전하의 주변에는 전기장이 존재한다. 운동하는 전하의 주변에는 전기장과 자기장이 존재한다(두 경우 모두 중력장은 존재한다).

10. 냉장고 문에 장착된 자석은 북극과 남극이 교대로 배열되어 있다. 이 자석의 극들은 종이 조각을 냉장고에 고정할 수 있을 만큼 강하나 남극과 북극이 교대로 배치되어 있어 약간 먼 거리의 주변에 만드는 자기장은 상쇄되고 대단히 짧은 거리에만 힘을 작용한다.

11. 문에 자석을 가까이 대어 보라. 만약 자석이 달라붙으면 친구의 주장은 틀린 것이다 왜냐하면 알루미늄은 자성을 가지지 않기 때문이다. 만약 붙지 않으면 친구의 주장은 옳다(사실 꼭 그렇지는 않다 - 자성을 갖지 않은 물질들은 많다).

12. 쇠 못이나 종이 클립 안에는 자기구역들이 있다. 이들에 자석을 가까이 대면 자기구역들의 반대 부호의 극들이 자석의 극들에 가까이 오도록 끌리면서 자기구역들을 정렬시킨다. 그 결과 쇠못의 순 극들은 자석의 극들과 반대 부호끼리 마주보게 되어 서로 끌어당기게 된다. 반면, 나무 연필 내에는 자기구역이 없어 자석에 끌리지 않는다.

13. 시간이 지나면서 자기구역들은 정렬 상태에서 점차 벗어난다.

14. 절연체 가까이로 대전된 물체가 접근할 때 절연체 내부에서 전하의 분극이 유도되듯이 자석을 가까이 하면 종이 클립의 내부에 있는 자기구역들도 정렬된다. 자석의 두 극 모두 구역들의 정렬을 유도한다: 자석의 극 가까이 유도되는 구역들의 극은 자석의 극과는 반대 부호의 극이므로 자석과 종이클립의 극들은 서로 끈다.

15. 자침의 남극도 지구 남쪽으로 끌리기 때문에 양 극에서 끄는 힘이 서로 상쇄되어 자침은 북쪽으로 이동하지 않는다. 즉 자침에 가해지는 알짜 힘은 영이다(반면 알짜 토크는 자침이 지자기 방향과 나란히 정렬할 때만 영이 된다).

16. 북극이나 남극에서는 지자기장이 지표면에 수직한 방향으로 지구 속으로 들어가거나 나오기 때문에, 극에서 자침은 지표면에 거의 수직하게 정렬한다. 적도에서는 자침은 지표면에 평행하게 정렬한다(그림 24.20 참조).

17. 밑으로 수직하게

18. 지자기장 안에서 자침은 북극과 남극 쪽으로 같은 크기의 힘으로 끌리기 때문에 자침에 가해지는 알짜 힘은 영이다. 자침이 지자기장의 방향으로 정렬되어 있지 않는다면 한 쌍의 서로 반대 방향으로 작용하는 힘을 받을 것이다(그림 24.3 참조). 이 한 쌍의 힘은 자침 중앙을 회전축으로 하는 회전을 일으킬 수 있으며 이를 "토크"라 부르며 자침이 지자기장과 평행하도록 정렬시킬 것이다.

19. 철가루가 정렬을 하게 하는 과정에는 두 단계가 있다: 우선 각 철가루들은 자석의 유도에 의해 작은 자석들이 되고, 다음 이 작은 자석들이 자기장 방향으로 정렬되어 있지 않으면 자석의 자기장이 이들을 자기장 방향으로 정렬시킨다. 쇳가루들의 정렬은 자석이 철가루 자석에 가하는 토크에 의해서 이루어진다.

20. 자석의 북극(N극)과 남극(S극)은 그들의 북쪽과 남쪽 방향으로 향하려는 특성에서 이름을 지은 것이다. 지리상의 극에 기둥을 세워 표시해야 한다면 북극에는 S극, 남극에는 N극이라고 기둥에 써야 할 것이다. 지구도 하나의 막대자석으로 볼 수 있고, 이때 지리상의 북극(남극)에 지구 자석의 S(N)극이 위치해 있다.

21. 그렇다, 지표면 위에서 지자기장은 남극에서 북극까지 쭉 연장되어 있기 때문에 자석의 자침은 지구 남반구에서도 북쪽을 향한다.

22. 지구자기장은 남극에서 북극까지 연속해서 연장되어 있고 적도에서 돌아서는 모양을 하지 않고 있다. 따라서 나침반의 자침도 적도를 건널 때 180도 돌지 않는다. 나침반의 S극은 지구 남반구에서도 남극을 향한다(북반구에서도 남극을 향함).

23. 전하가 흐르는 고리가 이루는 평면이 자기장에 수직일 때 고리는 회전하지 않는다.

24. 뉴턴의 제3법칙으로 돌아가라. A와 B는 서로 같은 크기의 힘으로 끈다. A가 B를 50뉴턴의 힘으로 끌면, B는 A를 같은 50뉴턴의 힘으로 끈다.

25. 그렇다, 자석이 도선에 힘을 가하므로 도선도, 뉴턴의 제3법칙에 따라 자석에 힘을 가한다.

26. 역시 뉴턴의 제3법칙이다: 답은 "그렇다"이다. 종이 클립은 자석이 클립을 끄는 힘과 같은 크기의 힘으로 자석을 끌어당긴다. 자석과 클립이 서로 끌어당기는 현상은 그들이 상호 작용하는 하나의 사건이다.

27. 자침은 도선에 수직하게 정렬한다(동서 방향으로) (그림 24.8 참조).

28. 어느 순간에도 코일과 스피커는 같은 주파수로 진동한다.

29. 저항이 작으므로 전력도 적게 쓴다.

30. 못을 두드리면 자기화 되듯이 철로 만든 선박은 그 제조과정에서 두드리는 과정이 많아 자기화되어 있다. 선박이 제조되었을 초기의 자기화 방향은 후에 자기장을 측정하는데 참조할 목적으로 선박에 금속 판에 새겨놓는다.

31. 빔은 자기장을 따라 자기장에 평행하게 진행한다.

32. 자기장으로부터 자기력을 받으려면 전자는 자기장의 선들을 가로지르는 방향으로 운동해야 한다. 따라서 자기장 안에서 정지해 있는 전자는 운동을 하게할 힘을 받지 못한다. 반면 전기장 안에 있는 전자는 이미 운동을 하고 있었든, 정지해 있었든 관계없이 힘을 받는다(사이클로트론과 같은 입자 가속기에서는 전기장과 자기장을 함께 이용한다. 이때 전기장은 전하를 전기장의 방향으로 가속시키고, 자기장은 전하가 원운동을 하도록 자기장의 방향과 수직한 방향으로 가속시킨다).

33. 양성자가 안으로 끌려들면서 회전 반경은 줄어든다.

34. 사이클로트론이나 기타 입자 가속기들 안에서의 전기장은 입자를 더 높은 속도로 가속시키는 역할을 하고, 자기장은 입자가 곡선운동을 하도록 한다. 자기장이 입자에 가하는 힘은 언제나 입자의 운동방향에 수직하게 작용하므로 입자의 운동방향만 바꾸는(속도는 바꾸지 않고) 역할을 한다(흥미로운 것은 베타트론이란 가속기에서는 시간 변화하는 자기장에 의해 전기장이 만들어진다).

35. 힘이 운동방향에 수직하게 작용하므로 운동에너지는 증가하지 않고 따라서 입자에 일을 하지 않는다.

36. 운동하는 전하들은 그들과 작용하는 자기장이 있다. 자기장은 전자에만 힘을 가하는 것이 아니고 운동하는 양성자에게도 힘을 가한다. 단지 방향을 반대로 가할 뿐이다. 자기장 안에서 전자가 한 방향으로 원운동을 하면, 양성자는 그 반대 방향으로 원운동 한다(물리학자들은 "오른손 법칙"을 이용한다. 양전하의 운동방향을 오른손의 엄지손가락으로 표시하면, 구부린 손가락들의 방향이 자기장 방향이 된다. 음전하의 경우에는 왼손을 이용하면 된다).

37. 입자들이 같은 방향으로 자기장에 들어갔는데 반대방향으로 편향된다면 그들의 전하는 반대 부호를 가진다.

38. "일=힘×거리"라고 쓸 때 힘은 입자의 이동방향 성분의 힘을 의미한다(7장 참조). 자기장은 입자의 운동방향에 항상 수직하게 힘을 작용하므로 운동방향에 평행한 성분의 자기력은 없다. 따라서 자기장은 입자에 일을 하지 않는다(간접적이긴 하지만 시간 변화하는 자기장은 전기장을 생성하는데 이 전기장을 통하여 일을 할 수는 있다).

39. 정지해 있는 막대 자석에 힘을 가하는 장이라면 자기장이다; 한편 정지해 있는 전하에 힘을 가한다면 그 장은 전기장이다. 회전하는 도선 고리에 전류를 흐르게 한다면 그 장은 자기장이다. 운동하는 전하에만 힘을 가하는 장이라면 그 장은 자기장이다. 따라서 정지하고 있는 전하와 운동하고 있는 전하를 이용하여 몇 가지 실험을 해보면 공간에 분포되어 있는 장의 정체를 알아낼 수 있다.

40. 자기장 안에서 운동하고 있는 전하는 자기장 선에 수직한 방향으로 운동할 때 가장 많이 운동이 편향되고(운동의 방향이 바뀌고), 자기장 선과 평행하게 움직일 때 가장 적게 편향된다. 우주 먼 곳으로부터 모든 방향으로 지구로 진입하는 우주선을 생각해보면, 북부 캐나다에 도달하는 우주선은 지자기장에 거의 평행하게 운동하게 된다. 그들은 지자기장에 의해 편향되지 않고, 또 이들이 공기분자와 충돌하여 만든 이온들도 거의 편향되지 않고 지상을 향해 내려온다. 멕시코와 같이 적도 근처에 있는 곳에서는 우주선은 지자기장에 거의 수직하게 운동하기 때문에 대기권에 도달하기 전에 지자기장에 의해 편향되어 우주로 되돌아 간다(이 위도에 따라 다른 현상에서 이들 입자들이 대전되어 있음을 짐작할 수 있다. – 오늘날 우리가 아는 바와 같이 이들은 대부분 양성자들이다).

41. 반 알렌 띠는 생명체에 손상을 줄 수 있는 고에너지 대전 입자의 무리로 채워져 있다. 그래서 우주 비행사들은 이 띠 밑에 있도록 노력한다.

42. 지표면에서의 우주선의 세기는 지자기장이 영이 되는 시대에 가장 강했을 것이다. 유명한 초파리의 유전에 관한 실험에서 밝혀진 것 같이 X선이 생명체의 형태에 변화를 가져올 수 있었던 것처럼, 보호막이 되는 지자기장이 없는 시대에 생명체의 형태가 많이 바뀌었음이 화석의 조사에서 밝혀졌다.

43. 자기장 내에서 같은 전하를 가진 입자들이 같은 속도로 운동하면 같은 크기의 자기력을 받을 것이다. 이때 그들이 편향되는 정도는 그들의 가속도에 의존하는데, 이 가속도는 그들의 질량에 의존한다. 질량이 가장 작은 입자가 가장 많이 가속될 것이고 편향도 가장 많이 되며 질량이 가장 큰 입자는 가장 적게 편향될 것이다.

44. 지자기장이 없다면 지표면까지 도달할 수 있는 우주선들로부터 지자기장이 우리를 보호해주듯이, 우주 거주지는 거주지 주변에 자기장을 설치하여 우주선으로부터 거주지를 보호할 수 있다.

45. 두 막대 중 어느 것이 막대자석인지 구별해내기 위해서는 두 막대를 “T”사형으로 막대 #1의 한 끝이 막대 #2의 중앙에 위치하도록 놓아라. 서로 끌면 막대 1이 자석이다. 아니면 막대 #2가 자석이다.

46. 자기부양은 표면의 마찰을 거의 영으로 만들 것이다. 그러면 공기저항만 남는데, 이는 완전이 없어지게 하는 것은 불가능해도 기체역학적 설계로 비교적 적게 할 수 있다. 물체의 속도가 높아지면 공기저항은 급격히 커진다.

47. 그렇다, 각 도선은 다른 도선이 만드는 자기장 안에 있기 때문에 힘을 받는다. 흥미롭게도 두 도선에 흐르는 전류의 방향이 같으면 도선들은 서로 끌고, 반대방향이면 서로 밀어낸다.

48. 두 도선들이 만드는 자기장은 도선으로부터 일정 거리에서 서로 상쇄된다.

49. 각 코일은 그의 전자기성을 띤 이웃에게 자기력으로 끌린다.

50. MRI 기기의 자기장을 변화시키면 금속 안에 전류가 유도되기 때문이다.

제 25 장
Electromagnetic Induction

25장 연습문제

1. 전자기 유도는 자기장의 세기의 "시간 변화"나 혹은 자기장 내에서의 운동에 의해서 발생하는 현상이기 때문이다.

2. 나일론으로 만든 물체는 자기구역이 없어 자기유도가 되지 않는다. 이 때문에 전기 기타에서는 쇠줄을 사용한다.

3. 철심 내에 있는 자기구역들이 코일의 자기장에 의해 정렬되면서 그들이 만든 자기장을 코일의 자기장에 더해주어 자기유도를 증가시킨다.

4. 위의 문제에서 논의된 것과 같이 철심의 자기장이 코일의 자기장에 더해진다. 자기장이 더 커지면 전기자에 더 큰 토크가 가해진다.

5. 전류가 흐르는 도선을 자기장 안에서 이동시키려면 일을 해주어야 한다. 이는 외부에서 전류를 흐르게 해 주었든, 아니면 도선이 자기장 안에서 운동하는 과정에서 자기유도로 발생했든 상관없이 사실이다. 이는 에너지 보존의 문제이다. 에너지 출력이 있으려면 반드시 에너지 입력이 있어야 한다.

6. 전동기의 전기자를 역학적으로 회전시키면 전동기로 작동할 때와 반대방향으로 전류가 유도되고 역학에너지는 전기에너지로 전환된다. 이렇게 동작할 때 전동기는 발전기가 된다.

7. 전등을 끄면 자전거는 더 멀리 갈 것이다. 전등을 밝히는데 소모되는 에너지는 자전거 타는 사람의 운동에너지로부터 얻는 것이고, 따라서 전등을 밝히면 자전거가 더 느리게 갈 수밖에 없다. 전등을 밝히는데 소모되는 에너지와 같은 양의 "힘×거리"에 해당하는 거리만큼 자전거는 더 갈 것이다.

8. 도로 밑에 깔려있는 도선 고리 안에는 지자기장의 일부가 포함되어 있다. 이 자기장이 어떻게든 변하면 전자기 유도에 의해서 도선 고리에 전류가 유도된다. 자동차가 도선 고리 위를 지날 때 그와 같은 변화가 일어나면서, 순식간에 장의 세기를 증가시킨다. 이것을 교통신호 제어에 응용할 수 있겠다(고리에 작은 교류 전압을 가하였을 때 금속 조각이 고리를 통과하면 전류가 유도되고 회로에 흐르는 전류가 감지되면서 금속 조각의 통과 여부를 알 수 있다).

9. 위의 답에서 보았듯이 작은 금속이 고리를 통과하면 자기장이 변하고, 이는 다시 코일에 흐르는 전류를 변화시켜 경보기를 울리게 한다.

10. 테이프가 움직이면서 자기장이 변하면 코일에 전압이 유도된다. 테이프 레코더가 실제로 이 원리를 이용하고 있다.

11. 헨리의 시대에는 절연된 구리 도선이 없었다. 절연이 안된 도선들끼리 접촉하면서 회로들이 단락되었다. 그래서 도선을 다른 도선들로부터 절연시켜 전류가 한 도선에서 다른 도선으로 넘어가 회로가 단락되는 일이 벌어지지 않고 한 도선만을 따라 흐르게 하기 위해 명주가 이용되었다.

12. 땅이 흔들릴 때 천장에 매달린 질량이 큰 자석은 관성 때문에 흔들림에 저항한다. 이때 코일은 지표면에 고정되어 있어 자석에 대해 상대적으로 움직인다. 도선 고리 안에서 움직이는 자석은 도선에 전류를 유도하는데 그 크기는 지진의 세기에 의존한다. 이 기기 동작원리는 관성법칙과 전자기 유도법칙을 동시에 이용하고 있다.

13. 두 경우 모두 자기력의 방향은 자기장과 전하의 운동방향 각각에 수직이다 - 그러나 그 결과는 다르다. 전동기로 동작할 때는 전하에 가해지는 자기력은 도선을 위로 밀어 올린다. 발전기로 동작할 때는 도선이 밑방향으로 움직이면 도선에 있는 전하들에 가해지는 자기력은 전하들을 도선방향으로 밀어 전류가 흐르게 한다.

14. 전압이 유도된다.

15. 친구의 의견에 동의한다. 자기장 안에서 자기장 선을 가로지르면서 회전하는 도선 코일은 어느 것이든 발전기가 된다.

16. 패러데이 유도법칙에 따르면 코일이나 전기자 안의 자기장이 시간 변화하는 속도가 빠를수록 유도되는 전압은 더 크다. 따라서 발전기가 빨리 회전할수록 출력 전압은 크다.

17. 전자기 유도법칙에 따르면 고리 내부의 자기장이 교차로 변하면, 고리에는 교차하는 전압이 유도된다. 고리가 금속 도선이므로 전기저항이 비교적 적어 이에 해당하는 큰 교차 전류가 흐르며 열도 낸다. 도선이 뜨거워지는 것으로 이 사실을 확인할 수 있다.

18. 전기톱의 모터에 감긴 도선에 두 가지 일이 일어날 수 있다. 전류가 입력되면 전동기가 된다. 그러나 도선이 전동기에 있는 자기장 내에서 운동을 하면서 전동기는 발전기도 된다. 전동기에서의 알짜 전류는 두 전류의 방향이 반대가 되기 때문에 입력 전류에서 발전된 전류를 뺀 것이 되겠다. 당신은 전력 회사에 이 알짜 전류에 대한 값을 지불하고 있다. 모터에 무엇이 꽉 끼어 모터가 움직이지 않으면 모터는 더 이상 발전기 역할을 하지 못하고 따라서 전류가 발전되지 않아 입력 전류를 상쇄하지 못하므로 알짜 전류가 증가하며 이 때문에 전기 톱을 태워버릴 수 있다.

19. 전자석의 도선에 전류가 흐르기 시작할 때 시간 변화하는 자기장이 발생하며 이 자기장은 테이블 위에 있는 알루미늄 도선에도 전류가 흐르게 한다. 알루미늄 도선에 유도된 전류는 다시

자기장을 유도하는데 이 자기장은 테이블 밑의 전자석의 자기장과 방향이 반대이다 알루미늄 도선은 전류가 흐르는 순간 자석이 되고 테이블 밑의 자석에 의해 반발하는 힘을 받아 튀어 오른다.

20. 전자석은 교차하고 있고(ac), 이는 구리 도선 내의 자기장이 연속해서 변하고 있음을 의미한다. 이 때문에 고리 안에는 전류가 유도되고, 고리는 그 자체가 전자석이 되어 큰 전자석으로부터 반발하는 힘을 계속해서 받는다. 이 반발하는 힘은 고리의 무게와 크기가 같아 역학적으로 평형 상태를 이룬다.

21. 전자석이 만든 시간 변화하는 자기장에 도선 고리를 자기장을 가로지르게 설치하고 도선의 양단에 전구를 연결하면, 전구 양단에 전압이 유도되면서 전구에 불이 밝혀질 것이다. 시간 변화가 결정적 요소이고 따라서 전구를 계속 밝히기 위해서는 전자석에는 교류를 입력시켜야 한다.

22. 이 경우 전기저항은 모두 도선 자체가 제공하니까(다른 부하는 없다), 도선의 길이가 두 배가 되면 저항도 두 배가 된다. 따라서 고리의 수가 두 배가 되면 전압은 두 배가 되지만 저항도 두 배가 되어 흐르는 전류는 같다.

23. 도선이 가로지르고 있는 자기장이 시간 변화할 때만 유도가 일어난다.
(a) 1차 코일의 스위치가 닫히면서 코일에 흐르는 전류가 영에서부터 증가하며 갈바노미터에 펄스가 나타날 것이다.
(b) 1차 코일에 흐르는 전류가 일정하면, 2차 코일에 유도되는 전류는 없고 갈바노미터에는 영으로 읽혀진다.
(c) 스위치가 열리면서 흐르는 전류가 영으로 감소하며, 갈바노미터의 바늘은 반대 방향으로 움직인다.

24. 철심은 1차 코일에 흐르는 전류를 증가시킬 것이다. 1차 코일에서의 자기장이 커지면, 자기장의 시간 변화도 커지고, 2차 코일에 유도되는 전압도 더 커진다는 뜻이다. 코일에 철심을 넣으면 2차 코일에 더 큰 전압이 유도된다

25. 2차 코일에 전압을 유도하려면 1차 코일 내의 자기장이 시간 변화해야 하기 때문에 변압기에서는 입력이 교류 전압이어야 한다. 시간 변화가 없으면 유도는 없다.

26. 2차 코일에서의 전압이 1차 코일에서의 두 배이고, 2차 코일이 "저항적" 부하의 전원이 된다면, 2차 코일에 흐르는 전류는 1차 코일의 전류의 절반이 된다. 이는 에너지 보존법칙과도 일치하고, 1, 2차 코일에서 진행되는 사건의 시간이 같으므로 "전력보존법칙"으로 볼 수도 있다 (전력=에너지/시간). 즉 입력 전력=출력 전력; 또는 $(\text{전류}\times\text{전압})_{1\text{차}}=(\text{전류}\times\text{전압})_{2\text{차}}$("전력=전류×전압"으로 표시되는 단순한 관계식은 직류 회로이거나, 또는 교류라도 전류와 전압의 위상이 결 맞을 때만 성립한다. 변압기에서와 같이 전압과 전류가 서로 위상이 어긋나면 알짜 전력은 전류×전압보다는 항상 작다. 이 경우 전압과 전류는 "함께 일하지 않는다." 예를 들어 변압기의 2차 코일이 열려있어 다른 부하에 연결되어 있지 않다면 1, 2차 코일 모두에서 전류와 전압의 위상이 완전히 어긋나고 – 즉 전류와 전압 중 하나가 최대일 때 다른 것이 영이 된다 – 전류와 전압이 영이 아니어도 알짜 전력은 전달되지 않는다).

27. 일이 한 곳에서 다른 곳으로 전달된다는 점에서 변압기는 역학 지렛대와 유사하다. 역학 지렛대에서 배가 되는 양은 *힘*이고 전기 지렛대에서 배가 되는 양은 *전압*이다. 두 경우 모두 에너지와 전력은 보존된다. 에너지가 배가되는 것은 절대 불가하다.

28. 승압기에서는 2차 코일에서 전압이 배가된다; 감압기에서는 반대 현상이 일어나 전압이 감소한다.

29. 변압기가 60Hz 교류 전선에 연결되어 동작할 때 들리는 험(잡음)은 변압기철심에 있는 철 판들이 시간 변화하는 자기장에 의해 극이 교차되며 강제 진동되면서 만드는 소리이다. 다른 기계적 부품들이 진동되면서 발생하는 험이 더 크다.

30. 전자기 유도에서 필수적인 것은 *시간 변화*이다. 변화가 없으면 유도는 없다. 교류 전류에서는 흐르는 방향에 변화가 있다 – 보통 60Hz로.

31. 변압기가 효율이 크려면, 1차 코일이 만드는 자기장 선들이 최대로 2차 코일의 단면을 통과하도록 해야 한다. 철심은 선들을 1차 코일에서 2차 코일로 인도한다. 이렇게 하지 않으면 1차 코일이 만든 자기장의 일부가 2차 코일에 전력을 전달하는 대신, 변압기의 금속으로 된 부분을 가열하는데 낭비된다.

32. 둘 사이에는 물리적 공간이 존재한다. 그러나 그들은 시간 변화하는 자기장(양쪽에서 크기가 같다)에 의해 연결되어 있다.

33. 전등에 가해진 전압은 120V이고, 통과하는 전류는 0.1V이다. 첫 번째 변압기는 전압을 12V로 내리고, 두 번째 변압기는 전압을 다시 120V로 올리는 것을 볼 수 있다. 두 번째 변압기의 2차 코일에 흐르는 전류는 전구에 흐르는 전류와 같은데 1차 코일에 흐르는 전류의 10배로 0.1A이다.

34. 이것은 직류 회로이다. 1차 코일에 시간 변화하는 전류가 흐르지 않는다면, 유도가 일어나지 않는다. 측정기에 전압이나 전류가 유도되지 않는다.

35. 대칭성에 따라서 1차 코일과 2차 코일에서 전압과 전류가 모두 같다. 따라서 측정기는 전압이 12V, 전류는 1A로 읽겠다.

36. 전력선에서 고전압은 두 전선 사이에 존재하지 전선 하나의 양 끝 사이에 존재하는 것이 아니다. 한 도선의 양 끝 사이의 전압은 실제로 매우 작아서 도선의 전류도 매우 작다. *두 도선 사이*의 전압에 전류를 곱한 양이 부하에 전달되는 전력이 된다. *한 도선의 양끝 사이의 전압 차이*를 전류로 곱한 양은 도선에서 열로 낭비되는 전력이 된다. 위에서 전력을 계산할 때, 회로의 같은 부분의 전류와 전압이 사용되었음을 유의하라.

37. 절대 불가능하다. 어떤 기구도 에너지를 증폭시키지 않는다. 물리학의 핵심이 되는 원리 중 하나는 에너지는 생성되거나 소멸되지 않는다는 것이다.

38. 움직이는 자석은 고리에 전류를 유도한다. 이 전류는 추가로 자기장을 만들어 자석이 접근할 때 자석을 밀어내고, 자석이 멀어지려면 자석을 끌어들여 자석의 움직임을 느리게 한다. 에너지의 관점에서 보면 저항에 전달되는 에너지는 자석이 잃는 운동에너지와 같다.

39. 자석은 떨어지면서 전도체 파이프 안을 도는 전류를 유도하며 이 전류는 다시 자기장을 만든다. 자석의 움직임은 이 유도된 자기장과의 상호작용으로 인해 느려진다.

40. 자석의 낙하가 느려지는 것은 떨어지는 자석이 전도체 튜브에 유도된 자기장과 상호작용에 의한 것이다. 유전체 튜브처럼 부도체라면 유도되는 장이 없고, 따라서 낙하운동이 느려지지 않는다.

41. 전도체 판이 자기장 안에서 운동하면 판 내부에 소용돌이 전류(에디 전류, 와류)가 유도되고 이는 다시 자석 판과 상호작용하면서 운동방향과 반대방향의 힘을 받아 느려진다. 그러나 비전도체 판 사이를 지날 때는 상호작용할 장이 없으므로 운동은 방해를 받지 않는다.

42. 막대에 유도된 전류는 추가로 자기장을 만드는데 이 장이 다시 자석과 상호작용하여 운동을 느리게 한다.

43. 운동하는 비행기는 날개를 가로질러 전압 차이가 유도된다. 이 유도된 전압 차이는 순간적으로 전류를 유도하여 날개 양 끝에 서로 다른 부호의 전하를 축적하고 이 때문에 생기는 전압 차이는 유도된 전압 차이를 중화시킨다.

44. 그와 같은 계획은 열역학 제1, 제2법칙을 위반한다. 근본적인 비효율성 때문에 발전기는 발전기에 연결된 전동기에 사용될 전기보다 적은 양의 전기를 생산한다. 변압기는 전압을 증폭시키면 그만큼 전류가 감소하고, 전류를 증폭시키면 그만큼 전압이 감소한다. 둘을 동시에 증폭시킬 수는 없다. - 변압기는 에너지나 전력을 증폭시킬 수는 없다. 현실의 모든 계에서와 같이 유용하게 사용될 수 있는 출력보다는 더 큰 에너지가 입력되어야 한다.

45. 진동하는 전자는 전자파를 복사하는 원천이기 때문이다.

46. 코일을 흔들면 코일의 단면을 통과하는 지자기장의 선속이 시간 변화하며, 이는 코일에 전압을 유도하여 전류가 흐르게 한다. 선속은 코일의 단면을 가로질러 지나가는 자기장 선의 수로 생각해도 된다. 선속은 코일이 놓인 방향에 의존하고, 이는 시간 변화하지 않는 장에서도 마찬가지이다.

47. 입사하는 라디오 파는 안테나 내에 있는 전도 전자들을 진동시킨다. 이 진동하는 전자들이 이루는 전류가 라디오에 신호를 제공한다.

48. 주파수는 같다.

49. 동의한다, 왜냐하면 빛은 우리의 눈이 감지할 수 있는 주파수를 가진 전자파이기 때문이다.

50. 전자파는 전기장과 자기장이 서로를 재생산하며 만들어진다. 유도된 전기장이 다시 자기장을 유도하여 에너지를 자기장에게 넘기지 않으면, 에너지는 공간 한 곳에 머무르게 되고 따라서 공간으로 전파되지 않는다. 즉 전자파는 존재하지 않을 것이다.

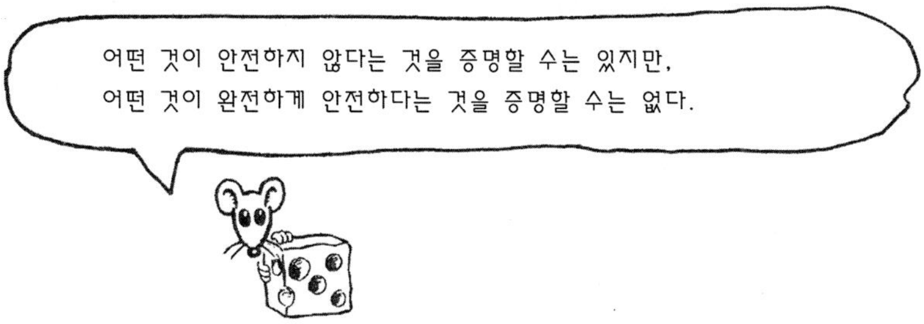

실전문제

1. 전력 손실을 무시한다면, 에너지 보존법칙에 의해 2차에 공급되는 전력은 역시 100W이다.

2. (a) 변압기의 관계식 1차 전압/1차 코일의 감은 수 = 2차 전압/2차 코일의 감은 수에서; 2차 전압 = (1차 전압/1차의 감은 수) × 2차에 감은 수 = (12V/50) × 250 = 60V
   (b) 옴의 법칙에 의하면, 전류 = V/R = 60V/10W = 6A.
   (c) 1차에 공급된 전력과 2차에서 나오는 출력은 같다; 전력 = 6A × 60V = 360W.

3. 변압기 관계식 1차 전압 / 1차 코일의 감은 수 = 2차 전압 / 2차 코일의 감은 수; 120V/240회 = 6V/x. 이것을 x에 대해 풀면 x = (6V)(240회)/120V = 12회

4. 관계식 1차 전압/1차에 감은 수 = 2차 전압/2차에 감은 수를 다시 정리하면 1차 전압/2차 전압 = 1차에 감은 수/ 2차에 감은 수 = 120V/12000V = 1/100이다. 따라서 2차 코일은 1차 코일의 백 배로 감았다.

5. (a) 전력은 전압 × 전류이므로, 도선에 흐르는 전류는 전류 = 전력/전압 = 100000W/12000V = 8.3A.
   (b) 각 전선의 양 끝 사이의 전압 = 전류 × 도선의 저항 = (8.3pa)(10옴) = 83V
   (c) 각 도선에서 전력 = 전류 × 전압 = (8.3A)(83V) = 689W. 두 도선 모두에서 열로 소모된 출력은 이것의 두 배인 1.38kW이다. 100kW에 비교하면 이는 작은 양이고 손실은 무시할 수 있다. 즉 대부분의 전력은 소비자에게 간다.

제 26 장 Properties of Light

26장 연습문제

1. 맞다. 또한 진지한 목소리로 "우리가 듣는 것은 소리뿐이다"라고 말할 수도 있다.

2. 이것도 옳다. 빛이란 전기장이 자기장을, 자기장은 전기장을, 서로 계속해서 재생산하는 전기장과 자기장의 진동이다.

3. 전자기 복사의 근본적인 원천은 진동하는 전하이며, 이들이 진동하는 전기장과 자기장을 복사한다.

4. 라디오 파의 파장은 빛의 파장보다 길고, 빛의 파장은 X-선의 파장보다 길다.

5. 자외선의 파장이 적외선의 파장보다 짧고, 따라서 자외선의 주파수가 더 높다.

6. 물체들은 어두운데 있든, 밝은데 있든, 적외선을 복사하므로 스펙트럼 중 적외선 부분에 감응하는 감광물질이나 필름을 사용하면 된다.

7. 빛에서 파동치는(파동 운동을 하는) 것은 전기장과 자기장이다. 이들이 진동하는 진동수가 파동의 진동수이다.

8. "자외선 빛" 또는 "적외선 빛"이라고 말하는 것은 용어를 잘못 사용하는 것이다. 더 정확히 말하자면 이들은 전자파 복사의 한 형태이다. 혼동은 "빛"이란 용어를 "전자파 복사"의 의미로 사용한 데서 온 것이다. 이러한 혼동은 자외선과 적외선 스펙트럼이 가시광선 스펙트럼의 바로 옆에 존재하기 때문이다. "라디오 빛" 또는 "X-선 빛"이란 단어는 거의 사용되지 않는데 이는 이들의 스펙트럼이 가시광선 스펙트럼에서 멀리 떨어져있기 때문이다.

9. 우리가 태양이나 별을 볼 수 있다는 사실이다.

10. 주파수; 감마선은 적외선보다 주파수가 높다(따라서 포톤 하나당 에너지가 더 크다).

11. 속력은 c, 즉 빛의 속력이다.

12. 둘 다 모두 같은 속력 c로 전파한다.

13. 동의한다.

14. 동의한다, 왜냐하면 라디오 파는 전자파인 반면, 소리는 역학파이기 때문이다.

15. 동의한다.

16. 이들의 주파수는 가시광선의 주파수보다 훨씬 낮기 때문에 이들의 파장이 훨씬 길다.

17. 속도가 빠른 파동이 파장도 길다 - 답은 $\lambda = v/f$의 관계식에 의하면 빛의 파장이 길겠다.

18. 소리는 그것이 전파할 매질이 필요하다. 빛은 매질이 필요없다.

19. 라디오 파는 전자파이고 빛의 속도로 전파한다(라디오 파를 소리 파로 착각하지 말어라).

20. 폭발이 일어날 때 복사되는 전자파 스펙트럼의 각 부분이 관측자에게 동시에 감지된다는 사실이 빛의 속도는 주파수와 무관하게 모두 같다는 증거이다.

21. 라디오 파와 빛은 모두 전자파이고, 가로파이며, 빛의 속도로 전파하고, 진동하는 전하들에 의해 복사되기도 하고 흡수되기도 한다. 그들은 진동수나 파장에서 서로 다르고, 진동하면서 그들을 복사하거나 흡수하는 전하들의 형태에서 서로 다르다.

22. 파장이 짧으면 주파수는 높고, 따라서 알곤 레이저에서 나오는 청록색 빛의 주파수는 헬륨-네온 레이저에서 나오는 적색 빛보다 주파수가 높다.

23. 대기와 같이 빛을 흡수하고 다시 복사하는 입자들로 구성된 매질 내에서 전파하는 빛은 입자들과 상호작용하는 과정에서 전파 속력이 느려진다. 빛이 전파하는 경로에서 상호작용이 많을수록 빛의 평균 속력은 느려진다.

24. 나무 판을 통과한 후의 총알의 속도는 나무 판에 입사할 때의 속도보다 느리나, 빛은 그렇지 않다. 빛이 유리판을 통과할 때 입사 전 속력이나 투과 후 속력은 같다. 총알이 나무 판을 통과하는 경우와 빛이 유리창을 투과하는 경우의 근본적인 차이는 총알의 경우 나무 판에 입사하는 것과 통과하여 나오는 총알은 같은 총알이다. 그러나 빛의 경우에는 이와 다르다. 유리창에 입사하는 "빛 총알"(포톤)은 원자나 분자와 상호작용하면서 흡수된다. "총알 빛"을 흡수한 원자나 분자는 약간의 시간 지연 후에 새로운 "빛 총알"을 다시 복사하며, 복사된 새 "빛 총알"은 예전의 것과 같은 방향으로 진행한다. 이 과정은 빛의 경로를 따라 연속해서 일어나며, 따라서 유리창 밖으로 나온 "빛 총알"은 유리창에 처음 입사한 "빛 총알"과는 다른 실체이다. 빛이 물질 내에서 원자와 원자 사이를 전파하는 속도는 여전히 진공 중에서의 속도인 c이다. 상호작용하는데 사용된 시간 지연 때문에 빛의 평균 속도가 c보다 작아진 것이다. 물질 밖으로 나온 빛의 속도는 다시 c이다.

25. 사람들이 많이 있는 큰 방을 가로질러 걸어가며 만나는 사람들과 잠시 멈추어 인사를 하는 것은 빛의 투과 모형에서 빛이 원자들과 상호작용하는 과정에서 잠시 멈추는 것과 유사하다. 그러나 사람의 경우 처음 방에 들어선 사람과 방을 가로질러 나온 사람은 동일한 사람이나, 빛의 경우 원자와 상호작용하는 과정에서 광자가 소멸되고 이를 대치해서 "새 광자가" 다시

생성된다. 유리창에 처음 입사한 광자와 유리창을 투과한 후 나오는 광자는 동일한 광자가 아니다(또 하나의 예를 계주에서 볼 수 있는데, 계주에서는 처음에 달리는 선수와 결승점을 통과하는 선수는 동일한 인물이 아니다).

26. 유리는 자신의 고유진동수와 같은 주파수의 빛에 대해서는 불투명하다. 그 이유는 흡수 매질에 있는 전자들이 고유 진동수와 다른 주파수의 빛들보다 이 주파수의 빛에 의해 더 큰 진폭으로 강제 진동되기 때문이다. 이렇게 큰 진동은 이웃 원자에게 큰 에너지를 전달하여 원자가 빛을 다시 복사하기 보다는 자신의 내부에너지를 증가시킨다.

27. 단위 길이를 전파하는 동안 상호작용하는 횟수가 많을수록, 빛의 속도는 느려져 평균 속도도 작아지는 결과를 초래한다.

28. 입사하는 빛에 대한 투명성 여부는 물질의 공명 진동수와 입사하는 빛의 주파수가 같은지 아닌지에 달려있다. 어떤 주파수 영역의 빛에 투명한 물체라도 그 물질의 공명 진동수에 해당하는 주파수의 빛에는 불투명하다.

29. 구름은 자외선에는 투명하다. 이 때문에 구름은 피부가 햇빛에 타는 것을 막지 못한다. 그러나 유리는 자외선에 불투명하고 피부가 자외선에 의해 타는 것을 막아준다.

30. 햇빛에 노출되었을 때 선글라스는 보통 유리 안경보다 뜨겁다. 이는 유리 안경이 대부분의 빛을 투과시키는 반면 선글라스는 입사하는 빛을 많이 흡수하고 그 결과 내부에너지가 증가하기 때문이다.

31. 태양은 점 광원이 아니고 크기가 유한하여 태양의 가장자리에서 온 빛들이 높이 나르는 비행기와 같이 먼 곳에 있는 물체를 지나면서 그림자 안으로 모여 물체의 그림자 영역이 이 빛들로 채워진다. 비행기가 낮게 나를 때는 이 빛의 모임 현상이 비행기 그림자를 채울 만큼 크게 일어나지 않아 그림자의 대부분이 보인다. 이 점은 그림 26.11에 잘 볼 수 있다.

32. 태양의 일식은 지표면의 아주 적은 부분에 생기는 달의 그림자가 만드는 현상이며, 이 그림자 또는 부분 그림자 안에 있는 사람에게만 관측된다. 그러나 월식은 지구가 달에 만드는 그림자

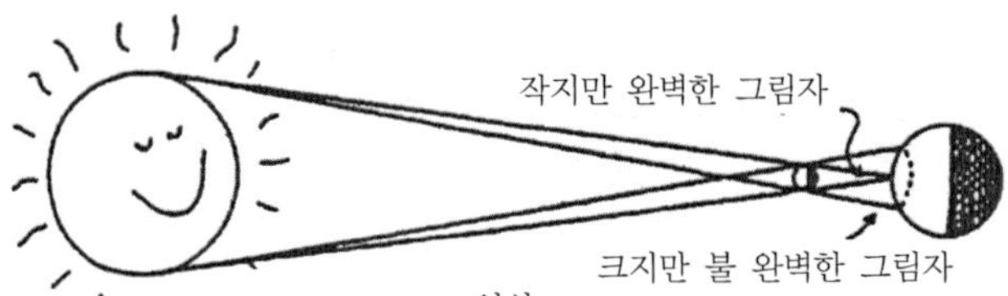

일식

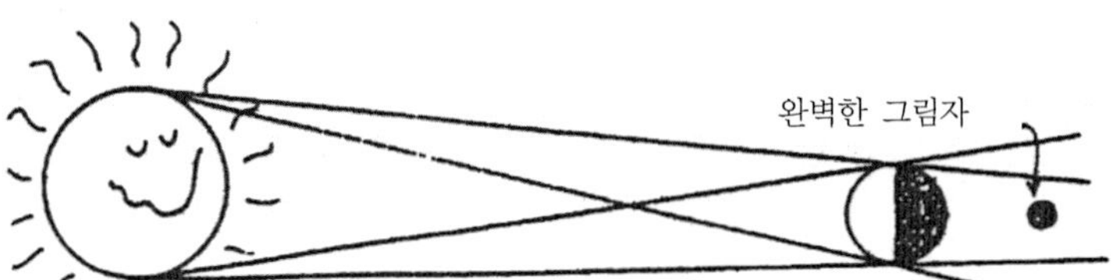

월식

이고, 달을 볼 위치에 있는 사람들에게는 모두 이 월식이 관측된다. 따라서 일식은 모든 사람에게 관측되는 것이 아니라 달의 그림자 안에 있는 사람에게만 관측되는 반면 월식은 달을 볼 수 있는 위치에 있는 모든 사람에게 관측된다.

33. 그렇다. 그 증거는 달이 지구의 그림자를 지날 때 생기는 월식이 되겠다.

34. 월식은 해와 지구, 달 셋이 지구를 해와 달 사이에 두고 일직선 상에 있을 때 일어난다. 완전히 일직선이 되었을 때 지구의 그림자가 달을 덮는다. 완전한 일직선이 되지 않으면 달 전체를 볼 수 있다. 실제로 일식이 있기 직전이나 직후 이들이 일직선에 가장 가까이 정렬했을 때 달이 가장 밝고 달은 가장 밝은 보름달이 된다. 반 달일 때는 지구와 달을 잇는 선과 지구와 해를 잇는 선은 서로 직각을 이룬다. 이때 해와 달과 지구는 일직선을 이루지 못하므로 반 달일 때는 지구의 그림자가 달에 생길 수 없음으로 절대로 월식이 있을 수 없다. 마찬가지로 일그러진 달일 때는 월식은 일어나지 않는다.

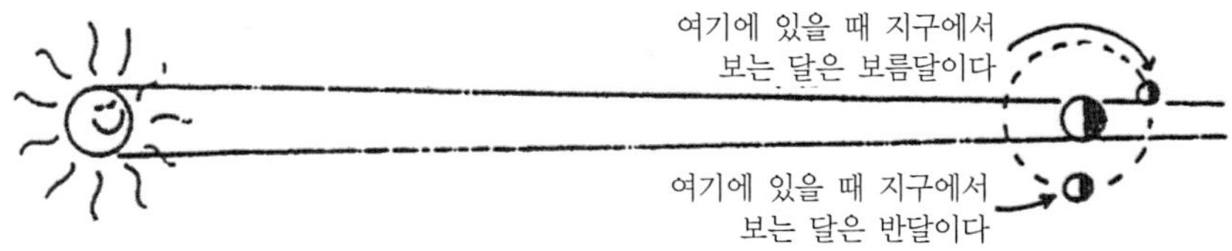

35. 다른 행성에 그림자를 드리우지 않았기 때문에 어떤 식도 없었다.

36. (a) 달에 있는 관측자에게 오는 햇빛의 경로를 지구가 차단하고 있기 때문에 관측자는 일식을 보게 된다.
(b) 달에 있는 관측자는 달의 그림자가 지구 표면을 천천히 움직이고 있는 것을 보겠다. 이 그림자는 중앙에 아주 검은 부분과 그 주위에 약간 덜 검은 부분으로 이루어져 있다.

37. 약한 빛에는 원뿔형이 아니라 막대형이 반응한다. 따라서 약한 빛이 들어오면 망막에서 막대형이 모여있는 곳으로 빛을 집중시켜 보내려 한다. 이곳은 중심에서 약간 벗어난 곳에 위치하고 있다. 아주 어두운 별을 볼 때 별이 보일 것이라고 예상하는 곳보다 약간 벗어난 곳을 보려는 것도 이 때문이다. 이렇게 해야 막대형들이 모여 있는 곳에 별의 상이 맺힌다.

38. 물체로부터 반사된 달빛은 보통 눈의 색채 감지 능력이 있는 원뿔형이 감지하기에는 너무 약하다. 따라서 이런 때는 물체를 막대형으로 물체를 보게 되며 따라서 물체의 색을 볼 수 없는 것이다.

39. 망막의 가장자리에는 원뿔형들이 없어서 이들 가장자리로는 색을 볼 수 없다.

40. 여자의 눈동자가 좁아진다는 것은 빛이 약하다는 뜻이고 그 때문에 그녀에게 보이는 것이 아름답게 보이지 않는다는 뜻이다.

41. 눈의 맹점은 중심와에서 코와 반대쪽으로 떨어진 곳에 있다.

42. 우리는 눈동자가 큰 사람이 눈동자가 작은 사람보다 일반적으로 더 행복하다고 추측할 수 없다. 사람의 눈동자 크기는 망막의 빛에 대한 감도와 관련이 있다. 또한 나이가 들면 눈동자의 크기가 줄어든다. 사람의 심리적 상태는 눈동자 크기에 변화에서 나타난다.

43. 에너지는 퍼져나가며 희석된 것이지 "없어진 것"이 아니다. 희석과 소멸은 분명히 다르다. 역 제곱 법칙에 따르면 빛의 세기는 거리가 멀어지면 약해지나, 구면 전체에 있는 빛의 총 양은 광원으로부터 어느 거리에서든 같다.

44. 카메라 플래시에서 나온 빛은 지상으로 가는 동안 역 제곱 법칙에 따라 점차 약해지고 그나마 지상에서 반사된 약한 빛도 비행기로 돌아오는 동안 더 퍼져나간다. 따라서 사진기에 도달한 빛은 너무 약해 아무 도움이 안 된다. 비행기에서든 축구장과 같이 넓은 곳에서든 사진을 찍을 때 플래시를 터트리는 것은 어리석은 일이다.

45. 비행기에서는 지상에 전자파를 보내 반사되어 오는 파의 왕복 시간을 측정하여 지상과의 거리를 짐작한다. 이는 배에서 탐사 음파를 해저에 보내 바다의 깊이를 측정하는 것과 원리가 같다. 아주 높은 고도에서는 고도계를 사용하는 것이 낫지만 지표면 가까이에서 비행기 조종사가 원하는 것은 국지적인 지표면으로부터의 고도이다.

46. 역 제곱 법칙에 따라 지구 표면에서 보다 약 1/25배, 사실 거리가 5배 보다 좀더 되기 때문에 이보다 조금 더 약하다.

47. 아니다, 왜냐하면 가장 밝은 별이라는 것이 사실 가장 가까이 있기 때문에 밝게 보일 수도 있다.

48. 당신이 보는 은하계는 사실 아주 오래 전에 은하계에서 보낸 빛을 보는 것이다.

49. 당신은 과거의 당신 손을 보는 것이다. 얼마나 오래 전? 궁금하면 당신 손과 눈 사이의 거리를 빛의 속도로 나누어 보아라(빛은 1억 분의 1초에 3cm 간다).

50. 책 뒤에 있는 표에 의하면 1ft = 0.3048m이다. 따라서 20ft는 20ft × 0.3048m/ft = 6.096m. 이를 반올림하면 미터계에서 6/6의 시력이 요구된다.

실전문제

1. 속력 = 거리/시간 = 300,000,000 km/1300s = 231,000km/s(현재 알려진 값의 77%이다).

2. 왕복 거리는 30 km이고 따라서 $d=ct$, $t=d/c$=30km/300,000km/s=0.0001s.

3. $v=d/t$; $t=d/v=d/c$=1.5×10 ^{11}m/3×10^{8} = 500s(8.3분). 지구의 공전 직경을 건너 가는데 필요한 시간은 천체 물리학자 로메오가 계산했던 것과 같이 이것의 약 두 배, 즉 1000s이다(실전문제 1).

4. 지구와 달 사이의 거리는 약 3.8×10^{8}이고 따라서 왕복 거리는 7.6×10^{8}이다. 위 문제에서와 같이 $t=d/v$=7.6×10^{8}m/3×10^{8}m=2.5s.

5. 위 문제에서와 같이 $t=d/v$=4.2×10^{16}m/3×10^{8}m=1.4×10^{8}m. 차원의 계산을 해 보면 1.4×10^{8}s×1h/3600s×1일/24h×1년/365일=4.4년

6. 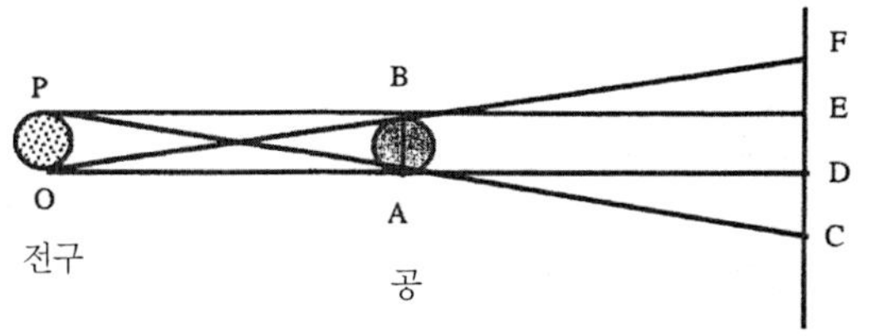

선분 OAD와 선분 PBE는 평행하고, 따라서 D와 E 사이는 본영이고 구의 직경과 크기가 같다. 삼각형 OAB와 삼각형 ODF는 닮은 꼴이고 변의 길이의 비가 1:2이므로 DF의 길이는 AB의 거리의 두 배이다. 이는 CD와 DE 및 EF는 같음을 의미한다. 따라서 C와 F 사이의 반영은 크기가 구의 세 배이다.

7. (a) 주파수 = 속력/파장 = 3×10^{8}m/s/0.03m = 1.0×10^{10}Hz = 10GHz
   (b) 거리 = 속력×시간이므로, 시간 = 거리/속력 = 10,000m/3×10^{8}m/s = 3.3×10^{-5}s(SI 단위계를 일관되게 사용해야 정확한 답을 얻을 수 있음을 명심하라).

8. 빛은 물 속에서 0.75c의 속도로 전파한다. 진공에서 빛의 파장이 $\lambda=c/f$이므로 물속에서 빛의 파장은 λ=0.75c/f이다. 따라서 모든 주파수에서 λ_W = 0.75$\lambda_{공기}$이다. 따라서 물 속에서의 빛의 속력은 진공 중에서의 3/4배이다. 파장은 변하나 주파수는 변하지 않는다. 물 속에서는 청록색 빛의 파장은 (0.75)(600) = 450nm이다. 플라스틱에서는 파장이 (0.67)(600) = 400nm이다.

제 27 장
Color

27장 연습문제

1. 빨간색의 파장이 가장 길고, 보라색의 파장이 가장 짧다.

2. 물건의 색을 햇빛에서 보겠다는 고객의 주장은 타당하다. 형광등 밑에서 보면 형광등 빛은 고주파수쪽이 훨씬 강하기 때문에 빨간색보다 파란색이 강조되어 보인다. 물체의 색은 햇빛에서 보면 훨씬 다르게 보일 것이다.

3. 빨간 페인트는 흰색빛의 빨간색 성분만 반사하고 다른 성분들은 흡수하기 때문에 빨갛게 보인다.

4. 장미의 꽃잎은 빨간색을 반사하고, 초록색 잎사귀는 빨간색을 흡수한다. 입사귀에 흡수된 에너지는 잎사귀의 온도가 오르게 한다. 흰색 물체는 빛을 반사하기 때문에 햇빛을 흡수해 뜨거워지는 것을 원하지 않는 사람들은 종종 흰색 물체로 햇빛을 가리고 다닌다.

5. 흰색이나 초록색 천은 초록색 빛을 반사시키기 때문에 좀 더 시원하다. 초록색의 보색인 자홍색은 초록색을 흡수하기 때문에 에너지를 흡수하여 따뜻하게 할 필요가 있을 때 가장 적합한 천의 색깔이다.

6. 검정색은 색이 없다. 흰색은 모든 색을 더해서 만든 색이다. 따라서 검정색과 흰색은 그 자체가 색은 아니다. 이들은 색 스펙트럼 어디에도 존재하지 않는다.

7. 광학 기기의 내부를 검정색으로 칠하는 것은 빛을 흡수하려는 것이다. 원하지 않게 흩어진 빛들이 광학부품들에 의해 흡수되지 않고 반사되면서 여기저기 돌아다니다가 광학 영상과 간섭하여 영상을 나쁘게 만드는 것을 피하기 위해서다.

8. 황록색일 때가 가장 눈에 잘 뜨이기 때문이다. 이 색의 영역에 눈이 가장 예민하다.

9. 테니스 공의 색은 사람의 눈에 가장 잘 보이도록 황록색이다.

10. 황록색만 보이는 것이 아니라 빨간색과 파란색도 보이기 때문에 이들은 혼합되어 흰색으로 보인다.

11. 빨간색 옷은 햇빛이나 네온 등에서 나오는 빨간색에서 보면 빨간색으로 보인다. 그러나 빨간색 옷은 청록색을 흡수하기 때문에 청록색 불 빛에서 보면 검게 보인다.

12. 햇빛에서 흰색으로 보이는 종이는 입사하는 빛은 어느 색이든 반사하는 특성이 있기 때문이다.

13. 노란색을 흡수하도록 칠한 전구에서 나오는 빛은 노란색의 보색인 푸른색이다(흰색-노란색=푸른색).

14. 무대 위의 연기자가 입은 노란색 옷을 그 보색인 푸른색으로 비추면 검정색으로 보인다.

15. 파란색과 노란색을 겹치면 흰색이 된다. 그러나 파란색 유리판과 노란색 유리판을 겹친 후 이를 통해 손전등의 빛을 보면 빛이 거의 통과하지 않음을 볼 수 있다.

16. 천연색 텔레비전은 색의 더하기 원리를 이용한다. 흰색은 빨강과 파랑과 초록색을 더한 색이고 검은 색은 빛을 없애서 만든다(실제로 빛 소자가 없는 화면으로). 노란색은 초록색 점과 빨간색 점들을 더하여 만들고, 자홍색은 빨간색과 파란색 점들을 비추어 만든다.

17. 빨강과 초록을 더하여 노랑을 만들고; 빨강과 파랑을 더하여 자홍색을 만들며; 빨강과 파랑과 초록을 더하여 흰색을 만든다.

18. 사용되는 색은 자홍색과 푸른색과 노란색이다. 검은색도 사용된다. 여기서는 감색원리(색의 빼기 원리)가 이용된다.

19. 동의한다. 왜냐하면 색에 관한 계산방법이 정확하기 때문이다.

20. 사진에서 빨간색 셔츠는 음화에서는 보색인 푸른색, 초록색 셔츠는 보색인 자홍색으로 보인다. 음화를 흰색 빛을 통해서 보면 푸른색 빛이 흡수되는 곳에서는 빨간색이 투과된다. 이와 유사하게 자홍색이 흡수되는 곳에서는 초록색 빛이 투과된다.

21. 황록색은 파란색의 보색이고, 이들을 합치면 검은색이 된다. 따라서 파란색 자동차는 이 불빛에서 잘 안보일 것이다.

22. 파란색으로 비추면 검게 보인다. 노란색 바나나는 노란색과 이웃 색인 주황이나, 초록색을 반사하고, 따라서 이들 색으로 비추면 비추어준 색으로 보인다. 그러나 바나나는 색 스펙트럼 상에서 노란색과 멀리 떨어져 있는 파란색은 반사하지 않고, 따라서 파란색으로 비추면 검게 보인다.

23. 자주 빛이다. 그림 27.12를 보라.

24. 이는 물이 빨간색을 약간 흡수하기 때문이다. 발이 약간 빨갛게 탔으면 눈으로 알아볼 수 있을 만큼 차이가 있다.

25. 깊은 물속에서 빛은 빨간색이 거의 남아있지 않아 피가 검게 보일 정도이다. 그러나 카메라의 플래시에서 나오는 빛에 빨간색이 충분히 있어 플래시를 키고 사진을 찍으면 피는 붉게 찍힌다.

26. 노란빛 + 파란빛 = 흰빛
초록빛 + 자홍빛 = 흰빛
자홍빛 + 노란빛 + 푸른빛 = 흰빛

27. 초록 + 파랑 = 흰색 - 빨강

28. 동의함, "빛 셈하기"가 정확하기 때문.

29. 반사된 빛은 흰색에서 빨강을 뺀 푸른색이다.

30. 망막의 피로 때문에 보색들을 본다. 파랑은 노란색으로 보이고, 빨강은 푸른 색으로 보이며, 흰색은 검게 보일 것이다. 한 번 실험해보라.

31. 우리는 낮에 별을 볼 수 없는데 이는 햇빛이 대기 중에서 산란된 빛이 너무 강해서 희미한 별빛을 완전히 압도하기 때문이다.

32. 높은 고도에서는 그 위로 분자들이 그리 많이 존재하지 않고, 따라서 햇빛의 산란이 상대적으로 적다. 이 결과 하늘은 좀더 어둡다. 아주 높은 고도에는 분자들이 거의 없고 달의 표면에서 볼 수 있듯이 하늘은 아주 검은 색이다.

33. 낮의 하늘도 밤의 하늘과 마찬가지로 검다.

34. 달 표면에서 보면 해나 별들이 아주 선명하게 보인다. 이는 하늘에 별빛을 압도할 빛(산란된)이 없기 때문이다.

35. 달에서 본 태양의 색은 항상 노랑-하얀 색이다.

36. 해안에서는 자외선이 모래에 의해 반사되고 있다. 따라서 직사광을 차단하더라도 자외선을 포함한 간접 광에 노출되고 있다. 또한 대기를 구성하고 있는 입자들로부터 산란된 가시광선이 있고, 이보다 더 크게 산란된 자외선이 있다. 따라서 당신이 그늘에 있더라도 반사된 빛과 산란된 빛에 의해서 피부가 탄다(몇 년 전 필자도 모래사장에 있는 망그로우브 나무 그늘에 앉아 이 책을 집필하는 생각에 몰두해 있다가 피부가 많이 탄 적이 있다. 참 어려운 방법으로 터득한 지식이다).

37. 이와 같은 안경은 산란이 더 많이 된 파란색과 자주색을 제거하여 비행사로 하여금 눈이 더 예민하게 감지할 수 있는 주파수 영역의 빛만을 보게 한다(빨간색만을 투과하는 안경은 산란된 파란색과 자주색은 제거하지만 이 색에는 눈의 감도가 낮다).

38. 빛은 대기의 밀도가 낮아 산란이 덜 일어나는 대기 상층권에서 그 속도가 더 빠르다.

39. 동의한다.

40. 연기의 입자들은 주로 파란빛을 산란시키기 때문에 어두운 것을 배경으로 연기를 보면 파랗게 보인다. 당신이 보는 것은 연기 입자들에 의해 산란된 빛이다. 그러나 파란 하늘을 배경으로

하여 연기를 보면 당신에게 보이는 것은 하늘색에서 연기가 산란시킨 파란빛을 뺀 빛이 되겠다. 따라서 노란색으로 보인다.

41. 정확히 말하고 있다. "지나지 않는다"라는 말을 조금 과장된 표현이다. 그냥 남아있는 색이 아니라 다른 방향으로 산란되지 않은 빛의 색이라는 표현이 더 정확하겠다.

42. 주황색 하늘은 저주파수의 빛이 산란되었음을 뜻한다. 해가 질 즈음 산란거리가 길어질 때 아주 적은 양의 저주파수 빛이 관측자에게 도달한다. 산란이 덜 된 고주파수 빛 때문에 하늘은 약간 푸른색을 띈다.

43. 화산의 분출로 인해 빨간빛이 산란되면서 달은 빨간색의 보색인 푸른색으로 보인다.

44. 구름은 원자나 분자와 여러 크기의 입자들로 구성되어 있다. 따라서 높은 주파수의 빛뿐 아니라 중간 주파수나 낮은 주파수의 빛도 구름에서 산란한다. 이들 산란된 빛들의 모든 색의 빛들이 합쳐서 흰빛을 보여준다.

45. 거품은 작은 액체방울들로 구성된 것이어서 구름과 같이 빛을 산란시킨다.

46. 비 구름은 입사하는 빛의 상당량을 흡수하는 상대적으로 큰 입자들로 구성되어 있다. 비 구름이 흡수하는 입자들로만 구성되어 있다면 구름은 검게 보일 것이다. 그러나 고주파수 빛을 산란시키는 작은 입자들도 많이 포함하고 있기 때문에 구름은 완전히 흡수만 하는 것이 아니라서 검게 보이기 보다는 어둡게 보인다.

47. 만약 대기권이 몇 배로 두꺼웠다면 대부분의 파란색 빛은 지구 밖으로 산란되고 지표면에 도달하는 햇빛은 대부분 저주파수의 빛이 되었을 것이다. 눈은 정오에는 주황색으로 보일 것이며, 해가 기울어 있을 때는 깊은 빨간색으로 보일 것이다.

48. 목성의 대기가 반 투명하다면 태양은 희게 보이지 않을 것이다. 대기의 분자들이 어떤 색의 빛을 다른 색의 빛보다 더 강하게 흡수하여 태양이 색을 띄우도록 할 것이다. 실제로 목성의 대기권에는 두꺼운 구름층이 있어 대부분의 햇빛이 목성 표면에 도달하지 못하도록 차단한다. 거기다가 목성 표면은 경계 면이 정확하게 정의될 정도로 단단하게 굳어있지도 않다.

49. 인간이나 기타 생물들의 활동은 대기 중에 먼지나 다른 입자들을 더하고 그 결과 석양의 모습에 영향을 준다.

50. 파도가 부서질 때 물은 여러 가지 크기의 작은 물방울로 쪼개져 하늘 위의 구름 속에 있는 물방울에서와 같이 여러 주파수의 빛들이 이 물방울들로부터 산란하여 흰색을 이룬다.

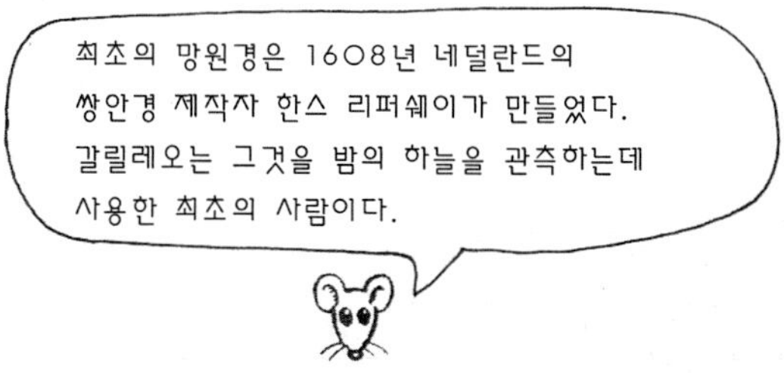

제 28 장

Reflection and Refraction

28장 연습문제

1. 물리 선생님은 거울을 두 다리 사이에(가랑이) 세워놓고 그의 왼쪽 발로 거울 뒤의 책상 위를 딛고 서있다.

2. 먼저 물체가 반사한 것이 보이는 것과 물체를 거울면 대칭으로 반전한 것이 보이는 것은 다름에 유의하라. 왜냐하면 반사한 것은 밑에서 보는 것과 같기 때문이다. 우리가 물위에 놓인 다리를 볼 때 다리를 직접 보면 다리의 윗면만 보이지만 반사한 모양을 보면 다리의 아랫면이 보이는 것과 같이 새를 볼 때도 마찬가지이다. 수면에서 반사한 모양은 물체의 반전된 모양이 수면에서 반사하는 것을 당신의 눈이 물 밑 대칭점에 위치해서 보는 것과 같이 보인다. 이때 새에서 출발한 빛이 수면에서 반사하여 수면 밑의 당신 눈에 오는 길이 돌에 의해서 차단되고 있다. 당신과 책상 사이의 마루에 거울을 놓아 보아라. 당신이 서서 직접 보면 책상의 윗면이 보인다. 그러나 반사된 것을 보면 책상의 밑면이 보인다. 확실히 두 모양은 서로 반전된 거울 대칭이 아니다. 반사 현상을 관찰할 때 이점에 항상 유의하라. - 많은 화가들이 이 현상을 알지 못하고 있다는 사실이 놀랍다.

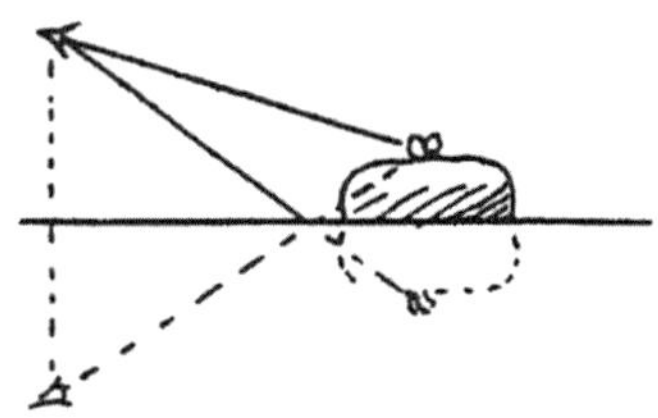

3. 프레드와 메켄지는 두 평행한 거울 사이에 서 있다. 한 거울에서 반사한 이들의 상은 반대편 거울에 상을 만들고, 이 상은 또다시 반대편 거울에 상을 만들며 이 과정을 한없이 반복한다. 그러나 빛은 반사할 때마다 에너지를 약간씩 잃어가 실제로 무한히 많은 상을 만들지는 못한다.

4. 굴절에 관한 페르마의 원리는 빛이 최단 시간이 걸리는 길을 택하여 간다는 것이지만, 반사의 경우에는 제일 짧은 길을 택하여 간다고도 말할 수 있다. 이는 반사 과정에서는 매질의 굴절률이 변하지 않고 따라서 빛의 속도도 변하지 않기 때문에 최단 시간 경로와 최단 길이 경로는 동등하기 때문이다. 그러나 굴절에서는 빛이 한 매질에서 빛의 속도가 다른 매질로 진입한다. 이렇게 되면 최단 길이 경로인 직선 경로가 직선이 아닌 최단 시간 경로보다 시간이 더 걸린다. 그림 28.13에서 최단 길이 경로와 최단 시간 경로의 차이를 보라.

5. 제2카드만 그녀의 눈에 보일 것이다.

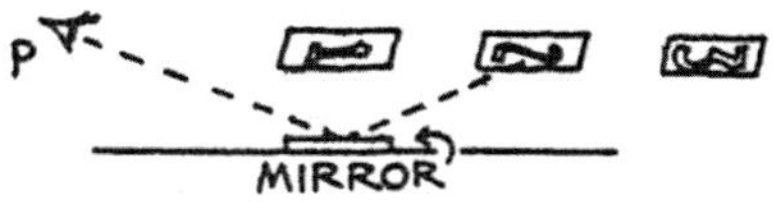

6. 조는 단순히 상대방의 상을 겨냥하고 총을 쏘면 된다. 왜냐하면 반사된 총알이 금속판에서 운동량을 바꾸며 반사할 때 빛이 그와 같은 평면에서 반사할 때 따르는 경로(입사각 = 반사각)를 그대로 따르기 때문이다.

7. 그와 같이 쓰여진 글자들은 앞 차의 백미러를 통하여 보면 적절한 모양으로 읽혀질 것이다.

8. 반사과정이든 굴절과정이든 빛이 점 A에서 점 B로 가면서 택한 길을 빛이 반대로 점 B에서 점 A로 갈 때도 택한다. 따라서 당신이 운전수를 볼 수 없다면 그도 당신을 볼 수 없다(빛의 진행 경로가 빛의 진행 방향과는 무관하다).

9. 당신이 오른손을 흔들 때, 흔드는 손의 거울에 비친 상은 역시 오른쪽에 있고, 머리의 상도 위에 있으며 발의 상은 아래에 있다. 좌우나 위아래 모두 거울에 의해서 반전되지 않는다 – 그러나 그림 28.8에서 마죠리가 보여 주는 바와 같이 *앞*과 *뒤*는 바뀐다(일반 좌표계와 같은 서로 직각을 이루는 세 축, x축, y축과 z축을 생각해보라. 바뀌는 축은 z축 뿐으로 −z로 바뀐다).

10. 거울은 두 면에서 반사한다. 겉의 유리면에서는 입사하는 빛의 4%를 반사하고 거울 안에 있는 은으로 코팅된 면에서 대부분의 빛을 반사한다. 거울이 "낮"의 위치로 기울어져 있으면 운전자는 은 코팅된 면에서 반사하는 빛을 본다. 거울을 위로 기울게 하여 거울이 "밤"의 위치에 있으면 은 표면에서 반사된 빛은 위로 올라가고 운전자는 거울의 겉의 유리면에서 반사한 빛을 본다. 이 뒤에서 오는 4%의 빛이 운전자가 밤에 운전하는데 적합한 양이다.

11. 지평선보다 약간 위에서 눈부신 빛이 올 때, 위아래로 기울일 수 있는 창문은 이 빛이 그 앞에서 있는 사람에게 도달하는 것을 차단할 수 있다. 창문의 아래쪽이 안으로 들어오도록 기울게 하면 이 눈부신 빛은 아래로 반사된다(이 문제는 위의 문제와 유사하지 않다).

12. 유리창은 빛을 투과하고 동시에 반사도 한다. 유리창은 통상 92%의 빛을 투과하고 두 표면에서 약 8%를 반사한다. 눈에서 감지하는 입장에서 보면 몇 퍼센트냐 하는 것과 빛의 절대 양은 별개의 문제이다. 대낮에 밖에서 유리창을 통하여 어두운 방을 들여다보는 사람은 밖의 빛이 반사한 8%와 안에서 투과한 92%의 빛을 보게 된다. 그러나 밖의 빛의 8%가 안의 어두운 빛의 92%보다 더 강하다면 이 사람은 방 안의 광경을 보기가 거의 불가능할 것이다. 안에 있는 사람은 밖에서 92% 투과한 빛과 안에서 8% 반사한 빛을 보게 됨으로 밖의 광경을 보는데 지장이 없다(밤에 불을 밝게 킨 방을 생각해 보면 이 현상이 역으로 성립함을 알 수 있다. 즉 방 안에서는 밖의 광경을 잘 볼 수가 없을 것이다).

13. 표면이 거친 종이는 모든 각도에서 보이는 확산 반사를 한다. 그러나 종이가 매끄러우면 정반사만하기 때문에 특정한 각도에서만 보인다.

14. 자갈밭과 같이 울퉁불퉁한 지면은 잘 보인다. 당신의 자동차의 전조등에서 비친 불빛이 이 울퉁불퉁한 표면에서 반사하여 되돌아 오는 빛으로 도로를 볼 수 있다. 거울처럼 매끄러운 지면은 빛을 더 잘 반사하겠지만 빛이 전방으로만 반사하기 때문에 도로를 보는 데는 도움이 되지 않는다. 거친 지면에서의 확산 반사는 건조한 날 밤에 운전자가 전조등으로 도로를 비추면 도로를 쉽게 보는데 도움이 되지만, 비 오는 밤에는 지면은 물이 차면서 거울면처럼 되어 전조등으로 비친 빛은 운전자에게 거의 돌아오지 않고 전방으로 반사되어 사라진다(반대 방향에서 오는 운전자에게 눈부심만 제공하며).

15. 당신의 몸 전체를 보기 위해서 필요한 최소한의 거울의 길이는 당신의 키의 절반이다. 그림에서 보는 바와 같이 당신의 시선보다 위와 밑부분의 거울은 필요가 없다.

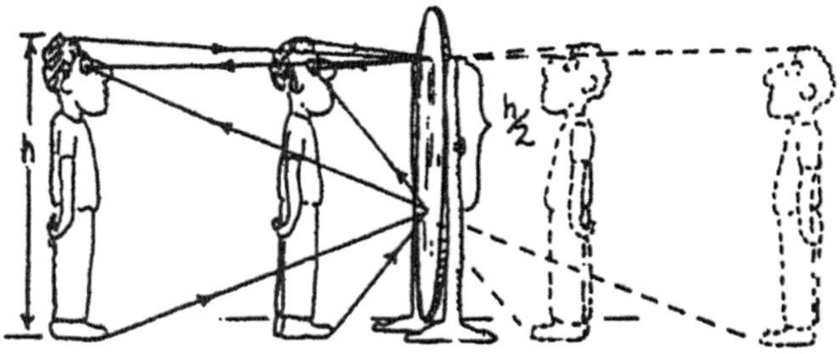

16. 키의 절반 크기의 거울의 원리는 위의 그림에서 보는 바와 같이 거울과 당신 사이의 거리에 관계없이 항상 성립한다. 이는 당신이 거울에 가까이 다가가면 당신의 영상도 가까이 오기 때문이다. 거울에서 멀어지면 상도 멀어진다.

17. 닦아진 면은 얼굴 크기의 절반이다.

18. 손거울에서 볼 수 있는 얼굴의 크기는 거울의 두 배인 것에 유의하라 - 이는 거울을 팔 길이에 두고 보든 더 가까이 보든 마찬가지이다.

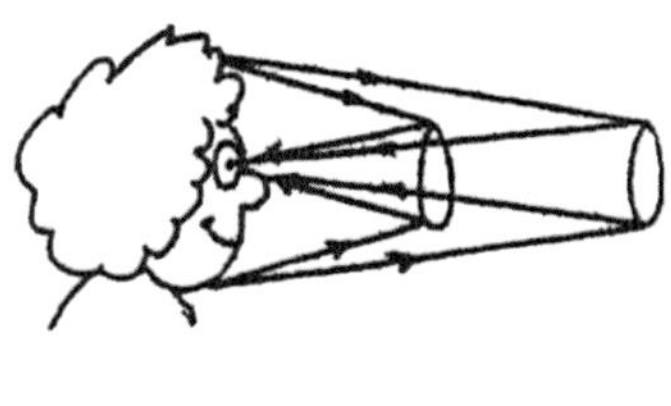

19. 사람 전체를 볼 수 있는 가장 작은 창문은 사람 크기의 절반이다. 이는 보는 사람과 보는 대상이 같은 거리에 있다면 창문과 대상과의 거리에 관계없이 항상 성립한다. 이는 위의 연습문제 12에서 15에도 잘 설명되어 있다.

20. 물 표면이 완벽하게 평면이라면 수면에서 해와 달의 둥근 모양이나 일식 또는 월식을 볼 수 있다. 수면이 약간 거칠면, 이들의 상은 약간 물결 모양이 될 것이다. 물 표면이 더 거칠어지면 해나 달의 상 주위에서 약간 번쩍거리는 모양이 보일 것이다. 이는 수면 파가 작은 평행 거울처럼 행동하기 때문이다. 파도가 약하면 영상에 가까운 영역에서 반사한 빛만 눈에 도달한다. 그러나 물결이 거칠어지면 상의 주위의 많은 부분들이 눈에 빛이 정반사하여 도달하도록 수면의 각을 바꾼다. 이 작은면들은 원래의 평면에서 크게 벗어나지 않아 반사된 해나, 달의 상은 기다란 상이 된다. 물 표면이 더 거칠면 이들의 상도 더 길어질 것이다.

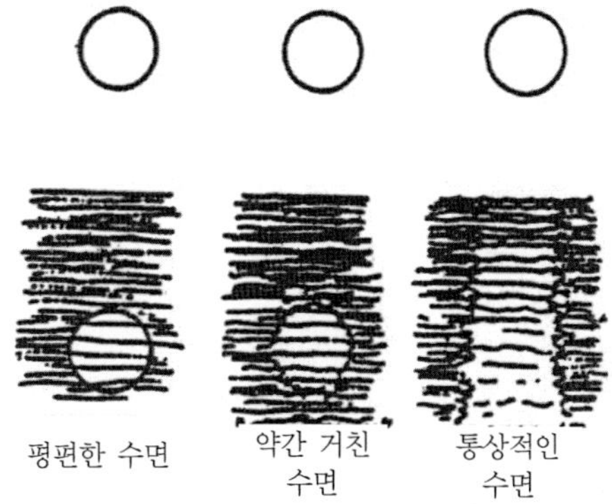

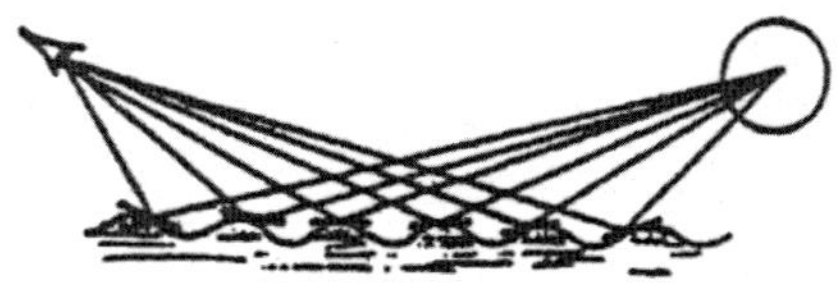

21. "원시"이다.

22. 그림에서와 같이 사람의 상을 거울에서 볼 수 없다. 그가 자신의 상을 볼 수 있다면, 그의 바로 앞이나 뒤에 있지 않으면 그의 상을 볼 수 없다. 그 사람의 옆에 서서 그 사람과 그 삶의 상을 볼 수 있었다면, 거울이 그 사람 앞에 놓여 있을 수 없다. 그림에서 보이는 바와 같이 거울을 그 사람의 오른쪽에 놓여 있어야 한다. 사람은 거울을 볼 수 없다. 무대에서 배우를 거울에서만 보이게 하려면 이와 같이 거울을 배치한다. 실제로 배우는 거울에서 자신의 상을 보는 것같이 연기 하지만 실제로 이 상이 배우 자신의 상이라면 관중에게는 이 상이 보이지 않을 것이다.

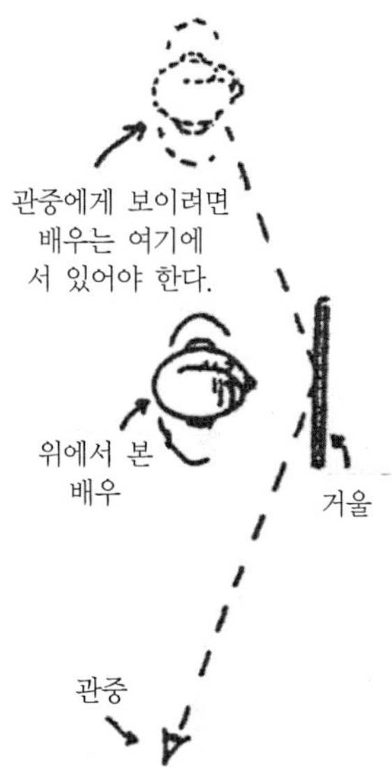

23. 그림 28.24를 분석해보면, 동의한다. 위의 공기와 비교해 볼 때 물 속에서 파면들은 좀 더 가까이 밀집되어 있다.

24.

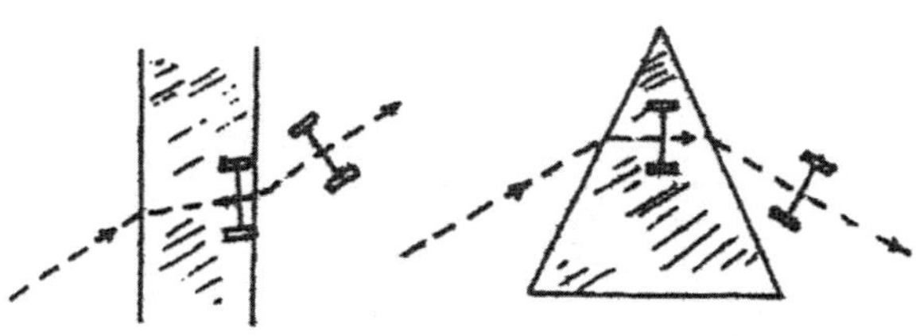

25. 유리 속에서는 빨간빛이 더 빨리 전파하고 따라서 먼저 매질 밖으로 나올 것이다.

26. 월식 중에 달이 지구의 그림자 안에 완전히 들어가 있는데도 불구하고 달은 완전히 어둡지 않다. 이는 지구의 대기권이 태양에서 오는 빛을 굴절시켜 지구의 그림자로 집속시키는 렌즈의 역할을 하기 때문이다. 이 때 저주파수의 빛은 대기권을 통과하는 긴 경로를 더 잘 투과하여 달에 도달한다. 따라서 월식 때의 달의 색은 약간 붉은색을 띤다 - 마치 일출이나 일몰 때와 같이.

27. 콩기름과 유리에서의 빛의 속도는 같다(즉 굴절률도 같다). 따라서 유리와 콩기름 사이를 통과하는 빛은 굴절하지 않는다.

28. 두 그림은 서로 모순되지 않는다. 두 경우 모두 빛이 물 속에서 나오면서 법선에서 멀어지는 각도로 굴절한다. 이 때문에 물 속에 잠겨 있는 사각형 물체의 모서리는 약간 얕게 있는 것 같이 보인다. 왼쪽 그림에서의 광선의 경로와 오른쪽 그림에서 보이는 사각형의 변의 모양과 혼동하지 말라. 오른쪽 그림에서 빛은 변에서 나오지 변을 따라 진행하지 않는다.

29. 빛의 굴절 때문에 물고기는 실제의 위치보다 얕은 곳에 있는 것 같이 보이므로 창을 물고기가 보이는 곳 보다 더 깊은 곳을 찔러야 한다. 그러나 물고기를 레이저 빛으로 쏘아 맞추려면 아무 방향의 수정이 없이 물고기가 보이는 곳을 겨냥하면 된다. 왜냐하면 물고기에서 나온 빛이 수면에서 굴절해 나왔듯이 레이저 빛도 수면에서 진입할 때 굴절하기 때문이다(빛의 역진 원리). 물고기의 색과 레이저의 색이 다르면 약간의 교정은 필요하다 - 다음 문제 참조.

30. 파란색 빛의 굴절률이 빨간색 빛의 굴절률보다 크기 때문에 파란색 빛이 전파하는 선을 따라 빨간색 광선을 쏘면 광선은 물고기의 위로 지나갈 것이다. 따라서 물고기가 보이는 장소보다 약간 아래를 향하여 빨간색 빛을 쏘아야 한다.

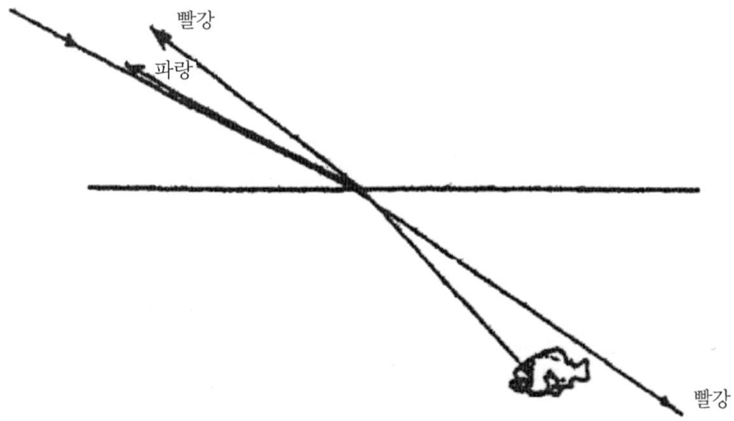

31. 물고기가 물 속에서 45°로 위를 쳐다보면 물의 임계각이 48°이여서(일부 물 밑에서 반사한 빛과) 하늘이 보인다. 물고기가 48°로 위를 보면 반사된 빛만 보게 된다.

32. 전반사는 빛이 경계 면을 건너갈 때 속도가 커지는 경우에만 일어날 수 있다. 공기에서 물로 진입하는 빛의 경우에는 전반사가 일어날 수 없다. 이는 당신이 직접 물에서 공기로 진입하는 빛의 경로들을 그려보면 알 수 있다. 역으로 공기에서 물로 진행하는 모든 빛이 당신이 그린 그림에 속함을 볼 수 있다.

33. 레이저 광선을 우주 정거장에 보낼 때 단순히 당신에게 보이는 우주 정거장을 겨냥하면 된다. 이는 29번 문제에서 물고기를 레이저 광선으로 잡을 때와 같은 원리이다. 굴절하는 경로는 양방향이 같다.

34. 도로 표면 가까이에서 하늘 빛이 위로 굴절하는 것을 보고 있는 것이다.

35. 물방개의 "젖지 않는" 다리가 수면을 눌러 수면이 곡면이 되면서 수면은 렌즈와 같이 빛이 진로를 벗어나 퍼지게 하여 바닥에 생긴 그림자가 커지게 된다(가까이 들여다보면 그림자 가장자리가 좀 더 어둡고 이 어두운 영역 밖으로 밝은 띠가 형성되어 있음을 알 수 있다. 흥미롭게도 이 밝은 부분과 그 옆의 어두운 부분의 빛의 양을 합쳐보면 그것이 그림자 가운데에서의 밝기와 같음을 알 수 있다 - 빛의 보존).

36. 무지개는 "저 멀리에" 실제로 존재하는 물체가 아니기 때문에 무지개를 "옆에서" 볼 수는 없다. 색들은 수많은 방향으로 굴절되어 하늘을 채운다. 이중 다른 색과 완전히 섞여 버리지 않고 색을 유지하며 들어오는 빛은 태양에서 오는 빛의 경로와 눈과 무지개를 잇는 선이 40°와 42° 사이에 드는 원뿔 안에 들어 있는 빛뿐이다. 이를 이해하기 위해서 종이로 원뿔을 만든 다음, 그 원뿔의 뾰족한 끝은 약간 잘라내어 구멍이 나게 해보자. 이때 원뿔을 옆에서 가까이 보면 원형인 원뿔의 둘레가 타원으로 보인다. 그러나 원뿔의 둘레를 꼭지점에 있는 구멍을 통하여 보면 원뿔의 둘레는 항상 원으로 보인다. 이와 같이 구멍을 통하여 보는 것과 무지개를 보는 것은 유사하다. 무지개를 보는 눈은 항상 원뿔의 꼭지점에 위치한다. 원뿔의 축은 햇빛의 경로와 나란하고, 원뿔의 둘레가 무지개이다. 어디서 보든 무지개는 부분 원의 모양을 보인다.

37. 서로 거리가 떨어져 있는 두 사람이 같은 무지개를 볼 수 없다는 사실을 상황을 과장하여 보면 이해할 수 있다: 이 두 사람이 서로 수 킬로미터 떨어져 있다고 가정해보자. 이들이 하늘에서 보고 있는 물방울들은 서로 다른 물방울들일 것이다. 그들이 모두 무지개를 보고 있어도 서로 다른 무지개를 보고 있다. 이들이 좀더 가까이 위치해도 결과는 마찬가지이다. 두 사람의 눈이 같은 장소에 있을 때만이 같은 무지개를 볼 수 있다.

38. 해가 중천에 있을 때 비행기에 탄 사람이 해의 반대쪽에 있는 구름을 내려다보면 무지개가 완전한 원을 이루고 있는 것을 볼 수도 있다. 이때 비행기의 그림자는 이 원의 중심에 있게 된다. 이는 비행기가 해와 무지개를 만드는 구름 물방울들 사이에 있기 때문이다.

39. 달무리(달의 후광)와 무지개는 빛이 물에서 굴절하면서 만들어진 것이라는 점에서 서로 유사하다. 물방울이 빛을 분산시켜 무지개 두 개를 만들듯이 얼음 결정체들이 빛을 분산시켜 달무리를 두 개 만든다. 두 경우 모두 밖에 생긴 것이 안에 생긴 것보다 훨씬 어둡다. 이들이 서로 다른 점은 달과 달무리는 달을 달무리의 중심에 위치하여 하늘의 같은 쪽에서 생기는 반면

무지개는 해의 반대편에 생긴다(이때 당신이 자신의 그림자를 볼 수 있다면 그 그림자는 무지개의 중앙에 위치해 있을 것이다). 이들의 또 다른 점은 무지개에서는 굴절뿐 아니라 반사도 중요한 역할을 하는데 비해 달무리는 굴절로만 형성된 것이라는데 있다. 또한 무지개는 빛이 물방울에서 굴절과 반사하며 생기는 반면 달무리는 얼음 결정에서 굴절하여 생긴다는 점에서도 차이가 있다.

40. 확대경을 "가열 렌즈"로 사용할 경우 렌즈가 하는 역할은 에너지(빛)을 모아서 초점에 집중시키는 일이다. 중요한 점은 렌즈의 면적이 빛이 모이는 초점의 면적보다 훨씬 크다는 점이다. 그러나 태양열 가열 담요는 그 면적이 수영장보다 크지 않아 수영장이 받을 태양열보다 더 많은 열을 받지는 않는다. 이 담요는 물이 증발하는 것을 막아 수영장을 따뜻하게 할 지는 몰라도, 절대로 이 담요가 추가로 열을 수영장에 공급하지는 않는다. 이 사기군들은 무식한 대중을 우롱하고 있다.

41. 물이 출렁거리거나 아니면 정지해 있거나 밑바닥에서의 태양 빛의 평균 세기는 같다. 바닥의 한 곳에 오지 않은 빛은 바닥의 다른 곳으로 갔을 뿐이다. 모든 어두운 곳은 다른 밝은 곳에 의해서 균형되어 있다. - "빛의 보존 법칙"

42. 굴절이 더 적게 된다. 이는 물에 진입할 때 이미 빛의 속도가 감소하여 눈에 진입할 때는 속도 감소가 작기 때문이다. 이 때문에 근시들에게는 공기 중에서 보다 물 속에서 물체가 더 선명하게 보인다.

43. 정상적 시력을 가진 눈은 공기에서 눈에 진입하는 빛의 굴절에 의존한다. 즉 적절한 빛의 속도 변화가 정상적인 시력을 보장하는 것이다. 그러나 물 속에서 진행하든 빛이 눈으로 진입하면 속도 변화가 다르기 때문에 (굴절량도 달라져서) 상이 분명하게 보이지 않는다. 수영을 할 때 물안경을 쓰는 이유는 빛이 안경 안의 공기를 지나 눈에 진입하여 상이 분명하게 보이도록 하는 목적이 있다.

44. 앞 문제에서 수영하는 사람에게 해당되는 사항이 공기 중에 노출된 물고기에게도 해당된다. 물고기에게 정상적인 시력은 빛이 물 속에서 물고기 눈에 진입할 때 생긴다. 공기 중에서 이 조건은 물고기가 안경을 쓰고 그 사이에 물을 채울 때 충족될 것이다.

45. 다이아몬드가 물 속에 있으면 물에 대한 굴절률이 공기에 대한 굴절률보다 작아져 다이아몬드는 덜 반짝인다. 물 속에서의 빛의 속도는 공기 중에서 보다 작기 때문에 다이아몬드에 진입할 때의 속도 감소가 공기에서 진입할 때보다 상대적으로 적고 따라서 굴절도 적게 일어난다.

46. 렌즈의 표면을 반쯤 가리면 렌즈를 통과하는 빛의 양도 반으로 줄어든다. 그러나 보통 사람들이 잘못 생각하는 것처럼 영상의 반을 잘라내지는 않는다(이 잘못된 생각은 광선 추적 작도법의 사용 영역을 잘못 이해하여 생기는 것으로 이 작도법은 상의 위치를 정하는데 유용할 뿐이지 상의 모양을 정하는 데는 적합하지 않다).

47. 원래의 색으로는 상은 별로 다른 영향은 받지 않고 다만 약간 어둡게 보인다.

48. 여기서 소리를 굴절시키는 역할을 하는 렌즈는 소리의 속도를 약간 줄이는 기체로 만든 구이다. 유리렌즈가 빛의 진로를 바꾸듯이 소리렌즈는 소리파의 진로를 바꾼다.

49. 유리렌즈 안에서의 빛의 평균 속도가 공기 중에서의 속도와 같다면 렌즈에서 굴절도 없을 것이고 따라서 렌즈가 만드는 상이 확대되지도 않을 것이다. 상의 확대는 굴절때문에 생기는 것이고 굴절은 경계면을 통과한 빛에 속도 변화가 일어나기 때문에 생긴다.

50. 확대경은 물 속에서는 물체의 상을 덜 확대시킨다. 물 속에서는 물과 렌즈에서의 빛의 속도 차이가 공기와 렌즈에서의 차이보다 작다.

51. 선명하다.

52. 유리렌즈를 사용할 때와 같이 모이게 하지 않는다. 따라서 작은 구멍이 만든 상은 모든 점에서 선명하다.

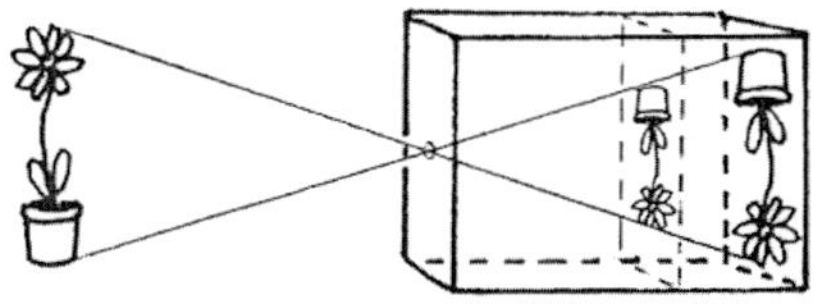

53. 작은 구멍이 만든 상은 선명하지만 매우 어둡다 – 스파이용으로는 부적합하다. 스파이용 카메라는 특히 어두운 장소 같은 곳에서 가능한 모든 빛을 이용해야 한다. 이 때문에 렌즈의 표면이 넓어야 한다.

54. 이들 밝고 둥근 원들은 나무잎들 사이에 만들어진 작은 구멍들이 만든 해의 상들이다.

55. 매우 먼 거리 또는 무한히 먼 거리에 있는 물체에서 오는 빛은 렌즈의 초점 평면에 초점을 맺는다. 따라서 먼 거리에 있는 물체의 사진을 찍을 때는 감광 평면은 렌즈로부터 한 초점거리에 위치시킨다. 물체가 좀 가까이 있으면 감광 판은 렌즈로부터 이보다 더 먼 거리에 놓는다.

56. 스크린 상에 투사될 수 있는 실상은 언제나 거꾸로 맺혀진다. 따라서 슬라이드를 거꾸로 해서 투사해야 상의 위아래가 제대로 되어 보인다.

57. 그렇다. 실상은 거꾸로 맺혀진다. 따라서 뇌에서 그것을 뒤집어 처리한다.

58. 그렇다. 영상은 항상 거꾸로 맺혀진다. 뇌가 그 정보를 처리해서 바로 잡을 뿐이다.

59. 굴절 망원경을 사용하여 달을 관측하는 사람들이 보는 상과 일치하기 위해서 달의 지도는 위아래가 뒤집어져 있다.

60. 눈 가까이에서 눈이 볼 수 있는 영역은 나이가 들수록 점점 멀어진다. 책을 보기 위해서는 책을 팔 길이에 들고 있어야 하면 당신은 노안 안경이 필요하다.

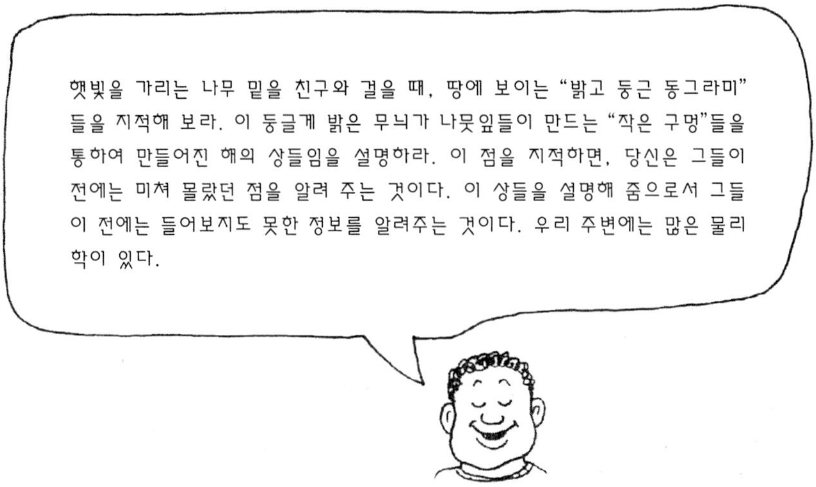

실전문제

1. 4m/s. 당신과 당신의 상은 모두 2m/s로 걷고 있다.

2. 거울이 회전할 때는 거울의 법선도 회전한다. 입사광선이 법선과 이루는 각과 반사광선이 법선과 이루는 각이 같으므로 빛은 회전각의 두 배로 빗나간다. 같은 원리로 거울이 10° 회전하면, 법선도 10° 회전하고 따라서 반사한 광선은 20° 빗나간다. 이 원리 때문에 갈바노미터 같은 기기에서 예민한 움직임을 감지할 때 거울을 사용한다. 사실 거울을 사용하는 더 큰 이유는 반사한 빛을 멀리 떨어진 곳에서 읽으면 움직임을 훨씬 증폭해 볼 수 있다는데 있다.

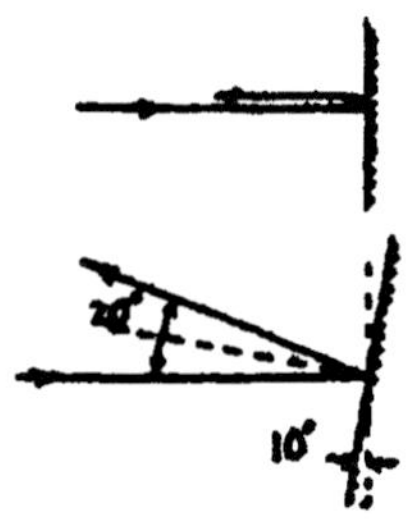

3. 나비의 상은 거울 뒤에서 20cm에 있고 따라서 상에서부터 당신의 눈까지의 거리는 70cm이다.

4. 첫 번 면에서의 투과가 96%이면 두 번째 면에서 투과한 빛은 96%의 96%이므로 유리를 투과한 빛은 총 92%이다.

5. 두 장의 유리를 투과한 빛의 양은 총 85%이다. 이를 이해하기 위해서 처음에 100의 단위로 입사한 빛을 생각해보자. 첫 번째 면에서 92가 투과했고 이중 92%가 두 번째 면을 투과 하므로 총 84.6이 투과할 것이다.

6. 1440분/360° = 알려지지 않은 시간/0.53°의 관계에서 알려지지 않은 시간 = .53°×1440분/360° = 2.1분이다. 따라서 해는 하늘에서 매 2.1분마다 해의 직경에 해당하는 거리를 움직인다. 해가 질 즈음에는 굴절 효과 때문에 이보다 약간 더 걸린다. 지는 해가 그 모습을 감추는데 걸리는 시간은 2.1분 보다 조금 더 길다.

제 29 장 Light Waves

29장 연습문제

1. 지구에 도달하는 햇빛은 태양을 원점으로 확장해 나가는 구면 파의 극히 작은 부분이고 따라서 큰 구면의 작은 부분이므로 평면 파로 간주할 수 있다(지구 표면의 작은 부분은 평면으로 볼 수 있듯이). 그러나 주변에 있는 전구에서 나온 구면 파는 곡률이 상당한 곡면이다(그림 29.3과 그림 29.4를 보라).

2. 물체의 주위에서 일어나는 회절은 파동의 파장이 물체의 크기와 같거나 그보다 더 클 때 가장 두드러지게 일어난다. 일상 생활에서 보는 물체에 비해 소리의 파장은 비교적 길으나 빛의 파장은 매우 짧다. 따라서 일상적인 환경에서는 소리의 회절이 더 잘 관측된다.

3. AM 라디오 파는 파장이 수백 미터이어서 건물의 크기보다 훨씬 길어 이들은 건물에서 쉽게 회절한다. FM 라디오 파는 파장의 길이가 수미터이므로 건물에서 회절할 수 있는 경계값이다. 빛은 파장이 센티미터의 수만 분의 일이어서 건물 주위에서 거의 회절하지 않는다.

4. 빛이나 소리가 보여주는 간섭 무늬의 주름들은 파동이 중첩하는 과정에서 보강 간섭이나 상쇄 간섭하면서 생긴 것이다. 따라서 강약의 분포 모양은 비슷할 것이다

5. 반 파장 차이나 반 파장의 홀수배 차이일 때.

6. 파장이 더 긴 노란빛으로 만든 간섭무늬는 주름 사이의 간격이 더 넓다. 파장이 비교적 짧은 파장의 초록빛은 주름들이 더 좁게 분포된 무늬를 만든다(그림 29.18을 조사해 보면 이 점이 더 분명할 것이다 - 파장이 길면 밝고 어두운 주름들의 간격이 더 크다).

7. 파란색 빛은 주름 사이의 간격이 더 좁게 분포된 주름들을 만든다.

8. 긴 파장의 빛이 더 큰 회절을 한다(왜냐하면 물체의 크기 대비 파장의 값이 크기 때문에). 따라서 빨간빛이 가장 많이 회절하고 파란빛이 가장 적게 회절한다.

9. 파장이 긴 빨간빛.

10. 물 속에서는 파장이 짧아지기 때문에 간섭무늬의 간격이 좁아지는 반면, 공기 중에서의 간섭무늬는 간격이 넓다(그림 28.24 참조).

11. 보강 간섭으로 인해 밝은 점을 만든다.

12. 파장이 긴 빨간색 빛.

13. 보강 간섭(반사 면에서 일어나는 180° 위상 반전을 고려하지 않을 경우).

14. 상쇄 간섭.

15. 가로등의 사진이 찍히겠지만, 가로등의 한쪽 옆에 색 스펙트럼이 나타나겠다. 다음 장에서 가로등 안의 기체에 따라 가로등의 색이 달라지는 것을 보겠다.

16. 두 슬릿 사이의 거리가 멀어질수록 무늬의 간격은 좁아진다(그림 29.14 참조).

17. 영의 간섭 실험은 구멍을 사용할 때보다 직선형의 틈을 사용할 때 더 깨끗한 무늬를 보인다. 이는 원들이 겹쳐 만드는 무늬보다 평행하게 배열된 직선 형태의 주름들이 보이는 무늬를 만들기 때문이다. 원들은 작은 영역에서만 겹치지만, 평행한 직선들은 훨씬 넓은 영역에서 겹친다. 또 구멍을 통해 만든 무늬는 어둡지만 슬릿을 통해 만든 무늬들은 이보다 훨씬 밝다.

18. 무지개: 굴절. 꽃잎: 선택반사. 비누방울: 얇은 막에서의 간섭.

19. 공작이나 벌새들은 회절을 이용하여 색을 나타낸다. 새털의 표면에 분포된 융기들이 회절 격자의 역할을 한다.

20. 나비는 날개 표면에 있는 투명한 얇은 막의 윗면과 아랫면에서 반사하는 빛들이 간섭하여 나비의 색을 만든다. 일부 나비들은 날개 표면에 있는 융기들로 구성된 회절 격자를 이용하여 날개의 색을 만든다.

21. 반사 면의 윗면과 아랫면에서 반사한 빛의 광 행로는 보는 각도에 따라 달라진다. 따라서 껍질을 보는 각도에 따라 껍질의 색이 달라진다.

22. 비누나 세제로 만든 얇은 막의 윗면과 아랫면에서 반사한 빛 사이에서 간섭이 일어나는데 빛이 눈에 들어오는 각도에 따라 광 행로의 차이가 달라지며 따라서 보강 간섭하는 빛의 파장도 달라진다.

23. 간섭이 일어나는데 필요 조건은 두 파동의 위상의 차이가 일정한 값을 유지해야 한다는 것(즉 결이 맞아야 한다는 것)이다. 보통의 광원에서 나온 빛은 그 파동의 앞 부분과 뒤 부분의 위상 관계가 일정하게 유지되기가(결이 맞기가) 쉽지 않고 보통 파장 몇 개 떨어지면 위상 관계는 끊임없이 변한다. 얇은 막에서는 윗면과 아랫면에서 반사한 빛의 경로 차이가 빛의 파장의 몇 배밖에 안되므로 두 파동의 위상 차이가 일정한 값을 유지하기가 쉽다. 그러나 두꺼운 막의 경우 경로 차이는 파장의 수천 배 이상되며 이때 두 파동 사이의 위상 차이는 일정한 값을

유지하기가 어렵다. 즉 어떤 때는 보강 간섭을 하고 어떤 때는 상쇄 간섭을 하여 이들을 시간 평균하면 간섭이 없는 것 같이 보인다.

24. 두 별에서 온 빛은 그들의 위상사이에 상관관계가 없고 따라서 결이 맞지 않으므로 간섭을 일으키지 않는다: 둘이 합쳐지면 두 빛의 세기의 합으로만 보인다. 간섭은 한 개의 광원에서 나온 빛을 나누었다가 다시 합칠 때 나타난다.

25. 각각의 착색된 고리들은 막의 각기 다른 두께를 나타낸다. - 마치 지도에서 등고선을 그려 놓은 것처럼.

26. 노란색의 보색인 푸른색. 푸른색은 흰색에서 노란색을 뺀 색이다(27장 참조).

27. 파장이 가장 짧은 자외선.

28. 편광은 횡파에서만 볼 수 있는 특징이다. 소리는 종파이기 때문에 편광이 되지 않는다. 편광의 여부를 밝히는 것이 횡파와 종파를 구별해내는 방법이 되겠다.

29. 문제는 심각하다, 왜냐하면 표시 판과 유리 판의 편광 축의 방향에 따라 표시가 보이지 않을 수도 있다.

30. 이상적인 폴라로이드라는 뜻은 두 편광 축이 평행할 때는 100% 투과시키고 두 축이 수직하면 100% 흡수한다는 것을 의미한다. 편광이 안된 빛은 모든 방향으로 편광이 된 빛들로 구성되어 있고, 따라서 50%는 폴라로이드의 편광 축과 평행하게 편광되어 있고 나머지 50%는 수직하게 편광이 되어 있다. 이상적인 폴라로이드는 이중 50%의 편광 축이 나란한 빛만을 투과시킨다.

31. 판의 편광 축이 빛의 편광 방향과 평행하게 정렬하면, 빛은 모두 투과한다. 그러나 이들이 수직하게 정렬하면 빛은 전혀 투과하지 않는다. 다른 각도에서는 빛이 편광 판의 편광 축과 평행한 성분과 수직한 성분으로 "분해"될 수 있으므로 일부의 빛이 투과한다.

32. 두 개의 편광 판은 그들의 편광 축이 나란하면 이 편광 축에 평행한 편광을 가진 빛은 모두 투과시킨다. 이는 편광이 안된 빛의 경우 50% 투과를 의미한다. 즉 첫 번째 편광 판에서 50%를 투과하고 두 번째 편광 판에서는 이 빛 전부를 투과시킨다. 두 편광 판의 축이 수직이면 빛은 전혀 투과되지 않는다.

33. 평편한 면을 면에 거의 평행한 각도에서 볼 때 보이는 번쩍거리는 빛을 편광 판을 통하여 보면서 편광 판의 축을 결정할 수 있다. 이 번쩍거림이 최대로 보일 때 편광 판의 축은 면에 평행하다. - 보통 수평 방향.

34. 반사 면을 면에 거의 평행하게 기울어진 각도에서 볼 때 보이는 번쩍임은 대부분 면에 평행한 방향으로 편광이 된 빛이 반사하면서 생기는 것이다(비에 젖은 길 또는 수면 등). 따라서 수직한 편광 축을 가진 선글라스를 쓰면 이들을 차단할 수 있다. 일반 선글라스는 단순히 눈에 오는 빛을 반사하거나 흡수하여 일부 차단하는 역할만 한다.

35. 마루 바닥에서 반사하는 번쩍임은 편광 방향이 바닥에 평행(수평)하기 때문에 이를 차단하기 위해서는 필터의 축은 연직이어야 한다.

36. 대부분의 번쩍임은 수평으로 놓인 면에서 반사하는 빛이기 때문에 일반의 폴라로이드의 편광 축은 수직으로 되어 있다.

37. 폴라로이드 판을 통해 하늘을 보면서 편광 판을 돌려보면 하늘이 부분적으로 편광이 되어 있음을 알 수 있다. 편광 판의 축이 하늘 빛의 편광 방향과 수직일 때 하늘이 가장 어두워진다.

38. 세 개의 폴라로이드를 1, 2, 3번으로 부르자. 1번은 편광이 안된 빛을 50% 투과시키는데 이때 투과한 빛의 편광 방향이 3번에 수직이 되게 하자. 1번과 3번만 놓여 있다면 빛은 전혀 투과하지 않을 것이다. 그러나 2번을 그 편광 축 방향이 1, 3번의 편광 축에 45° 되게 하여 1번과 3번 사이에 놓으면 1번을 투과하여 2번에 도달한 빛의 편광 방향은 2번의 편광 축과 45°를 이룬다. 따라서 2번을 통과한 빛은 그 세기가 반으로 준다. 한편 2번을 투과한 빛의 편광 방향은 3번의 편광 축과 45°를 이루게 됨으로 이 빛의 반이 3번을 투과할 것이다(세 개의 편광 판을 모두 통과한 빛의 세기는 처음 입사한 빛의 1/8이 된다).

39. 홀로그램을 만들려면 간섭성 빛이 필요한데, 바로 레이저가 간섭성 빛을 제공한다. 따라서 실질적인 홀로그래피는 레이저가 발명된 이후에나 가능해졌다(흥미롭게도 최초의 홀로그램은 레이저가 발명되기 전에 만들어졌으나, 오늘날의 기준에서 보면 매우 조잡한 것이였다. 이 최초의 홀로그램은 나트륨 등에서 나오는 단색 광으로 만들었으며 이 빛을 자각은 구멍에 통과시켜 간섭성 빛에 근접한 빛을 만들었는데 홀로그램을 얻기 위해서 상당히 긴 시간의 노출이 필요했다).

40. 간섭은 홀로그래피에 핵심적 요소이다.

제 30 장

Light Emission

30장 연습문제

1. 관계식 E = hf에 의하면 감마선 광자는 주파수가 높아 큰 에너지를 가지고 있다.

2. 물질을 구성하는 원자나 분자에서의 에너지 준위는 분자나 원자의 종류에 따라 다르며 따라서 이들이 들뜨거나 외부에 의해 들 뜨임을 당할 때 복사되는 빛의 주파수도 다르다. 색이 다른 것은 에너지 변화 양이 다름을 의미한다.

3. 높은 주파수, 높은 에너지의 파란색은 원자 내에서의 에너지 변화가 큰 것을 의미한다.

4. 자외선 빛의 광자는 가시광선의 광자보다 에너지가 더 크다. 자외선 광자가 가지고 있는 고 에너지는 가시광선 광자가 할 수 없는, 피부가 햇빛에 타면서 일어나는 화학적 변화를 가능케 한다.

5. 파장이 두 배가 되면 주파수는 반으로 준다. 주파수가 반인 빛은 광자당 에너지도 절반이다. 관계식 $c=f\lambda$을 생각해보면 광속 c가 일정하므로 파장은 주파수에 반비례한다.

6. 네온 등에서는 들 뜬 원자가 소진되지 않는다. 원자들은 들뜬 얼마 후 다시 바닥으로 내려가고, 바닥 상태의 원자들이 다시 들떠지는 과정이 계속 반복되기 때문에 새 원자들이 필요하지 않다.

7. 스펙트럼의 빛띠선들은 분광기 안에 있는 슬릿(직선형 틈)의 상이다. 슬릿이 초승달 모양이라면 스펙트럼 빛띠선들도 초승달의 형태를 보일 것이다.

8. 스펙트럼의 빛띠선들은 둥근 점이 되었을 것이다. 서로 겹치는 정도가 되면 이웃 선들 사이를 구별하기가 이웃 점들 사이를 구별하기보다 쉽다. 또한 점들의 직경이 선의 폭과 같은 정도가 되면 점을 통과하는 빛은 충분한 양이 되지 않는다. 따라서 슬릿의 상이 더 우수하다.

9. 네온 빛은 단색 광이 아니어서 네온 빛이 회절하면 색의 띠를 이루는데 이들 대부분은 빨간색 계통이다. 헬륨-네온 레이저의 빛은 단색이고 네온의 색 스펙트럼 선들 중의 하나에 해당한다.

10. 철 원자의 스펙트럼과 태양의 스펙트럼을 비교해 보면 철 스펙트럼은 프라운호퍼 선들의 일부와 겹치면서 완전히 일치한다. 이 사실이 태양에 철 원자들이 존재한다는 증거이다.

11. 태양을 제외한 여러 광원에서 대기권을 통하여 오는 빛의 흡수 스펙트럼을 비교 분석하여 대기권에 의해 생기는 스펙트럼 선들을 밝혀낼 수 있다. 그 다음 태양의 스펙트럼을 측정하여 지구 대기권 때문에 생긴 스펙트럼 선들을 위치와 세기를 고려하여 제거하면 순수한 태양의 선 스펙트럼을 얻을 수 있다.

12. 별에서 온 빛의 스펙트럼 선 중 지구에 있는 원소들의 스펙트럼 선에 해당하지 않는 스펙트럼 선은 없다. 먼 별에서 온 빛의 스펙트럼 선들이 지구에서 발견된 원소들의 스펙트럼 선과 일치하므로 관측되는 우주는 지구와 같은 "지문"을 가지고 있고 같은 물질로 구성되어 있다고 결론 짓는다.

13. 움직이는 별은 도플러 이동을 보여줄 것이다. 별이 멀어지고 있으므로 빛은 적색 이동이 되겠고 빛띠도 적색 이동된 빛띠의 모양을 보여 주겠다(낮은 주파수와 긴 파장쪽으로).

14. 별은 백열 광원이므로 세기가 가장 강한 복사 파의 주파수는 별의 온도에 비례한다. 그러나 기체 방전 관에서 나오는 빛의 주파수는 기체의 온도와는 무관하다; 기체의 들뜸 상태에만 의존한다. 들뜸 상태는 기체의 온도와는 무관하고 기체가 뜨겁든 차든 관계없이 들뜸 상태가 될 수 있다.

15. 관계식 E $\sim f$에 따르면 높은 주파수의 자외선 광자는 가시광선 광자보다 에너지가 크고, 가시광선 광자는 적외선 광자에 비해 더 큰 에너지를 가진다.

16. 원자는 고체나 액체 또는 기체 안에서 들뜰 수 있다. 고체 안에서는 원자들이 서로 가깝게 밀집해 있기 때문에 각 원자의 들뜸 에너지는 주변의 영향을 받아 이들의 복사 파는 넓은 영역에 연속적으로 분포되나, 기체에서와 같이 원자들 사이의 거리가 멀면 이들이 복사한 빛의 스펙트럼은 서로 띠엄띠엄 떨어진 선 스펙트럼 뭉치의 상태로 되어 있다. 이들이 회절 격자를 통과하며 회절하면 불연속적으로 분포된 "선"들을 이룬다.

17. 높은 기압 상태에 있는 기체에서는 들뜬 원자들이 고체 안에서 서로 가깝게 뭉쳐 있는 원자들과 유사하게 서로 간섭하여 그 결과 중첩된 파동을 이루고, 여기서 복사되는 빛의 선 스펙트럼은 폭이 넓어진다.

18. 텅스텐 원자들이 고체 형태로 서로 가깝게 밀집해 있을 때는 원래 띠엄띠엄 떨어진 값을 가진 외곽 전자들의 에너지 준위들이 이웃 원자들 사이의 상호작용에 의해서 번지게 된다. 이 결과 에너지 준위들이 몇 개의 띠를 이루는데 띠의 안에서는 가까이 있으나 서로 분리된 수많은 에너지 준위로 구성된 구조를 가진다. 결정체 구조에서는 원자의 수만큼의 에너지 준위들이 존재하므로 띠 안에서 에너지 준위들이 연속적으로 분포되어 있는 것으로 볼 수 있다.

19. 수소 원소의 스펙트럼 선들이 많은 것은 수소 원자에 있는 전자가 들뜰 수 있는 에너지 상태의 수가 많기 때문이다.

20. 흡수된 빛이 다시 복사될 때 복사되는 빛은 모든 방향으로 복사된다. 따라서 이들은 기체에 입사한 빛이 흡수되지 않고 투과하는 방향으로 전파하지 않는다. 따라서 투과된 빛에는 이들이 없고 스펙트럼의 이들에 해당하는 부분은 세기가 상대적으로 약하다.

21. 사라진 에너지는 다른 색의 빛이나 눈에 보이지 않는 적외선의 형태로 나타날 수도 있다. 또 원자들이 고체에서와 같이 밀집되어 쌓여있다면 "사라진" 에너지는 열로 나타날 수도 있다. 이 경우 빛을 받은 물체는 온도가 올라간다.

22. (a) 연속적으로 밝은 배경에 어두운 선들이 나열된 나트륨의 "흡수 스펙트럼"이 관측된다.
(b) "복사 스펙트럼"은 여러 개의 밝은 선들로 이루어져 있는데 이들 중 대부분은 흡수 스펙트럼에서 보이는 어두운 선들과 주파수가 일치한다.

23. 형광은 높은 주파수(높은 에너지)의 자외선이 흡수되면서 낮은 주파수(낮은 에너지)의 가시광선 빛을 복사하고 나머지 에너지는 보통 열로 전환하는 과정이다. 누가 낮은 에너지의 적외선을 높은 에너지의 가시광선으로 전환시킬 수 있다고 말하면 그것은 에너지 보존법칙을 위반하는 것이므로 절대 믿으면 아니된다. 그러나 입사시킨 적외선이 더 낮은 주파수의 적외선을 형광하게 한다면 믿어도 된다.

24. 앞의 문제에서 설명하였듯이 형광은 그 과정을 시작하는 빛의 광자가 복사되는 빛의 광자보다 에너지가 클 것을 요구한다. 가시광선이 복사되려면 적외선 빛은 이 과정을 촉발할 수 없다.

25. 옷감이나 기타 형광물질들은 햇빛에 노출되면 가시광선을 반사할 뿐 아니라 햇빛의 자외선이 가시광선으로 전환되어 복사하기 때문에 더 밝게 보인다. 그들은 태양의 가시광선과 자외선 때문에 문자 그대로 빛난다.

26. 형광하는 광물들이 색이 서로 다른 이유는 광물질들의 분자의 에너지 준위가 다르기 때문이다. 따라서 이들은 육안으로도 쉽게 구분된다.

27. 용수철이 장치된 문이 열리고 닫힐 때 시간 지연이 발생하는 것 같이 인광물질이 들뜬 후 복사하는 과정에서도 시간지연이 발생한다.

28. 저주파수의 빛으로 물체를 쪼이면 이 빛 광자의 에너지는 물체의 원자를 이온화 시키기에 충분하지 못하지만, 원자를 들뜨게 하기에는 충분히 크다. 이에 비해 자외선으로 물체를 쪼일 때 자외선 광자의 에너지는 원자에서 전자를 떼어내어 원자가 이온화 되기에 충분하다. 광자의 에너지가 다르면 그 결과도 다르다.

29. 형광등은 열은 적게 내고 빛을 많이 낸다. 같은 입력에서 형광등은 백열등보다 열을 훨씬 적게 낸다. 당장은 밝게 조명이 되겠지만 백열등을 사용할 때와 비해 좀 추울 것이다.

30. LED는 형광등보다 수명이 길어 교체 기간이 길고 유지비가 적게 든다.

31. 빨간색 + 초록색 = 노란색

32. LED는 수은을 사용하지 않고 수명도 길기 때문에 훨씬 우세하게 될 것이다.

33. *M*icrowave *A*mplification by *S*timulated *E*mission of *R*adiation의 첫 글자들을 모아 표시한 것이다.

34. 빨간색 빛의 광자는 원자를 자극해 초록색 빛 광자를 복사시킬 정도의 에너지가 없다. 물론 이 반대로 초록색 빛 광자는 빨간색 빛 광자를 자극 복사하기에 충분한 에너지를 가지고 있다.

35. 레이저의 에너지는 전등에 비해서 빛띠의 폭당 에너지나, 단위 면적당 에너지에서 훨씬 밀집되어 있다.

36. 레이저 광선의 광자들은 간섭성이고 같은 방향으로 나아간다; 전등에서 나오는 광자들은 비간섭성이며 모든 방향으로 퍼져 나아간다.

37. 들뜬 상태에 있는 원자들의 수명이 길지 않다면 들뜬 상태의 원자들의 밀도가 충분히 증가해 "밀도 반전"의 상태를 이룰 수 없다.

38. 들뜬 상태의 헬륨 원자가 바닥 상태의 네온 원자와 충돌할 때 헬륨의 들뜸 에너지가 네온 원자의 준안정상태의 에너지와 일치해야 헬륨 원자에서 네온 원자로 에너지가 잘 전달된다. 이 에너지들의 값들이 일치하지 않으면 네온 원자는 준안정상태로 들뜨지 않을 것이다.

39. 동의하지 않는다. 친구의 주장은 에너지 보존 법칙에 위반된다. 레이저든 또 다른 어떤 기구든 입력에너지 보다 출력에너지가 더 클 수는 없다. 반면 전력(시간당 에너지)에 관해서는 상황이 다르다. 다음 연습문제에서 이 문제를 다루겠다.

40. 어떤 기구도 집어넣은 에너지보다 더 많은 에너지를 내 놓을 수 없다. 그러나 어떤 기구가 시간당 일정한 율로 에너지를 받으면서 동시에 그보다 더 짧은 시간에 받은 에너지를 내놓을 수 있다. 이때 기구는 입력 전력보다 출력 전력이 더 크다.

41. $\bar{f}$는 백열 빛의 꼭대기 주파수 즉 복사가 가장 강한 빛의 주파수이고, T는 복사 체의 온도이다.

42. 전구의 필라멘트나 또는 어느 물체나 온도가 절대 영도보다 높으면 복사 파를 발산한다. 이때 스펙트럼 상의 봉오리 주파수는 물체의 절대 온도에 비례한다. 실온에서 이 주파수는 스펙트럼의 적외선 부분에 속하고 따라서 눈에 보이지 않는다. 필라멘트의 온도를 올리면 복사 파의 더 많은 부분이 가시광선쪽으로 이동하고 눈으로 볼 수 있게 된다.

43. 둘 다 에너지를 복사한다. 그러나 둘의 온도가 다르기 때문에 온도가 높은 태양이 지구보다 더 주파수가 높고 세기가 강한 빛을 복사한다.

44. 상온의 물체가 복사하는 파는 우리의 눈으로 감지할 수 없기 때문에 어두운 방에서는 그 물체를 눈으로 볼 수 없다. 물체의 온도가 충분히 올라가면 물체의 복사 파가 눈에 보이게 된다.

45. 빨간색. 우리 눈에 보이든 안보이든 금속은 항상 복사 파를 내고 있다. 물체의 온도가 올라가면 복사 파의 스펙트럼은 가시광선 영역에 도달하게 되고 인간의 눈에 보이게 된다 - 따라서 가열되는 물체의 복사 파는 먼저 적외선에서 빨간빛으로 이동한다. 빨간색을 내며 뜨겁다.

46. 빨갛게 달은 금속을 계속해서 가열하면 가시광선 스펙트럼의 가운데 즈음에 위치해 있던 봉우리 세기의 빛은 그 주파수 점차 높아지고, 결국 백열로 빛날 것이다(모든 가시광선 주파수가 존재하기 때문에). 그림 30.7의 복사곡선을 보라. 계속 더 가열하면 스펙트럼의 일부에 아직 파란빛과 자색빛이 남아있지만 봉우리 세기 빛의 주파수는 자외선으로 높아진다. 그렇다. 금속은 파란색으로 빛날 때까지 가열할 수 있다(파란색 빛으로 작렬하는 금속을 보지 못한 이유는 금속이 그렇게 되기 전에 증발하기 때문이다. 그러나 많은 별들이 파란색으로 작렬하고 있다).

47. 별의 상대적 온도 - 빨간색이 가장 낮고; 흰색은 중간 정도이며; 파란색이 가장 높다.

48. 백열 광원의 복사 스펙트럼 곡선은 (그림 30.7) 주파수 영역에 넓은 띠의 형태로 넓게 퍼져 있다. 빨갛게 빛나는 별은 봉우리 세기의 주파수가 적외선 영역에 있으며 가시광선 빛은 낮은 주파수 영역의 것을 약하게 내고 있다. 별이 좀 더 뜨거우면 복사된 빛은 가시광선 영역에 분포되어 있어 별은 흰색으로 빛난다.

49. 봉우리 세기 빛의 주파수가 자외선에 있는 빛을 내는 별은 가시광선의 높은 주파수에 해당하는 빛들도 충분히 복사하기 때문에 우리 눈에는 자색으로 보인다. 앞의 문제에서와 같이 별의 온도가 좀 더 낮다면 가시광선 스펙트럼에 속하는 빛이 모두 복사되므로 별은 흰색으로 빛난다.

50. 봉우리 세기의 주파수가 초록색에 있는 백열 광원은 빨간색과 파란색 빛도 복사하므로 이들이 모두 합하여 흰색으로 보인다. 태양이 좋은 예이다. 초록색 빛 만을 얻기 위해서는 백열등으로는 불가능하고 레이저와 같은 특수한 광원이 필요하다.

51.

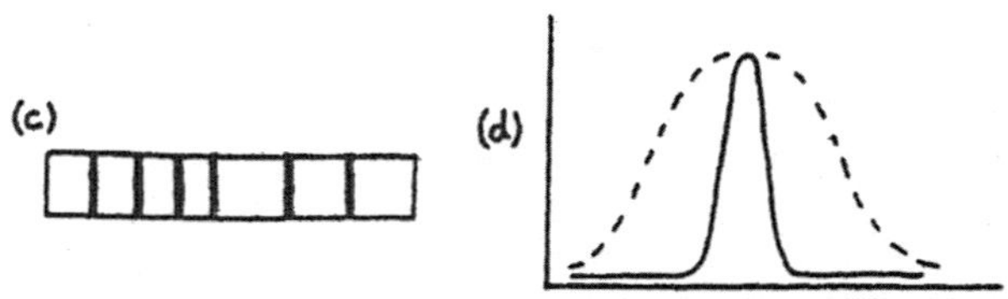

52. 그림에서 보는 바와 같이 여섯 개의 전이가 가능하다. 가장 높은 주파수 빛의 복사는 준위 4에서 준위 1로의 전이에서 나오고 가장 낮은 주파수의 복사는 준위 4에서 준위 3으로의 전이에서 나온다.

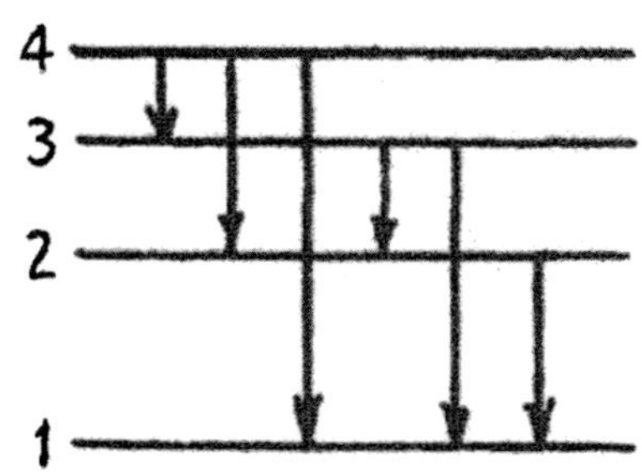

53. 두 주파수의 합은 준위 4에서 바닥 준위인 1로 전이하면서 복사하는 빛의 주파수와 같다.

54. 그렇다, 파장들 사이에도 관계식이 존재한다. 그러나 그 관계식은 주파수 사이의 관계식만큼 간단하지는 않다. 에너지들 사이에는 더하기의 관계식이 존재하므로 주파수들 사이에도 같은 관계식이 성립한다. 그러나 파장은 주파수와 반비례의 관계가 있으므로 파장의 역수들 사이에 더하기 관계가 성립한다.

따라서 $\frac{1}{\lambda(4\to3)} = \frac{1}{\lambda(3\to1)} = \frac{1}{\lambda(4\to1)}$ 이다.

55. 4에서 바닥으로 전이가 하나, 3에서 바닥으로 전이가 또 하나, 그리고 2에서 바닥으로 전이가 나머지 하나 모두 세 개만 존재한다. 4에서 3으로의 전이는 3에서 2로의 전이와 에너지 차이가 같아 구별이 되지 않는다. 마찬가지로 4에서 2로의 전이는 3에서 바닥 준위로의 전이와 에너지 변화가 같다.

실전문제

1. "B에서 A로의 전이"는 "C 에서 B로의 전이"의 주파수와 에너지의 두 배의 주파수와 에너지를 갖는다. 따라서 파장은 반이 되어 300nm이겠다. 즉 파장은 주파수와 반비례하므로 주파수가 두 배가 되면 파장은 절반이 되어야 한다.

2. "C 에서 A로의 전이"는 "C 에서 B로의 전이"의 주파수와 에너지 값의 세 배이다. 따라서 파장은 삼분의 일인 200nm이겠다.

제 31 장
Light Quanta

31장 연습문제

1. 어떤 것이 양자화 되어 있다는 뜻은 그것이 기본 단위량으로 구성되었음을 의미한다. 예를 들면 전하는 한 개의 전자가 가지는 전하의 배수로 되어 있어 우리는 전하가 양자화되어 있다고 말한다. 1그램의 순수한 금은 금 원자들이 모여 이루어진 것으로 질량이 금 원자의 배수로 되어 양자화 되어 있다고 말한다. 이 장에서 우리는 빛 - 복사에너지 - 가 양자화되어 있음을 배우게 된다.

2. 고전 물리학은 주로 1900년 전까지 발전된 물리학으로 뉴턴 법칙에 따르는 운동의 연구와 맥스웰 법칙에 따르는 전자기의 연구를 포함하고 있다. 뉴턴 역학이라고도 불리는 고전 역학에서는 처음에 어떤 조건으로 시작했는지 알면, 결과는 정확하게 예측될 수 있다는 것이다. 1900년 이후 과학자들은 뉴턴의 법칙들이 작은 세계, 즉 1마이크론보다 작은 세계에서는 적용되지 않음을 발견하였다. 이 영역은 양자 물리의 영역으로 여기서는 모든 것이 모래와 같이 되어 있어 에너지나 운동량(질량과 전하 까지)이 덩어리 즉 양자의 형태로 존재한다. 이 영역에서는 입자와 파동이 같은 본체이며, 기본 법칙은 확률 규칙을 따르고 모든 것이 결정적인 것이 아니다. 양자 물리는 고전 물리에서와 같이 가시화 하기가 쉽지 않다. 이럼에도 불구하고 원자보다 작은 세계를 가시화하기 위해서 고전물리의 입자와 파동 모형을 사용한다.

3. $E \sim f$의 비례관계가 있고 E를 f로 나누면 상수 h를 얻는다. 이를 종합하면 $E=hf$의 관계식이 얻어진다. 즉 h는 빛의 광자의 에너지와 주파수 사이의 비례상수이다.

4. $E=hf$의 관계식에 따르면 주파수가 두 배인 광자는 에너지도 두 배이다. 자색 빛의 광자는 빨간색 빛의 광자에 비해 에너지가 두 배이다.

5. 고주파수의 자외선 빛이 광자당 에너지가 더 크다.

6. 흰색 빛의 광자라는 말은 할 수가 없는데 이는 흰색 빛은 여러 주파수의 빛으로 구성되어 있고 따라서 여러 종류의 광자들로 구성되어 있기 때문이다. 흰색 빛 광자 하나라는 말은 의미가 없다.

7. 높은 주파수를 가진 초록색 빛이 광자당 에너지가 크다.

8. 빨간색 빛은 광자 하나 당 에너지가 작으므로 두 광선의 총 에너지가 같다면 빨간색 빛에 광자가 더 많다.

9. 빨간색 빛 광자는 초록색이나 파란색 빛 광자에 비해 영상을 만드는데 필요한 에너지보다 에너지가 작아서 광 전기적으로 빨간색에 반응하는 물질을 찾기가 어려웠다.

10. 전환은 높은 주파수 높은 에너지에서 낮은 것으로 일어난다. 이 과정의 역 과정은 에너지 보존 법칙에 어긋나 불가능하다.

11. 빨간색 빛의 광자 하나 당 에너지는 사진 감광용 결정(AgBr)에서 화학 반응을 일으키기에는 너무 작다. 아주 센 빛이어도 화학 반응을 일으키지 못하는 광자의 수만 많을 뿐이다. 그러나 파란색 빛은 광자당 에너지가 화학 반응을 일으키기에 충분하다. 약한 세기의 파란색 빛은 반응의 개수만 적을 뿐이다. 그러므로 암실에서 조명을 하고 싶다면 약한 파란색 빛 보다 강한 빨간색이 더 안전하다.

12. 자외선 광자를 생체 세포에 쪼일 때 광자의 에너지는 세포를 손상시키기에 충분하다. 가시광선 광자를 세포에 쪼일 때는 에너지가 작아 세포를 손상시킬 가능성도 적다. 따라서 피부가 자외선에 노출되면 손상을 입지만 가시광선에 노출되면 손상을 거의 입지 않는다.

13. 축출되어 나온 전자의 운동에너지는 쪼여준 빛의 주파수에만 의존한다. 충분히 높은 주파수의 빛에서 광전효과는 축출되어 나온 전자의 수가 금속에 입사한 빛의 광자 수에 의해 결정된다. 따라서 전자의 축출이 일어나는지 여부는 빛의 주파수에만 달려있고 축출되는 전자의 수는 입사 빛의 세기에 달려있다.

14. 전자의 축출 여부는 입사하는 광선의 총 에너지에는 관계없고 광자 한 개당 에너지에만 관계한다. 따라서 파란색 광자는 전자들을 축출할 수 있으나, 빨간색 빛의 광자는 아무리 많이 입사해도 전자를 전혀 축출하지 못한다. 광자는 개별적으로 행동하지 떼로 몰려 행동하지 않는다.

15. 자외선 광자가 에너지가 크다.

16. 양성자는 원자 내의 핵에 묶여 있다. 양성자를 원자에서 축출하려면 에너지가 전자를 축출하는 에너지의 약 일 백만 배 이상 되어야 한다. 따라서 "광 양성자" 효과를 만들려면 가시광선 광자보다는 고에너지의 감마선 광자가 필요하다.

17. 입자성.

18. 일부 자동화된 문에서는 광 감지기를 계속해서 쪼여주는 광선을 활용한다. 광선을 차단하며 지나가면 광 감지기에 흐르던 전류가 끊긴다. 이 전류에서의 변화는 문을 여는 기구를 작동시킨다.

19. *전기 눈*: 광선이 광 감응 면을 쪼여 줌으로서 전기회로를 완전히 닫힌 회로가 되게 한다. 광선이 차단되면 회로는 단락된다. 광전 회로 전체가 다른 회로의 스위치 역할을 할 수 있다.

광 측정기 : 빛의 세기에 따라 변하는 광전류가 빛의 세기를 보여주게끔 교정된 검류계나 기타 기구들을 작동시킨다. – 광전효과 이용(문제 21 참조)
음향트랙 : 영화 필름에 있는 광 음향트랙은 일정하지 않은 밀도의 유제로 된 띠로 빛이 유제를 투과할 때 유제의 밀도에 따라 투과도가 다르고, 투과한 빛이 광 감응 면에 입사하면 생성되는 전류는 투과도에 비례한다. 이 전류를 증폭하여 스피커를 작동시킨다.

20. 구가 음으로 대전된 경우 광전효과는 구를 방전시킨다. 자외선을 쪼여주면 구에 있던 초과 전자들의 일부가 축출된 후 구에 비해 양극인 외부로 끌려가고 구는 방전된다. 그러나 구가 양으로 대전되어 있다면, 구에는 이미 전자가 부족하므로 축출된 전자들의 운동에너지가 외부로 벗어나기에 충분치 못해 대부분 다시 구로 돌아온다(음으로 대전된 구보다 양으로 대전된 구에서 축출되는 전자가 훨씬 적다. 왜 그럴까?).

21. 스펙트럼의 빨간색 끝 부근에는 빛이 전자를 축출할 수 없어 빛을 측정기가 읽지 못하는 영역이 있다. 빛의 색이 파란색이나 자색쪽으로 이동하면 측정기가 빛의 세기를 읽기 시작하는 점에 도달한다. 측정기가 세기를 읽지 못하는 색의 빛은 그 세기를 증가시켜도 측정기가 읽는 값은 영이다. 그러나 측정기가 세기를 읽을 수 있는 색의 빛은 그 세기를 증가시키면 축출되는 전자도 증가하며 측정기가 표시하는 전류도 증가한다.

22. 우리는 어떤 것의 실체가 무엇인지에 대해서는 말할 수 없다. 다만 그것이 어떻게 행동하나만 말할 수 있다. 광전효과는 빛이 입자라고 증명하지 않는다. 다만 빛의 입자 모형을 지지할 뿐이다. 입자 모형이 광전기 행동을 더 잘 설명한다. 이와 유사하게 간섭 실험은 빛의 파동 모형을 지지한다. 파동 모형이 간섭 현상을 더 잘 설명한다. 우리는 어떤 것의 실체들 개념화 하기 위해서 모형을 사용하며, 어떤 것이 어떻게 행동하는 가에 대한 상세한 지식은 모형을 더 세련되게 하는데 도움이 된다. 그러나 모형이란 자연을 이해하는데 도움이 되는 도구일뿐임을 꼭 기억해야 한다. 그들이 잘 작동하면 우리는 그 모형이 실체를 나타내고 있다고 생각한다(다음 문제에서 모형에 대해 더 다루겠다).

23. 영의 이중 슬릿 실험 결과에 대한 설명은 빛의 파동 모형에 근거를 두고 있다; 반면 아인슈타인의 광전효과에 대한 설명은 빛은 입자로 구성되어 있다는 모형에 근거를 두고 있다. 한 모델이 효과적이라는 것이 다른 모델을 부정하는 것은 아니다. 특히 서로 완전히 다른 현상을 설명하고 있을 때 더하다. 모형이 "진실"인가 아니면 "거짓"인가로 판단되기 보다는 효과성 여부로 판단되어야 한다. 빛의 입자 모형은 광전효과를 상세히 설명하는데 효과적이고, 반면 빛의 파동 모형은 광전효과를 상세히 설명하는 데는 효과적이지 못하다. 그러나 파동 모형은 간섭현상을 설명하는데 효과적이지만 입자 모형은 그렇지 못하다. 한 모형이 다른 모형보다 효과적이라는 것은 특정 현상을 설명하는데 효과성이 좀 더 높다는 의미일 뿐이다. 어떤 모형이 효과적이라는 사실이 다른 모형이 틀렸음을 의미하지는 않는다. 더 많은 자료를 얻고, 새로운 통찰력을 얻어가면서 우리의 모형은 세련되어 간다. 빛을 기술하는데 두 개의 전혀 다른 모형이 필요하다는 사실에서부터 양자물리의 핵심 개념인 "파동–입자 이중성"이 나왔다.

24. 설명은 다음과 같다: 빛이 렌즈 계를 통하여 굴절하는 현상은 빛의 파동 모형으로 설명할 수 있고, 빛이 각 점에 도달하여 상을 만드는 과정은 빛의 입자 모형으로 설명할 수 있다. 어떻게

이 것이 가능한가? 우리는 한 개의 광자라도 파동의 성질을 가지고 있다고 배웠다. 이 파동은 어떤 한 광자가 특정 장소에 갈 확률과 관련된 파동이다. 이 파동들은 필름의 각 지점에 따라 보강 간섭하거나 상쇄 간섭하며 광자가 각 점들에 도달한 수는 파동에 의해서 결정되는 확률에 따른다.

25. 회절과 편광 그리고 간섭 현상은 빛의 파동적 성질에서 기인한다; 광전효과는 빛에 입자의 성질이 있다는 증거이다.

26. 광자는 전파하는 동안은 파동과 같이 행동하고, 흡수되거나 복사되는 과정에서는 입자와 같이 행동한다.

27. 상보성은 타협이 아니라 당신에게 보이는 것이 당신의 관점에 따른다는 것이다. 상자를 볼 때 당신에게 보이는 것은 당신이 보는 방향, 즉 옆에서 보는지, 위에서 보는지에 따라 다르다는 것이다. 에너지나 물질에 관한 모든 측정에서 어떤 경우에는 이들이 양자로 보이고, 또 다른 경우에는 파동으로 보인다. 빛의 경우, 흡수나 복사 과정에서는 입자로 행동하고, 흡수와 복사 사이에 전파하는 과정에서는 파동으로 행동한다.

28. 전자 현미경.

29. 입자나 광자가 충돌하는 과정에서 에너지를 흡수하여.

30. 광자는 에너지를 일부 잃고 주파수도 감소한다(실제로 우리는 광자 하나가 흡수되고 더 작은 에너지의 광자가 복사 되었다고 생각한다).

31. 우라늄이 더 큰 운동량을 가지고 있다. 파장은 운동량과 반비례하기에 수소 원자의 파장이 더 길다.

32. 같은 속력으로 운동하는 경우라면 대포알이 총알보다 운동량이 크다. 따라서 드브로이의 공식에 의하면 총알의 파장이 더 길다(두 경우 모두 파장이 측정할 수 없을 정도로 작다).

33. 질량이 더 큰 양성자가 운동량도 더 큰 반면, 운동량이 작은 전자가 파장이 더 길다.

34. 속력이 두 배 빠른 전자는 운동량도 두 배 크다. 드브로이의 공식, 파장 = h/운동량에 의하면 운동량이 두 배이면 파장은 절반이 된다. 느린 전자가 파장이 길다.

35. 드브로이 공식에 의하면 속력이 증가하면 파장은 줄어든다.

36. 일상 생활에서 보는 물건들은 미시 세계의 입자들에 비해 속도가 매우 느려도 운동량은 훨씬 크다. 이는 일상 생활에서 보는 물건들이 미시 세계의 입자들보다 질량이 매우 크기 때문이다. 드브로이의 공식에 의하면 운동량이 매우 크다는 것은 파장이 매우 짧다는 것을 의미한다. 이것에 대해 이장의 각주 3을 보라.

37. 광 현미경에 비해 전자 현미경의 중요한 장점은 그것이 광 현미경으로는 볼 수 없는 작은 것들을 볼 수 있다는 점이다. 이는 현미경이 사용하는 파장이 물체의 크기보다 길다면 물체의

모양이 구별될 수 없기 때문이다. 전자의 전형적인 파장은 빛의 파장에 비해 수천 분의 일 정도로 작아서 이를 사용하는 전자 현미경은 광 현미경이 구별해내는 크기의 수천 분의 일의 크기의 물체까지 구별해 낸다.

38. 양성자와 전자가 속력이 같으면 양성자는 전자보다 운동량이 크고, 따라서 파장이 더 짧으며, 회절도 적게 한다. 회절은 장 파장 라디오 파에서는 장애물을 돌아가는 등 장점이 되지만 현미경에서는 상이 흐려지는 등 단점으로 작용한다. 왜 양성자 현미경은 존재하지 않는가? 사실은 존재하며 이를 원자 가속기라 부른다. 높은 속력의 양성자를 원자의 크기보다 훨씬 작은 원자핵에 쪼였을 때 양성자의 큰 운동량은 작은 물체(핵)에 대해 상세한 정보를 얻어내는 것을 가능하게 한다.

39. 플랑크 상수는 영이 되겠다.

40. 플랑크 상수는 현재의 값보다 훨씬 크겠다.

41. 우리는 우리가 관측한 결과로부터 과학적인 정신에 따라 이 관측 결과에 맞는 이론을 발전시킨다. 그러나 때때로 이론에 대한 신념이 관측 결과보다 우선하고 관측 결과에 대한 우리의 느낌에 영향을 주며 우리가 관측 결과에 주는 의미마저도 영향을 받는다. 우리는 이 "인간적 요소"를 주의해야 한다. 이것이 어떤 때는 도움이 되지만 어떤 때는 해악이 된다.

42. 우리는 전자가 입자인지 파동인지 모른다; 다만 전자가 한 장소에서 다른 장소로 이동할 때는 파동으로 행동하고, 감지기에 검출될 때는 입자로 행동함을 알 뿐이다. 전자가 꼭 입자가 아니면 파동이라는 가정은 보장 받을 수 없는 가정이다. 사람들이 어떤 것이 둘 다 가능 한 것이 아니고 이것이 아니면 저것이 되어야 한다는 양자 택일의 정신으로 말하는 것을 흔히 볼 수 있다(마치 우리가 생물학적 진화와 신의 존재 중 양자 택일해야 한다고 주장하는 사람들과 같이).

43. 어떤 사람이 전자선이나 광선으로 코의 끝에 있는 전자 하나를 본다면 그 전자나 전자의 주변까지도 변화가 생길 것이다. 우리는 여기서 빛이 전자에서 반사한 다음 눈에 도달한 것을 수동적으로 보는 것은 대상이 된 전자에 영향을 미치지 않는다는 관점은 받아드린다. 우리는 탐사를 수동적 관측으로부터 구별한다. 불확정성 원리는 탐사에 적용되는 것이지 수동적 관측에는 적용되지 않는다(이 관점을 일부 물리학자들은 인정하지 않는데, 그들은 "양자의 수준에서는 수동적이든 탐사에 의하든 어떤 측정도 측정 대상에 영향을 미친다"라고 주장하고 있다. 이들은 수동적 관측도 관측 대상에 정보를 제공하며, 만약 이 정보가 없었다면 전자는 다르게 행동하거나 여러 행동의 중첩된 행동을 했을 것이라고 주장한다).

44. 불확정성 원리는 양자의 세계에서만 적용되고 거시의 세계에서는 적용되지 않는다.

45. 하이젠베르크의 불확정성 원리는 양자 현상에만 적용된다. 그러나 이 용어는 거시 세계에서도 인기 있는 비유로 사용되기도 한다. 측정하는 방법이 측정 대상에 영향을 미치듯 우리가 던지는 질문의 방법이 응답자의 대답에 영향을 미친다. 따라서 우리는 어느 정도까지는 여론조사에 영향을 미친다. 어떤 양을 측정하고자 하면 그 측정 자체가 그 양의 값에 영향을 주는 경우가 수없이 많지만 마이크로미터 이하의 세계에서만 불확정성 원리가 의미를 가진다.

46. 아니다, 왜냐하면 고전 역학이든 양자역학이든 측정 가능한 양과 예측 가능한 특성과는 중요한 차이가 있다. 정확한 예측이 불가능한 고전역학의 예로서 핀 볼 기계가 있다. 이 기계에서 공이 수많은 핀들 사이를 지나 밑에까지 내려오는 과정을 느린 동작 사진으로 찍어 볼 수 있다. 이 과정에서 일어난 일을 모두 알아내기 위하여 동영상을 분석해 볼 수 있다. 고도의 분석 능력을 발휘하면 공이 각 핀과 어떻게 작용했는지 알아낼 수도 있다. 그러나 이런 고도의 분석 능력도 다음 번 공이 어디로 내려갈 지 예측할 수 없는 이유는 공이 수많은 핀을 지나가면서 각 핀과 작용할 때 공의 속도나 충돌 각도에 작은 차이가 있어도 결과가 달라지기 때문이다. 이 현상은 고전적 불확정성의 결과이다. 양자의 세계에서는 불확정성은 좀 더 근본적인 것이지만 그 결과는 비슷하다. 측정으로 전자가 이제까지 어떻게 움직여 왔는지 정확하게 알더라도 그것이 미래에 어떻게 움직일지는 예측할 수 없다.

47. 불확정성 원리는 양자의 세계에서만 적용되지 거시 세계에서는 적용되지 않는다. 타이어에서 공기가 빠져 나오는 현상은 거시 세계의 현상이다.

48. 나비들을 박멸하면 토네이도를 막을 수 있다는 뜻을 포함하는 질문은 황당한 질문이다. 만약 나비가 원리적으로 토네이도를 촉발할 수 있다 해도 나비처럼 그렇게 할 수 있는 것들이 십억 개도 넘을 것이고, 나비를 박멸해도 이 999,999,999의 다른 요소들은 손도 대지 못한 채 그대로 남아있을 것이다. 이 밖에도 나비는 토네이도를 촉발시키는 만큼이나 토네이도가 촉발되려는 것을 막기도 할 것이다.

49. 그 용어가 다른 영역으로 넘어가는 것을 의미하지 않는 한 답은 "아니다"이다. 양자 뜀이라는 용어는 어떤 양이 아주 작은 양을 건너 뛰는 변화를 하는 것을 의미한다.

50. 이는 측정과정이 측정 대상을 변화시킨 극단적 예로서 학문적으로 오만 불손하고 바보스러운 예이다. 이 나무는 세상에 살고 있던 가장 오래된 나무였던 것이다.

실전문제

1. 주파수 = 속력/파장: $f = 3\times10^8$m/s/2.5×10^{-2}m = 1.2×10^{10}Hz. 광자의 에너지는 플랑크 상수 ×주파수: $E = hf = (6.6\times10^{-34}\text{J s})(1.2\times10^{10}\text{Hz}) = 7.9\times10^{-24}$J.

2. 드브로이 파장 = 플랑크 상수/운동량이므로, 전자의 운동량이 필요하다. 이는 $p = mv = (9.1\times10^{-31}\text{kg})(3.0\times10^{7}\text{m/s}) = 2.7\times10^{-23}$kg · m/s. 따라서 드브로이 파장은 파장 = $h/p = 6.6\times10^{-34}$J s/2.7×10^{-23} = 2.4×10^{-11}m로, 단일 원자의 크기보다 작다.

3. 공의 운동량은 $mv = (0.1\text{kg})(0.001\text{m/s}) = 1\times10^{-4}$kg · m/s이고 따라서 공의 드브로이 파장은 $h/p = 6.6\times10^{-34}$J s/1×10^{-4}kg · m/s = 6.6×10^{-30}m이다(전자의 파장에 비해도 아주 작다). 공을 아무리 천천히 굴려도 측정될 만한 파장을 갖게 할 수 없다.

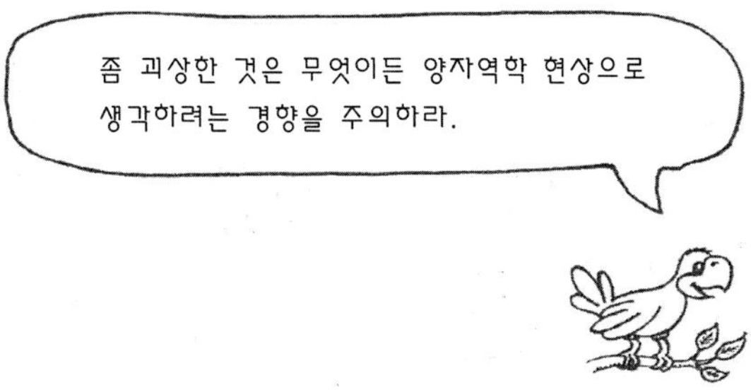

제 32 장

The Atom and the Quantum

32장 연습문제

1. 자외선 램프에서 복사되는 광자가 더 높은 주파수와 더 큰 에너지 및 더 큰 운동량을 가지고 있다. 텔레비전용 송신기에서 복사되는 광자는 파장만 더 길다.

2. 파란색 이 주파수가 더 높고 따라서 더 큰 광자 에너지를 갖는다.

3. 알파 입자들 중 작은 부분이 아주 큰 각으로 편향(산란)되었는데 이는 원자 내부에 강한 전기장이 존재함을 의미하고 양전하가 내부 중심의 아주 작은 핵에 집중되어 몰려있다는 것을 의미한다. – 이 핵은 질량도 매우 큰 것으로 추측되는데 이는 튕겨져 나온 알파 입자들이 운동에너지를 거의 잃지 않았다는 사실에서 짐작할 수 있다.

4. 박막의 금 원자로부터 튕겨 나온 알파 입자들이 뒤로 산란되는 현상은 원자핵에 양전하와 질량이 밀도 높게 모여 있다는 것으로 설명할 수 있다. 골프 공이 케이크에 충돌해 튀겨 나올 때나 테니스 공이나 다른 골프 공에 충돌할 때 뒤로 튀어 나오지는 아니하듯이, 양전하와 질량이 원자 내부에 골고루 퍼져 있었다면 뒤로 산란되어 나오는 현상은 일어나지 않았을 것 이다. 골프 공은 볼링 공과 같이 질량이 매우 큰 물체에 충돌할 경우에만 뒤로 튀어 나온다. 이와 유사하게 알파 입자들은 질량이 매우 큰 원자핵과 그 주변에 강한 전기장을 만나서 뒤로 튀어 나온 것이다.

5. 러더퍼드의 실험은 양전하가 작은 점인 원자핵에 집중되어 있다는 것을 보여준다.

6. 답은 그림 32.9의 부호 설명에 있다. 즉 그 주위를 가속도로 돌고 있는 전자는 전자파를 복사를 한다는 것이다. 이렇게 에너지를 잃어 버리면 전자는 나선 운동을 하며 원자핵으로 빨려 들어가야 하고 원자는 붕괴된다(위성이 지구 대기권 안에 들어와 마찰로 에너지를 잃으면서 지구로 떨어질 때와 비슷하게).

7. 전자는 연속 스펙트럼을 복사할 것이다. 전자의 에너지는 전자가 안으로 나선 운동하며 빨려 들 때 점진적, 연속적으로 변할 것이고, 복사 주파수는 회전 진동수와 같으므로 회전 진동수는 안으로 빨려 들며 점차 증가할 것이다.

8. 지문이 사람마다 다르듯 빛띠 스펙트럼은 원자 고유의 특징을 나타낸다.

9. 전자가 다시 들뜬 상태로 돌아오기 위해서는 바닥상태로 전이할 때 복사된 광자의 에너지와 같은 양의 에너지가 필요하다.

10. 에너지 준위들이 같은 간격으로 배치되어 있다면 스펙트럼 선은 두 개뿐일 것이다. 제3준위에서 제2준위로의 전이에서의 에너지 차이는 제2준위에서 바닥 준위로의 전이에서의 에너지 차이와 같음을 유의하라. 따라서 두 전이 모두에서 같은 주파수의 빛을 복사할 것이고 한 개의 스펙트럼 선만 만들 것이다. 다른 한 개는 제3준위에서 바닥 준위로 전이하는 과정이 만든다.

11. 전자들은 수많은 에너지 준위로 들뜨게 될 수 있기 때문에, 들뜬 준위에서 바닥 준위로의 전위를 포함해 들뜬 준위들 사이에서의 전이까지 많은 전이들이 가능하다. 이 많은 전이들은 많은 스펙트럼 선들을 만든다. 전자를 한 개만 가지고 있는 수소 원자까지도 많은 스펙트럼 선을 만든다.

12. 드브로이의 모형에 따르면 가장 작은 궤도는 그 둘레가 한 파장이다.

13. 광전효과는 전자의 입자성이 잘 설명하고, 에너지 준위가 띄엄띄엄 배치된 현상은 전자의 파동 성으로 잘 설명된다.

14. 전자가 핵 주위를 서있는 파의 형태로 돌고 있다고 생각하면 이 파동 형태의 궤도의 길이는 파장의 정수 배가 되어야 한다. 이렇게 되면 궤도의 둘레와 또한 반경도 띄엄띄엄 떨어진 값들을 가질 것이다. 에너지 값은 반경에 의존하므로 에너지 값도 띄엄띄엄 벌어진 값들을 가진다(좀 더 세련된 모형에서는 궤도 방향뿐 아니라 반경 방향으로도 서있는 파가 존재한다고 생각한다).

15. 헬륨의 전자들은 하나의 꽉 차있는 껍질에 들어 있다. 껍질이 차 있으면 다른 원소와 화학반응을 하기가 힘들다. 리튬 원소는 두 개의 껍질이 있는데 첫 번째 껍질은 차 있고, 두 번째 껍질은 가능한 여덟 개의 자리 중 한 개만 채워져 있어 다른 원소와의 화학반응을 매우 격렬하게 한다.

16. 광자의 주파수는 자신의 에너지와 $E = hf$의 관계식을 맺어져 있으므로 두 주파수를 합하여 제3의 주파수가 된다면 두 광자의 에너지를 합하면 제3광자의 에너지가 된다. 그림 32.10에서와 같은 건너 뛰는 전이 과정에서는 에너지 보존 법칙에 의해 준위 3에서 준위 1로 전이에서의 복사 에너지는 준위 3에서 준위 2로 전이에서의 복사에너지와 준위 2에서 준위 1로 전이에서의 복사에너지의 합과 같다. 따라서 3에서 1로 전이에서 복사되는 빛의 주파수는 3에서 2로 전이에서 복사되는 빛의 주파수와 2에서 1로 전이에서 복사되는 빛의 주파수의 합과 같다.

17. 그렇다. 원자 안에서 전자는 2백만 m/s의 속력으로 운동하고, 그들의 파동성은 명백하다.

18. 보강 간섭을 하여 서있는 파가 형성되려면 궤도의 둘레가 파장의 정수 배가 되어야 한다. 드브로이 파의 파장의 정수 배가 되지 않으면 상쇄 간섭이 일어나 서있는 파는 형성되지 못한다.

19. 두 경우 모두 원자 내에서의 에너지 준위에 대한 보어의 이론을 사용하고 있다. 궤도는 원자 궤도를 보기 쉽게 하나의 곡선으로 표현하는 수단일 뿐이다.

20. 두 질문에 대한 답은 "그렇다"이다. 입자는 파동의 특성도 가지고 있고 파장은 운동량과 관계가 있으므로 입자는 회절이나 간섭과 같은 파동의 다른 특성들도 나타낸다.

21. 물질의 진폭을 파동함수라고 부르고, 기호 ψ으로 표기한다. ψ가 큰 곳에서는 입자를 발견할 가능성이 높다. ψ가 작으면 입자를 발견할 가능성이 낮다(실제로 발견될 확률은 ψ^2에 비례한다).

22. 플랑크의 상수가 컸더라면 원자도 컸을 것이다. 이점을 드브로이 방정식(파장 = h/운동량) 에서 볼 수 있다. 전자 껍질을 구성하는 파장이 더 커질 것이고 원자도 커지게 된다.

23. 거기에서 파동이란 확률에 관련된 진폭을 의미한다.

24. 확률 법칙을 원자 한 개 또는 몇 개에 적용하면 예측 능력은 아주 나쁘다. 그러나 수많은 원자들의 모임에 적용하면 이야기는 완전히 다르다. 광전효과에서 어떤 전자가 광자를 흡수할 지 예측할 수는 없지만, 광 감응 물질에 광선이 입사할 때 발생하는 전류가 얼마가 될 지는 정확하게 예측할 수 있다. 이중 간섭 실험에서 한 광자가 스크린 상의 어느 점에 도달할 지 말할 수는 없지만, 강한 광선을 입사시키면 스크린 상에 만들어진 간섭 무늬의 세기 분포는 정확하게 예측할 수 있다. 결정체 안에서 진동하는 특정 원자의 운동에너지는 매우 부정확하게 예측할 수밖에 없지만 같은 결정체에서 수많은 원자들의 평균에너지는 높은 정확도로 예측할 수 있는데, 그것이 바로 그 물체의 온도이다. 많은 원자들의 모임에서는 양자 세계에서의 불확정성이 무시될 수 있기 때문에 거시 세계가 정확하게 예측될 수 있는 것이다.

25. 전자는 확정된 질량과 전하를 가지고 있고, 때로는 위치마저 정확하게 알 수 있기 때문에 전자는 입자의 성질을 가지고 있다고 말한다; 전자는 또한 회절이나 간섭 현상을 나타내며 따라서 파도의 성질을 가지고 있다고도 말한다. 전자가 입자의 성질만 또는 파동의 성질만 가져야 한다고 주장하면 모순이 생긴다. 연구에 의하면 전자는 입자성과 파동성 모두를 보인다.

26. 아인슈타인은 양자 역학이 근본적인 학문이 아니고 아직 발견하지 못한 기본적인 그 무엇이 있다고 생각했다.

27. 두 경우 모두 대응 원리와 모순되지 않는다. 양자세계의 특징인 띄엄띄엄 분포됨의 특성(모래알 특성)이 중요하지 않게 되면 대응원리에 의해 양자물리에서의 결과와 고전 물리에서의 결과가 일치하게 된다. 그러나 모래알 특성이 중요한 경우에는 두 결과는 일치하지 않는다.

28. 원자의 수가 많아지면서 양자 물리와 고전물리의 결과가 겹쳐진다. 그러나 원자의 수가 작으면 양자물리가 지배적이고, 원자의 수가 매우 많으면 고전물리가 지배적이다.

29. 보어의 대응원리는 고전역학이 유효한 영역에서는 양자역학의 결과가 고전역학의 결과와 일치해야 한다고 기술하고 있다.

30. 협의적으로 정의된 대응 원리는 원자와 분자의 세계에서만 적용된다. 그러나 우리는 이 원리를 좀 더 넓게 적용되도록 정의할 수 있다. 즉 어느 한 영역이나 어느 한 환경에서 적용되는 이론과 다른 영역이나 다른 환경에서 적용되는 이론들 사이에 이들이 겹치는 영역에서 두 이론의 결과가 일치해야 한다는 대응성이 존재한다는 의미로 사용될 수 있다(예를 들어 작은 물체에 대한 이론과 큰 물체에 대한 이론 사이의 대응성이라든지, 빠른 물체와 느린 물체에 대한 이론들이나 찬 물체와 뜨거운 물체에 대한 이론들 사이에 성립하는 대응성). 이넓은 의미에서의 대응 원리는 모든 분야의 지식에 관한 이론에서 적절하게 성립한다.

31. 철학자가 같은 물리적 조건이 아주 높은 정확도로 주어지면 같은 결과가 얻어진다고 말한다면 그는 거시의 세계와 고전역학을 말하는 것이다. 화인만이 작은 입자들로 구성된 계에서 적은 수의 사건을 다룰 때는 같은 조건을 주더라도 그 결과는 같지 않다고 말할 때는 양자 영역에 대해 언급하고 있는 것이다.

32. 원자들이 서로 일정 거리를 유지하도록 하는 것이나 우리 주변에서 보는 물질이 덩어리 형태로 존재하게 하는 것이 모두 물질의 파동성 때문이다. 파동적 특성이 없었다면 모든 것들이 함몰되어버려 이세상에는 현재 우리가 보는 형태의 물체들이 존재하지 않을 것이다.

33. 빛의 속력은 우리가 일상에서 다루는 일반적인 속력에 비해 훨씬 크다. 플랑크 상수는 매우 작아서 일상 생활에서 보는 물체의 물질 파의 파장을 계산해보면 측정이 불가능할 정도로 작다. 또 광자의 에너지는 그 하나 하나를 눈으로 감지하기에는 너무 작다.

34. 열린 문제

제 33 장

The Atomic Nucleus and Radioactivity

33장 연습문제

1. 켈빈은 수 십 억년 동안 지구를 덥혀왔든 에너지의 원천인 방사성 붕괴에 대해서는 알지 못했다.

2. X-선은 높은 주파수의 전자파이고, 따라서 이보다 더 주파수가 높을 전자파인 감마선과 유사하다. 이와 다르게 알파선과 베타선은 입자들의 흐름이다.

3. 감마선은 전자파이고 알파선과 감마선은 입자이다.

4. 방사성 붕괴 물질은 주변 물질보다 항상 온도가 높다. 왜냐하면 알파나 베타 입자들이 복사되면서 그 내부 에너지의 일부를 시료의 원자들에게 남기기 때문이다(흥미롭게도 지구의 열에너지는 지구 내부에서의 방사성 붕괴에서 얻어진다).

5. 알파 입자는 두 개의 양성자와 두 개의 중성자로 구성되어 있어 수소 원자가 알파 입자를 방출할 수는 없다. 1-kg의 멜론이 네 개의 1-kg의 멜론으로 구성된 덩어리로 붕괴하는 것은 같은 수준으로 불가능하다.

6. 알파선과 베타선은 서로 반대로 대전되어 있어(알파선은 양, 베타선은 음으로 대전되어 있음), 자기장 안에서는 서로 반대 방향으로 편향된다. 감마선은 전하가 없으므로 편향되지 않는다.

7. 알파선이 두 배의 전하와 8000배의 관성을 가지고 있다(4개의 핵 자는 각각 전자의 2000배의 관성을 가지므로). 알파 입자는 전자보다 느리더라도 질량이 훨씬 크기 때문에 더 큰 운동량을 가지고 있어 자기장 안에서 전자보다 적게 편향된다.

8. 알파 입자와 베타 입자는 전기장에서 받는 힘이 서로 반대 방향이다; 감마선은 힘을 받지 않는다. 입자들이 장의 선들에 수직한 방향으로 움직이면, 알파 입자와 베타 입자의 경로는 자기장 안에서와 같이 반대방향으로 구부러질 것이다. 감마선은 어떤 경우에도 영향을 받지 않고 직진한다.

9. 알파선을 복사하면 원자번호는 2가 줄고 질량은 4가 줄어든다. 베타선을 복사하면 원자번호는 1이 늘고 원자의 질량은 변하지 않는다. 감마선을 복사하면 원자번호나 원자의 질량에는 변함이 없다. 따라서 알파선 복사가 원자번호와 질량에 가장 큰 변화를 준다.

10. 베타나 감마 복사는 원자 질량에 변화를 주지 않는다. 감마 복사만이 원자번호를 변화시키지 않는다. 베타 복사가 원자번호만 변화시키는 반면, 알파 복사는 원자번호와 질량 모두를 변화시킨다.

11. 승강기의 구조물은 감마선보다 알파선과 베타선은 더 잘 차단하기 때문에 승강기 안에서는 감마선이 훨씬 많을 것이다.

12. 양성자의 전하는 핵의 전하와 부호가 같고 따라서 서로 튕겨내는 힘이 작용하므로, 양성자가 핵과 충돌하게 하려면 굉장히 큰 에너지로 목표물에 충돌하게 해야 한다. 에너지가 작은 양성자는 핵에 접근할 때 전기적으로 핵에 의해서 쉽게 튕겨질 것이다.

13. 알파 입자는 핵에서 나와, 끄는 힘으로 작용하는 핵력의 범위를 벗어나면, 전기적으로 서로 밀어내는 힘에 의해 가속된다. 이는 알파 입자와 원자핵의 전하들이 부호가 같아 서로 밀어내는 힘이 작용하기 때문이다.

14. 동위 원소들은 원자 내의 양성자 수는 같으나 중성자 수는 서로 다르다.

15. 알파 입자는 베타 입자에 비해 전하가 두 배이기 때문에 원자의 전자들과 더 강하게 상호작용하여 원자들을 이온화 시키면서 에너지를 급격하게 잃는다(알파 입자들의 속력이 느려 더 효과적으로 원자들을 이온화 시킨다).

16. 그들은 전기력으로 서로 밀어내는 동시에 한편 핵력으로 서로 끈다. 중성자의 도움을 받아 강력이 지배한다(그렇지 않다면 수소 원자보다 더 큰 핵을 가진 원자들은 존재하지 않았을 것이다).

17. 원자핵 내부에서는 강한 핵력은 핵 입자들을 서로 묶어두려 하고, 전기력은 서로 밀어내려 한다.

18. 많은 양성자들을 작은 부피에 몰아 가지고 있는 원자핵이 존재한다는 사실은 핵 내부에서 이들이 서로 밀어내려 하는 전기력을 극복할 수 있는 강력한 끄는 힘이 존재한다는 증거가 되겠다.

19. 네, 정말 그렇습니다.

20. 양전하로 대전된 수소 원자는 이온이며, 전자가 한 개도 남아있지 않으므로 원자핵이다. 이는 보통 양성자이나, 가끔은 수소의 좀더 무거운 동위원소의 핵인 중양성자나 삼중 양성자이다.

21. 화학적 특성은 전자의 수에 의해서 결정되는데, 이 수는 원자의 중성자 수에는 무관하고 양성자 수에 의하여 결정된다.

22. 사람들에게 평균 "반 수명"이라는 것은 평균적으로 태어나서부터 살다가 죽을 때까지의 시간의 반이라는 뜻이지만, 현재까지 반 수명을 산 사람들 중 절반이 다음 반 수명 시간 동안에 죽는다는 뜻은 아니다. 그러나 방사성 원자들의 경우 그들이 살아온 시간에 관계없이 "죽을"(붕괴할) 확률은 언제나 같다. 젊은 원자나 늙은 원자나 구별이 없이 다음 일정 시간에 붕괴할 확률은 같다. 인간의 경우는 이와 다르다. 늙어가면서 죽을 확률은 커진다.

23. 역 제곱 법칙에 따르면 2미터에서 거리가 두 배이므로 계수율은 360/분의 1/4, 즉 90개/분이고 3미터에서는 계수율은 360의 1/9로 40개/분이다.

24. 대전된 전하가 거품 상자 안에서 나선형 궤도로 운동하는 것은 상자 안에 있는 원자, 주로 수소 원자와 충돌하면서 점점 느려지기 때문이다. 자기장 안에서 전하는 느릴수록 경로가 더 굽어지고(원 궤도의 지름이 작아지고) 그 궤도는 좀더 심한 나선형이 된다. 전하가 저항이 없이 운동한다면 그들의 궤도는 원이나 용수철 모양이 될 것이다.

25. 핵자의 수와 전하량.

26. U-238 원자에서 Pb-206 원자로 붕괴하는 과정에서 여덟 개의 알파 입자와 여섯 개의 베타 입자들이 방출된다. 이 수는 다른 경로를 통해서 붕괴해도 같다.

27. 이 원소의 질량은 157+100 = 257이다 원자번호가 100인 이 초 우라늄 원소는 엔리코 페르미의 이름을 딴 페르뮴이다.

28. 래듐(원자번호 88)의 핵이 알파 입자를 방출하면 이 핵은 원자번호가 2가 작은 라돈 원소(원자번호 86)의 핵이 된다. 이 결과 원자의 질량은 4가 준다. 붕괴되기 전의 라듐이 동위원소 226이었다면 라돈의 원자 질량은 222이다.

29. 폴로늄 핵이 베타 입자를 방출한 후 원자번호는 1이 늘어 85가 되고 원자 질량은 변하지 않아 218이 된다.

30. 폴로늄-218이 알파 입자를 방출하면 원자번호는 2가 줄어 82가 되고, 질량은 4만큼 줄어 214가 된다.

31. 둘이 모두 92개의 양성자를 가지고 있으나 U-238은 U-235보다 중성자가 3개 더 많다.

32. 중수소의 핵은 한 개의 양성자와 두 개의 중성자를 가진다; 탄소 원자의 핵은 6개의 양성자와 6개의 중성자; 철의 핵은 26개의 양성자와 30개의 중성자; 금의 핵은 79개의 양성자와 118개의 중성자; 스트론튬의 핵은 38개의 양성자와 52개의 중성자; 그리고 우라늄의 핵은 92개의 양성자와 146개의 중성자를 가진다.

33. 원소가 전자를 방출하며 (베타 붕괴) 더 큰 원자번호를 가진 원소가 될 수 있다. 이런 일이 발생했을 때 중성자 하나가 양성자가 되어 원자번호가 증가한다.

34. 알파 입자 하나를 방출할 때 두 개의 베타 입자를 같이 방출하면 원자번호는 바뀌지 않는다.

35. 원자번호가 15인 형광 핵이 양전자(양 전하를 띈 전자)를 방출하면 원자의 핵은 전하가 하나 줄어 실리콘 원소(원자번호 14)의 핵이 된다.

36. 스트론튬-90(원자번호 38)이 베타 붕괴하면 이트륨 원소(원자번호 39)가 된다; 따라서 스트론튬이 베타선만을 복사하는지 확인하기 위해서는 붕괴 결과의 원자가 이트륨 원소인지를 확인하면 된다. 이는 질량 분석기나 기타 방법으로 가능하다. 물론 알파선이나 감마선이 방출하는지 확인해 볼 수도 있다.

37. 핵이 같은 수의 양성자와 전자로 구성되어 있다면, 핵은 순 전하가 없을 것이다. 이런 핵은 전자를 궤도에 붙들어 둘 수 없다. 실제로 원자의 핵이 양전하로 대전되어 있고 그 주위로 전자들이 궤도운동을 하고 있다는 사실이 당신 친구의 주장과 위배된다.

38. 라듐은 붕괴 결과로 만들어지는 원소이다. 즉 수명이 긴 우라늄의 붕괴 과정에서 만들어진다. 따라서 아직 붕괴되지 않은 우라늄이 존재하는 한 라듐은 우라늄 붕괴 과정에서 생성된다.

39. 일부 우라늄 원소보다 원자번호가 작고 짧은 반감기를 가진 원소들은 우라늄이나 토륨처럼 수명이 긴 방사성 원자의 붕괴 결과로 생성된다. 우라늄과 토륨이 수십 억년 지속해서 존재하는 한, 이 수명이 짧고 가벼운 원소들은 계속 보급된다.

40. 기체 헬륨을 방사능 붕괴로 생기는 알파 입자로 간주하는 친구의 생각에 동의한다. 지하에 있는 방사선 동위원소로부터 방출된 알파입자는 속력이 감소하여 정지하면서 주변에서 두 개의 전자를 얻어 헬륨 원자가 된다. 지구 상에서 존재하는 헬륨은 지하에서 나온 것이다. 대기 중에 있는 헬륨은 가벼워 우주 공간으로 날라가 버린다.

41. 핵 발전소 근처에서 피폭되는 방사선보다 지상에 노출된 대리석에서 더 많이 피폭될 수 있다. 여기에 더해 고도가 높아지면 우주선에 의한 피폭도 커진다. 그러나 이 세 방사선 위험 요소 어느 것도 그들 중 가장 덜 위험한 요소보다 크게 더 위험하지는 않다. 그러니 걱정하지 말고 그저 지상에서의 삶을 즐겨라.

42. 온천 물을 덥히는 지구의 자연 에너지는 방사능 붕괴에서 얻는다. 방사능 붕괴에서 나오는 에너지 때문에 방사능 물체의 온도가 그 주변 물체의 온도보다 높듯이 지구의 내부도 방사능 붕괴로 덥혀진다. 그러나 안심해도 되는 것은 지구 내부에서의 방사능 붕괴는 물은 데우지만, 물을 방사선으로 오염시키지는 않는다는 것이다. 뜨거운 온천 물은 해롭지 않다.

43. 핵 발전소에서 생기는 방사능은 화력 발전소에서 발생하는 방사능보다 훨씬 많지만 이들은 대부분 잘 차폐된다. 그러나 화력 발전소에서 생긴 방사능 물질은 굴뚝 연기 등으로 대부분 방출된다. 따라서 전형적인 화력 발전소가 더 많은 방사능 물질을 주위에 내보낸다.

44. 측정기로 방사능을 측정하는 것을 두려워하는 친구에게 측정기를 피하는 것은 소용없는 일이라고 말할 수 있다. 그의 논리대로라면 여름에 더위를 피하려고 온도계를 멀리해야 할 것이다.

45. 감마선 피폭으로는 음식물이 방사능 물질이 되지는 않는다. 감마선 피폭으로 물질이 핵반응을 일으켜 방사능 물질이 되기에는 감마선은 에너지가 충분하지 않다.

46. 똑같이 측정될 것이다. 반감기가 수십 억년이므로 60년 동안에는 거의 변하지 않았을 것이다.

47. 탄소-14의 반감기는 약 5700년이므로 수 천만년 전의 공룡의 뼈는 카본 연대 측정방법으로 측정하기에 C-14의 잔여량이 너무 적어 이 방법은 부적절하다.

48. (a) 몇 년; 안된다, 단 몇 년 동안에는 C-14의 변화량이 측정되게 너무 작아 부적절하다.
(b) 몇 천년; 된다, 수천 년의 기간에는 C-14의 붕괴가 상당히 일어나므로 측정이 가능하다.
(c) 몇 백만년; 안된다, 수백만 년된 것들에는 붕괴되고 남은 C-14의 양이 측정기로 측정하기에는 너무 적다.

49. 돌로 만든 상은 탄소 연대 측정이 불가능하다. 무생물은 탄소를 섭취하지 않고 또 방사능 붕괴로 탄소를 변환하지도 않는다. 탄소 연대 측정은 유기물에만 가능하다.

50. 열린 토론.

실전문제

1. 2년 후에 원래 시료의 1/4이 남을 것이다; 3년 후에는 1/8이 남을 것이고; 4년 후에는 1/16이 남을 것이다.

2. 물질의 반감기는 두 시간이다. 조금만 생각해보면 160을 네 번 반 감하면 10이 된다. 따라서 8시간 동안 4번의 반감기가 있었다. 그러므로 8시간/4 = 2시간이다.

3. 반감기가 4번 있었다면 1/16이 남는다. 따라서 4×30 = 120년이다.

4. 오후 3시까지 9시간이 경과했고 이는 9/1.8 = 5반감기에 해당한다. 따라서 처음 양의 1/2×1/2×1/2×1/2×1/2 = 1/32배이므로 0.0313밀리그램이다. 밤 12시에는 18시간이 경과 했으므로 18/1.8 = 10으로 반감기의 열 배에 해당하므로 처음 양의 $(1/2)^{10}$배이고 0.001밀리그램이다. 병원에서 F-18이 다음날 필요하다면 병원은 그것을 다음날 아침에 만드는 것이 합리적이다.

5. 세기는 1/16.7배로 줄어든다(100%에서 6%로). 1/2배를 몇 번 곱해야 이 수가 나오는가? 2×2×2×2 = 16이므로 약 4번이다. 따라서 이 오래된 나무 조각의 나이는 4×5730년 = 23,000년이다.

6. 방사능 붕괴가 일어난 후 당신이 꺼낸 1갈론에는 10/5000 = 1/500의 방사능 입자들이 있으므로 탱크 안에는 500갈론이 들어 있다.

제 34 장 Nuclear Fission and Fusion

34장 연습문제

1. 핵분열 방법만 사용되고 있다.

2. 농축이 안된 우라늄(핵분열이 되지 않는 U-238이 99%나 포함된)은 중성자를 느리게 만들 감속재와 섞을 때만 연쇄 반응을 일으킨다. 광석 상태의 우라늄을 중성자를 느리게 만들 감속제가 아닌 다른 물질과 섞으면 연쇄 반응은 일어나지 않는다(아주 오래 전 광석 상태의 우라늄의 농도가 더 높았을 시절에 자연적인 핵반응로가 서 아프리카의 가본에서 존재했었다는 증거가 있다).

3. 양성자 사이에서 작용하는 전기적 반발은 핵 전체에 걸쳐 작용하여 모든 양성자에 영향을 주지만, 끄는 힘인 핵력은 이웃 핵자 사이에서만 작용한다. 따라서 핵이 클수록 반발력인 전기력이 인력인 핵력을 초과하여 결국 핵의 분열을 초래할 가능성이 크다.

4. 핵분열 반응로에는 가동되기 위해 필요한 임계 질량이 있다(감속재와 냉각수를 포함해서). 가장 작은 크기의 반응로라도 작은 자동차의 동력 장치로 쓰기에는 너무 크다(배나 잠수함에 사용하는 것은 실용적이지만). 간접적인 방법으로는 핵반응로가 생산한 전기로 자동차 배터리를 충전하여 자동차의 동력장치로 쓰는 방법이 있다.

5. 중성자는 전하가 없기 때문에 원자핵으로부터 반발력을 받지 않아 원자핵에 더 잘 침투할 수 있다.

6. 핵분열 물질에서 중성자는 멀리 움직여 표면에 도달할 수는 있다. 그러나 부피가 큰 물체는 작은 물체에 비해 부피 대 비 표면의 값이 작아 중성자를 안에 가두기가 쉽다.

7. 안된다. 납작해진 모양은 표면적이 더 넓어 중성자가 더 잘 빠져나갈 수 있어 임계상태 이하로 된다.

8. 임계 질량이란 핵분열 물질이 폭발로 가지 않으면서 연쇄반응을 계속 유지할 수 있는 최소한 질량을 말한다. 이런 현상은 생산되는 중성자의 수가 표면에서 잃어버리는 수와 같을 때 일어난다. 표면에서 손실되는 수가 많을수록 임계 질량은 커진다. 일정한 부피에서 구의 모양일

때 표면의 넓이가 가장 작으므로, 정육면체의 물체는 손실이 더 크다. 따라서 임계질량도 더 크다(다시 말해서 임계질량을 가진 구 모양의 핵분열 물질을 납작하게 눌러 모양을 바꾸면 중성자의 손실이 늘어 임계 질량 이하가 된다).

9. 핵분열 물질 조각들을 모아 한 개의 부피가 큰 물체로 만들면, 중성자의 평균 이동거리가 늘고, 부피 대비 표면적은 줄며, 중성자 손실이 줄고, 연쇄 반응의 확률이 높아지면서 폭발이 일어난다.

10. 플루토늄이 핵 하나 분열당 방출되는 중성자 수가 많기 때문에 중성자가 표면을 통해 밖으로 나가 입는 손실을 더 잘 견딜 수 있어 임계점 이상을 잘 유지할 수 있다. 따라서 같은 형태를 취할 때 플루토늄의 임계질량이 우라늄의 것보다 작다.

11. 자연상태의 우라늄-238 물질에는 아주 적은 양의 플루토늄이 존재한다. 우라늄-238이 근처를 방황하는 중성자 한 개를 잡으면 우라늄-239가 되고, 다시 베타 입자를 방출하면서 Np-239이 된다. 이것이 또 다시 베타 입자를 방출하면서 Pu-239가 된다. Pu-239는 비교적 짧은 반감기 때문에 (24,360년) 오래 가지 않는다. 지구 껍질 부근에 있던 플루토늄은 오래 전에 붕괴되어 사라졌다.

12. 플루토늄은 원래 안정된 U-238에 중성자가 흡수되면서 생성되기 때문에 시간이 지나면서 점차 양이 늘어난다.

13. 연속 베타 붕괴 결과 생성된 핵은 $_{92}U^{233}$이다. 질량 번호는 1이 늘었고, 원자번호는 2가 늘었다. U-233은 U-235와 같이 느린 중성자에 의해 핵분열이 가능하다($_{92}U^{238}$에서 $_{94}Pu^{238}$이 생산되는 과정과 유사함을 주목하라).

14. 냉각수 순환계를 분리하는 이유는 원자로에 사용되는 방사능으로 오염된 물을 원자로 안에 있도록 제한하여 외부와의 접촉을 차단하기 위해서이다. 또 일차 순환계 안의 물이 높은 압력에서 순환하게 하여 높은 온도도 견딜 수 있게 함이다(물의 끓는 온도보다 훨씬 높은 온도).

15. 중성자가 탄소 핵에 충돌하면 탄소 핵은 중성자로부터 운동에너지의 일부를 뺐어 가며 중성자를 느리게 하여 핵분열 과정을 더 잘 촉발하게 한다. 이에 비해 납 원자의 핵은 너무 질량이 커 거의 반발되지 않는다. 중성자는 반발하여 튀어 나올 때 운동에너지를 거의 잃지 않으며 속력도 변하지 않는다(탁구 공이 볼링 공에 충돌할 때와 같이).

16. 원자핵의 질량은 자신을 구성하고 있는 각 핵자들의 질량의 합보다 작다. 핵을 구성 핵자들로 완전히 분리하는데 필요한 일을 고려하여, $E=mc^2$에 따라 이 에너지에 해당하는 질량을 계산하여 원자핵의 질량에 더해보라. 이 결과는 핵자들의 질량의 합과 같아야 한다. 이 때문에 분리된 핵자의 질량의 합이 원자핵의 질량보다 커야 된다.

17. 원자핵이 변할 때의 질량 변화가 열 배로 증가하면(0.1%에서 1%), 핵분열에서 방출되는 에너지도 열 배가 된다.

18. 핵분열과 핵융합은 한 개나 그 이상의 원소들을 다른 원소로 변환시키는 과정에서 에너지가 방출되는 핵반응이라는 점은 유사하다. 그러나 그들은 중요한 점에서 서로 다르다; 핵분열은 높은 온도가 필요없지만 핵융합에서는 필수적이다. 핵분열은 무거운 핵에서만 일어나지만, 핵융합은 가벼운 원소들에서 일어난다. 이름이 말해주듯 핵분열은 한 개의 핵을 쪼개지만, 핵융합은 핵들을 뭉쳐 한 덩어리로 만든다. 핵분열에서는 임계질량의 개념이 필요하지만, 핵융합에서는 필요 없다.

19. 물질을 태우는 연소나 핵융합 모두 반응을 촉발하는데 필요한 최소한의 온도가 있다. 두 경우 모두 반응은 열에 의해서 한 영역에서 다른 영역으로 퍼져 나간다. 임계질량은 없다. 열 핵융합 반응에서나 연소에서 모두 한 곳에 저장할 수 있는 연료의 양적 제한은 없다.

20. 핵반응에서 방출되는 에너지를 예측하기 위해서는 핵반응이 시작하기 전의 핵들의 질량과 핵반응 후 생성된 핵들의 질량의 차이를 계산하면 된다. 이 질량 차이는 (질량 결손이라고도 부름) 그림 34.16의 곡선 또는 핵 질량 표에서 찾을 수 있다. 이 질량차이에 빛의 속력의 제곱을 곱하여($E=mc^2$) 방출되는 에너지를 계산한다.

21. 파편들은 각각 46개(92개의 절반)의 양성자와 72개(144개의 절반)의 중성자를 가지고 있어 Pd-118의 핵이다 - 팔라듐 동위원소로 원자번호가 46이다.

22. 무거운 핵을 융합시키는 일은 에너지가 많이 든다(이러한 방법으로 우라늄보다 무거운 원소들이 탄생했다). 융합 반응결과로 생성된 핵은 융합에 참여한 핵들의 질량의 총 합보다 더 크다.

23. 가벼운 핵을 분열시키는 일은 에너지가 많이 든다(입자 가속기 안에서 일어난다). 그림 34.16이 보여주듯이 분열 결과로 생성된 핵들의 질량의 총 합이 분열 전의 핵의 질량보다 크다.

24. 금이 핵분열하거나 탄소가 핵융합하면 에너지가 방출될 것이다. 그러나 철의 경우에는 분열하거나 융합하거나 에너지는 방출되지 않는다.

25. 우라늄 원자가 세 조각으로 분열되면 각 조각은 그림 34.16에서 철 원자에 더 가까운 곳에 위치하는 원자번호가 작은 핵이 되겠다. 이들의 핵자 하나당 질량은 분열하기 전 보다 작고 더 많은 질량이 에너지로 전환될 것이다.

26. 원자번호가 29인 구리는 원자번호가 30인 아연과 융합하면 원자번호가 59인 프라세오디뮴이 된다.

27. 산소 핵 하나와 두 개의 수소가 융합하면 원자번호가 10인 네온 핵이 된다.

28. 알루미늄(두 개의 탄소 핵이 융합하여 망간 핵이 되고, 이것이 다시 베타 입자를 방출하면서 원자번호가 13인 알루미늄이 된다)

29. 핵자당 에너지를 나타내는 곡선이 그림 34.16 대신 그림 34.15이었다면, 모든 원소는 핵분열할 때 에너지를 방출하고, 핵융합을 할 경우에는 에너지를 흡수할 것이다. 이는 모든 핵분열

반응에서 반응 결과로 생성된 핵의 핵자 당 에너지는 감소하고, 핵융합 반응에서는 그 반대가 되기 때문이다; 핵융합으로 생성된 핵은 핵자 당 에너지가 커진다.

30. 수소 원자 두 개의 질량은 이들이 융합되었을 때의 질량보다 큰 반면 우라늄 원자핵의 절반의 질량을 가진 핵 두 개는 분리되어 있을 때가 융합될 때보다 질량이 작다.

31. 분열되기 전의 우라늄의 질량이 분열 후에 생성된 조각들의 질량의 합보다 크다.

32. 융합 전의 수소의 질량이 융합으로 생성된 것보다 크다.

33. 우라늄 원자 한 개가 핵분열할 때 방출되는 에너지가 중수소 핵 두 개가 융합할 때 방출하는 에너지보다 크지만, 중수소 1그램에 들어 있는 중수소 원자의 수가 우라늄 1그램에 들어있는 우라늄 원자의 수보다 훨씬 더 많기 때문에 1그램당으로는 중수소 핵융합 반응에서 더 많은 에너지가 방출된다.

34. 핵분열 물질들이 충분히 밀집되어 있으면 중수소 한 개로 촉발해도 자발적인 연쇄반응이 일어난다. 반면 융합 연료는 연소 연료처럼 연쇄 반응 물질이 아니다. 임계 질량도 없고 자발적 촉발이 없어 작은 양이든 많은 양이든 안전하게 보관할 수 있다.

35. 수소 폭탄은 핵융합 에너지뿐만 아니라 핵분열 에너지도 많이 방출한다. 수소 폭탄은 핵융합을 이용한 폭탄이지만 열 핵융합을 일으키기 위하여 핵융합 물질 겉을 핵분열 폭탄으로 둘러싼다. 역으로 핵융합에서 나온 중성자들은 핵분열 반응을 촉진시킨다. 방사능 오염물질은 이 핵분열 반응에서 나온다.

36. 핵융합이 핵분열보다 중요하게 유리한 점은 그 연료의 특성에 있다: 융합에서는 연료가 중 수소로 지구에 많이 있고, 특히 바다 속에 많다. 그러나 핵분열에서 쓰이는 연료인 우라늄이나 플루토늄은 그 자원이 풍부하지 않다. 핵융합 발전의 제2의 장점은 핵반응 과정의 부산물에 있다. 핵분열에서는 많은 방사능 폐기물이 나오지만, 핵융합 반응에서는 주로 방사능이 없는 헬륨이 부산물이다(물론 핵융합 과정에서 방출되는 중성자가 주위의 다른 물질들을 방사능 물질로 전환시킬 가능성도 있지만).

37. 태양으로부터 오는 에너지는 우리가 사용하고 있는 에너지의 주 공급원인데 태양은 그것을 핵융합에서 얻고 있다. 지구에 온 태양 에너지를 다루는 것은 매우 어려운 일이다.

38. 지구의 핵에서의 핵반응은 지구 내부를 용해된 상태로 유지하고, 온천 물을 덥혀주며 때때로 뜨거운 물을 내뿜는 간헐천을 유지하는 열을 제공한다. 태양에서의 핵융합은 지구를 햇빛으로 목욕시켜 준다.

39. 그에 대한 예측 목록은 책으로 하나 가득 써도 모자란다. 핵융합이 가능한 시대에 얻을 수 있는 풍부한 에너지와 물질은 우리 일상에 여러 가지의 근본적인 변화를 가져올 것이다. 상업 방면에서 분명히 큰 변화가 올 것이다. 또한 인류에 의해 지구가 온난화 되는 것도 크게 줄어들 것이다. 기름 부족 때문에 일어나는 전쟁도 없어질 것이며, 후진국들도 더 발전할 것이다. 핵융합 시대에는 인류의 생활 모든 양상에서 변화가 올 것이다.

40. 비교할 것들은 많다. 가장 먼저 비교할 것은: 전통적인 연소-연료는 지구의 자연 자원을 소모하고 그들을 온실가스나 독성 오염물질로 변환시키는데 이들은 대기 중으로 퍼져 여러 문제를 일으키지만, 그 중에도 지구의 기후를 변화시키고 산성 비의 원인이 된다. 대기를 오염시키지는 않는 원자력 발전소는 환경 문제가 좀 덜한 편이다. 핵 발전소에서 생기는 오염은 원자로에서 나오는 방사능 폐기물에 집중되어 있다. 이 두 전력 원의 문제점에 대한 합리적인 토론은 언제나 이 두 전력원이 공해를 일으킨다는 점에는 동의해야 한다- 토론은 전력을 얻기 위해 어느 오염원을 우리가 받아들이기가 쉬운 것이냐에 집중되어야 한다("핵은 안되다"라는 구호를 외치기 전에 "핵을 알자"라는 구호를 외치는 것이 합리적인 사고 방식이다).

41. 아무 대가도 치르지 않고 어떤 것을 얻을 수는 없다. 수소에 대해 크게 오해하고 있는 점이 있다. 수소를 물이나 다른 화합 물질로부터 분리하는 일은 수소를 태워서 얻을 수 있는 에너지보다 더 많은 에너지가 든다. 수소는 축전지와 같이 에너지 저장 수단을 대표한다. 한 곳에서 만들어 다른 곳에서 사용할 수 있다. 공해가 없이 태울 수 있는데 이 것은 큰 장점이나, 수소를 에너지 저장과 운반 수단으로 인식해야하지 연료로 생각하면 안 된다.

42. 루테늄(원자번호 92의 우라늄은 원자번호 46의 팔라듐으로 쪼개지고 파라듐은 다시 원자번호 2의 알파 입자를 방출한다. 이 결과로 원자번호 44의 루테늄이 생성된다)

43. 핵분열에서 생긴 물질의 운동에너지는 터빈을 돌리기 위한 물을 끓이는데 쓰인다.

44. 사용할 수 없었겠다. U-235(짧은 반감기를 가진 우라늄)은 U-238(반감기가 45억년)에 비해 6배 빨리 방사능 붕괴를 한다. 따라서 연령이 긴 지구에 존재하는 자연 우라늄에는 우라늄-235가 아주 작은 비율로 존재하여 인공적으로 농도를 높이지 않으면 임계질량에 도달할 수 없다(그에 비해 지구가 젊었을 때는 자연 우라늄에는 U-235의 농도가 훨씬 높았을 것이고 임계질량을 얻는 것도 쉬웠을 것이다).

45. 10억년 후에는 U-235를 거의 구할 수 없을 것이고, 핵분열 원자로는 과거의 일이 될 것이다.

실전문제

1. 폭발에서 방출된 에너지는 (20킬로 톤)(4.2×10^{12}J/킬로 톤)/4.148J/킬로 칼로리 = 2.0×10^{10} 킬로 칼로리. 이 에너지는 2.0×10^{10}킬로그램의 물을 1℃ 데우는데 충분하다. 50으로 나누어 보면 이 에너지로 4.0×10^{8}킬로그램의 물을 50℃ 데울 수 있다. 이것은 거의 물 50만 톤에 해당된다.

2. 또 다른 생산 물은 두 개의 양성자와 두 개의 중성자를 가진 알파 입자 즉 He-4 원자의 핵이다. Li-6가 중성자를 흡수하면 양성자 세 개와 중성자 4개를 가진 Li-7이 된다. 이 Li-7 핵이 두 개로 쪼개지면서 그 중 하나가 양성자 하나와 중성자 두 개로 구성된 삼중수소라면, 나머지 한 개는 두 개의 양성자와 두 개의 중성자로 구성된 핵일 것이다. 이는 알파 입자로 헬륨 원자의 핵이다. 폭발적인 핵반응의 연료가 되는 것은 헬륨이 아니라 삼중수소이다.

3. 중성자와 알파입자는 크기는 같고 방향은 반대인 운동량을 가지고 서로 반대 방향으로 날라간다. 그러나 중성자는 알파입자의 질량의 1/4배이므로 속력은 4배가 된다. 운동에너지-속도 관계식 $KE = 1/2mv^2$을 고려해 보자. 중성자의 운동에너지는 $= 1/2m(4v)^2 = 8mv^2$이고, 알파입자는 운동에너지 $= 1/2(4m)v^2 = 2mv^2$. 따라서 운동에너지의 비율은 8/2 = 80/20이다. 중성자가 총 에너지의 80%, 알파입자는 20%를 갖는다.

제 35 장 Special Theory of Relativity

35장 연습문제

1. 상대성의 효과는 속력이 빛의 속력에 가까워질 때나 에너지의 변화가 mc^2과 비슷한 값일 때 두드러진다. 우리가 보통 보고 있는 "비상대성" 세계에서는 상대성 효과는 거의 감지하기 어렵고 모든 것이 고전 역학의 법칙에 따라 행동한다. 따라서 뉴턴 역학은 일상 생활의 경험에 근거를 두는 일반 상식과 잘 맞는 반면, 아인슈타인의 상대성 원리는 일반 상식과는 잘 맞지 않는다. 상대성 원리의 효과는 일상 생활에서 경험하는 범주를 벗어난다.

2. 등속 운동은 못 느끼고, 가속 운동은 느낄 수 있다. 균일하게 등속도 운동을 할 때는 자신의 운동을 감지할 수 없으나, 가속도 운동을 하면 그릇에 담긴 물의 표면이 수평에서 벗어난 것을 보아서 자신의 가속도 운동을 감지할 수 있다.

3. (a) 기차가 운동할 때(앞 방향으로), 총알은 지상에 대해 더 빨리 가고 있다.
(b) 기차가 운동을 하든 하지 않든 총알은 짐 칸에 대해 같은 속력으로 운동한다.

4. 운동하는 짐 칸에서 쏘아진 빛의 지상에 대한 속력과 짐칸에 대한 속력은 같다. 빛은 모든 기준 좌표계에 대한 속력이 같다.

5. 마이켈슨과 몰리는 그들의 실험이 실패했다고 생각했다. 왜냐하면 그들이 예상하고 측정될 것으로 기대했든 빛의 속력 차이를 확인할 수 없었기 때문이다. 그런 차이를 찾을 수 없었다. 그러나 실험은 물리학에서 새로운 시각의 지평선을 열었다는 의미에서 성공이었다.

6. 고속도로를 운전해 갈 때 공간 속을 이동하고 있음은 물론 시간 속으로도 이동하고 있는 것이다.

7. 투명한 매질에서 빛의 평균 속력은 c보다 느리지만, 그러나 26장에서 논의되었든 바와 같이 원자와 원자 사이의 빈 공간에서 광자는 여전히 속력 c로 이동한다. 따라서 개별 광자의 속력은 언제나 c이다. 어떤 경우든 자유 공간에서의 빛의 속력은 항상 같다는 것이 아인슈타인의 가설이다.

8. 빛은 그들에게 속력 c로 도달한다.

9. 가능하다. 광선으로 하늘에 선을 그릴 때 광선의 끝 지점의 운동이 하나의 예가 되겠다. 그러나 에너지나 입자의 속력은 c를 초과하지 못한다.

10. 위배되지 않는다. 왜냐하면 속력과 주파수는 서로 완전히 다른 물리량이기 때문이다. 주파수는 얼마나 자주 일어나는가 하는 것이고, 속력은 얼마나 빨리 공간을 이동하는가 하는 양이다.

11. 회전하는 광원이 복사하는 광선으로 공간에 선을 그을 때 그 수직 방향으로는 에너지나 정보가 전달되지 않는다.

12. 가능하다. 어떤 실체도 빛보다 빨리 움직일 수 없지만 관의 표면에 전자가 충돌하는 점은 "실체"는 아니다. 어떤 물체나 실체도 한 충돌점에서 다른 충돌점으로 이동하고 있지 않는다. 충돌점을 만드는 전자 자체도 빛보다 느린 속도로 운동한다(어떤 정보도 빛보다 빨리 전달되지 않고, 화면에서도 정보가 전자의 충돌점에서 다른 충돌점으로 전달되고 있는 것은 아니다).

13. 문제 12에서 설명했듯이, 가위의 두날이 만나는 점들의 이동에서 각 점들은 같은 물체가 아니므로 실체의 이동이 아니다. 어떤 질량이나 정보도 빛보다 빨리 이동할 수 없다. 이 문제에서 언급된 점들은 질량도 아니고 정보도 아니다. 따라서 이들이 빛보다 빨리 이동하는 현상이 특수 상대성 이론에 위배되지 않는다.

14. 지금까지 상대성의 효과를 보고 놀랐었다면 "그렇다"라고 대답하고 싶을 것이다. 그러나 답은 "아니다"이다. 하나의 기준 좌표계에서 같은 장소에서 일어난 두 사건의 시간 차이는(예를 들면 시계 하나에서 두 시각을 읽을 때), 다른 좌표계에서 본 두 사건의 시간 차이에 시간 팽창 인자를 곱하여 구할 수 있다. 이와 유사하게 하나의 기준 좌표계에서 같은 시각에 측정된 두 점 사이의 거리는(예를 들면 막대 자의 두 끝 사이의 거리), 다른 기준 좌표계에서 보면 이 값에 로오렌츠 인자를 곱한 크기로 보인다. 그러나 두 사건이 하나의 좌표계에서 볼 때 같은 장소에서 같은 시간에 일어났다면, 이 두 사건은 다른 어떤 좌표계에서 보아도 같은 장소에서 같은 시간에 일어난 것으로 보인다. 왜냐하면 시간 차이 영에 시간 지연 인자를 곱해도 영이 되고, 거리 차이 영에 로오렌츠 인자를 곱해도 영이 되기 때문이다. 이 정도의 상식은 상대성에서도 통한다.

15. 이는 전적으로 상대적 속력의 문제이다. 만약 두 좌표계가 서로 상대적으로 움직이고 있다면 두 사건이 하나의 좌표계에서 AB의 순서로 일어날 때, 다른 좌표계에서 BA의 순서로 일어나는 것으로 관측될 수 있다(다음 문제 참조).

16. 가능하다. 전등에서 나온 빛이 방의 뒷면에 도달하는 시간 동안에 우주선이 앞으로 간 거리가 전등이 중앙에서부터 떨어져 있는 거리보다 길면 우주선 밖에 있는 관측자에게는 빛이 방의 뒷면에 먼저 도달하는 것으로 보일 것이다. 밖의 관측자에게는 거의 무시될 정도의 거리로 전등을 움직일 때, 밖의 관측자에게는 빛이 뒷면에 먼저 도달하는 것으로 보이지만 안에 탑승하고 있는 관측자에게는 이 작은 전등의 움직임에도 빛이 앞에 도달하는 것으로 보이는 현상에서 짐작할 수 있다.

17. 입자 가속기 실험은 가속되는 입자에 에너지를 계속해서 넣어도 입자의 속도가 빛의 속도에 도달하지 못하는 것을 보여주었다. 입자의 속도가 증가하면 운동량은 한없이 증가하며 무한대에 접근할 수 있다. 운동량이(속도 또한) 조금만 더 증가 하려 해도 무한히 큰 저항을 받게 된다. 따라서 c는 물질 입자의 한계 속도이다(입자의 속도가 빛의 속도에 접근하면 운동 에너지도 무한 값에 도달한다).

18. 속도에는 상한 값이 존재하지만, 감마 인자에는 상한 값이 존재하지 않고, 따라서 입자의 운동량이나 운동에너지에는 상한 값이 존재하지 않는다. 운동량은 $p = \gamma mv$로 주어지므로 m과 v가 유한한 값을 가지더라도 γ가 무한히 커지면 p도 무한히 커진다. 이와 유사하게 운동에너지도 속력이 빛의 속도에 접근하면 무한히 커질 수 있다.

19. 우리가 빛이 20,000년 동안 어떤 거리를 전파해 갔다고 말할 때, 그 거리는 우리의 기준 좌표계에서 본 거리를 말한다. 우주선을 타고 여행하는 우주인에게는 이 거리가 훨씬 짧게 보일 것이고, 심지어는 20년의 시간에 빛이 이동할 수 있는 거리로 보일 수도 있다(물론 우주선이 빛의 속도에 가깝게 운동할 때이겠지만). 아주 먼 미래에 우주항공사는 몇 광년의 거리를 그들의 기준 좌표 시간으로 몇 달의 시간에 도달할 수 있을 지도 모른다.

20. 가능하다. 상대성 속력(빛의 속력에 가까운 속력)으로 여행한다면 수천 광년의 거리를 인간의 평균 수면에 해당하는 시간에 갈 수 있을 것이다. 이는 거리라는 것이 그것을 측정하는 기준 좌표계에 달려있기 때문이다. 한 좌표계에서 굉장히 먼 거리라도 다른 좌표계에서 볼 때 상당히 짧을 수도 있다.

21. 불가능하다. 상대성 속도로 긴 여행을 하고 돌아온 쌍둥이 자매는 집에 머물러 있든 쌍둥이 자매보다 젊을 것이나, 둘은 모두 여행을 시작했을 때 보다는 나이를 먹었다. 만약 이들이 이 여행 중에 서로를 볼 수 있는 기회가 있었을 지라도 둘이 모두 시간이 거꾸로 돌아가는 현상을 보지는 못했을 것이다. 다만 나이 먹는 것이 빨라지거나 느려지는 현상만을 볼 수 있었을 것이다. 시간이 거꾸로 가는 현상은 속도가 빛보다 빠르다면 일어날 수 있는 가상의 세계이다.

22. 가능하다. 이상하게 들리겠지만 아들이나 딸이 그의 부모보다 생물학적인 나이가 많아 질 수도 있다. 예를 들어 한 여자가 아이를 낳은 직 후 아이를 남겨놓고 고속의 우주선을 타고 여행을 하다 돌아 왔다고 하자. 이 여자가 돌아 올 때의 나이가 2~3년 밖에 되지 않는 사이에 그녀의 아이는 80살이 될 수도 있다.

23. 당신이 고속 우주선에 타 있거나 또는 정지한 우주선에 타 있거나 당신의 맥박 수나 당신의 부피에는 변화가 없을 것이다. 이는 관측자와 관측 대상의 상대 속도가 영이기 때문이다. 관측자와 관측 대상이 같은 기준계에 있다면 상대성 효과는 발생하지 않는다.

24. 앞 문제의 경우와는 다르다. 만약 당신이 당신으로부터 고속으로 멀어지는 사람을 관찰한다면, 당신에게는 그의 맥박 수가 감소하고 그의 부피도 감소하는 것이 관측된다. 이 경우 관측 대상과 관측자 사이에는 상대속도가 존재한다.

25. 그들이 볼 때 당신도 좁아진다.

26. 당신에게 그녀의 시계가 느리게 보이는 만큼 그녀에게도 당신의 시계가 느리게 보인다.

27. 그렇다. 고속에서는 그 효과가 뚜렷하지만, 저속에서도 비록 미미하지만 그 효과는 있다.

28. 당신과 치과 의사가 지금부터 목요일 사이에 서로 다른 속력으로 돌아다닌다면 그런 약속은 좋은 생각이 아니다. 그와 당신이 말하는 시각은 서로 맞지 않을 것이다. 치과 의사가 주말 휴가를 위해 다른 우주에 다녀 온다면 날짜까지 틀릴 수도 있다.

29. 질량이 변하지 않아도 부피가 감소하므로 운동하는 물체의 밀도는 높아질 것이다.

30. 운동방향으로 긴 축, 운동방향에 수직인 방향으로 짧은 축을 가진 타원으로 보일 것이다.

31. 빛의 속력에 관해서는 v는 c이다. 상대성 이론이 나오기 전에는 c는 좌표계에 따라 그 값이 달라질 수 있었지만, 상대성 이론이 나온 후 모든 관측자에게 그들의 속력에 관계없이 c는 항상 일정하다.

32. 빛의 파장과 주파수는 변할 수 있어도 속력은 변하지 않는다.

33. 던져진 창이 지향하는 방향과는 달리 막대는 운동방향에 수직한 방향을 지향하고 있다. 막대는 그의 운동량 증가로 보아 상대성적 속도(실제로 $0.87c$)로 운동하고 있다. 막대의 길이가 변하지 않았다는 사실은 그 길이 방향이 운동방향과 수직함을 의미한다. 막대의 두께는 반으로 줄었을 것이다.

34. 막대의 운동량이 $2mv$가 되기 위해서 막대의 속력은 $0.87c$가 되어야 하므로 막대의 길이는 반으로 줄었을 것이다.

35. 앞 문제의 막대의 경우와 같이 우주선의 길이가 원래 길이의 반으로 측정된다면 운동량은 두 배가 될 것이다.

36. 속력이 증가할 때 운동량은 선형적으로 증가하는 것이 아니라 γ 인자를 곱한 만큼 증가한다. 속력이 광속에 가까워지면 운동량의 증가율은 속력의 증가율 보다 비교할 수 없을 만큼 크다.

37. 운동하는 전자에게는 상대성 길이 수축 때문에 2-마일 관의 길이를 줄여도 된다. 전자의 속력이 빛의 속력에 가깝기 때문에 상대성 수축이 매우 크다.

38. 만약 당신이 전자와 함께 운동하고 있다면 얼마나 빠른 속력으로 운동하고 있든 상관없이 당신은 전자에서 비 정상적인 점을 전혀 발견할 수 없을 것이다. 당신의 기준 좌표계에서 보면 전자는 정지해 있고 운동량은 영이고 그들의 정지 질량은 mc^2이다. 그러나 당신은 목표물이 광속에 가까운 속도로 다가오는 것을 보겠다.

39. 잠근 안전 핀을 녹인 산을 담은 통이 이론적 관점에서 질량도 약간 크고, 온도도 약간 더 높을 것이다. 핀을 잠그는데 들어간 위치에너지가 질량으로 바뀌었을 것이다.

40. 방사성 물질의 질량은 감소하는 반면 이를 둘러 싼 담요의 질량은 증가하지만 총 질량은 변함이 없다. 이들 안에서 에너지가 재분배되었지만 총 에너지는 변함이 없고 따라서 질량에도 변화가 없다.

41. 전자가 목표물에 광속의 1/4 정도의 속력으로 충돌하게 하려면 전자가 비 상대성 입자일 때보다는 상대성일 때 더 큰 운동량과 에너지가 필요하다. 이 추가의 에너지는 발전소에서 얻을 수 있겠지만 추가의 비용이 들겠다.

42. 속력이 $0.995c$인 뮤온 입자는 우리의 기준계에서 보면 그 수명이 열 배인 2천만 분의 일 초이다. 지상에 정지한 관측자가 볼 때 뮤온의 시계는 지상의 시계보다 열 배 느리게 가서 이 여행을 마치기에 충분한 시간을 준다(흥미롭게도 뮤온의 기준계에서 보면 지구까지의 거리는 십분의 일로 단축되어 지구에 도달할 충분한 시간을 갖게 된다).

43. 대응원리는 합리적이다. 어떤 새로운 생각이 유효하다면 그 생각은 기존의 영역과 겹치는 곳에서 기존의 생각과 조화를 이루어야 한다. 그렇지 않다면 기존 영역이 의심스럽거나, 새로운 생각이 의심을 받게 된다. 새로운 이론이 정당하다면, 기존 이론에서 증명된 것들을 설명할 수 있어야 한다. 이는 과학분야든 다른 분야든 마찬가지이다.

44. 식 $E=mc^2$는 질량과 에너지가 질량–에너지라는 동전의 양면과 같음을 의미한다. c^2 인자는 질량과 에너지의 단위를 잇는 비례상수이다. 실제로 에너지와 질량은 같은 것이다. 어떤 것이 질량을 얻으면 에너지도 얻는다. 또 에너지를 잃으면 질량도 잃는다. 질량이란 간단히 말하면 얼어있는 에너지이다.

45. 둘은 질량이 같으므로 에너지도 같다.

46. 그렇다. 왜냐하면 충전된 건전지의 퍼텐셜 에너지는 추가 질량이기 때문이다.

47. 동의한다. 멀리 떨어진 곳에서 일어난 사건이 우리의 눈에 도달하는데 시간이 걸리는 것과 같이 가까운 곳에서의 것에 대한 정보도 우리 눈에 도달하는데 그보다 짧지만 시간이 걸린다. 즉 사건이 일어난 때와 우리의 눈이 감지하는 시각 사이에는 언제나 시간 간격이 존재한다. 당신의 손 등이 눈으로부터 30cm 떨어져 있다면 당신의 눈은 손등을 10억 분의 일초 후에 보게 된다.

48. "세기여행"을 현재에는 불가능하게 하는 두 개의 큰 장애물이 있다. 우선 현재로서는 원자 정도의 질량을 가진 물체를 빛의 속도에 가깝게 가속할 수는 있지만 인간을 태운 우주선을 빛의 속도에 가깝게 추진하는 방법은 존재하지 않는다. 둘째로 추진이 가능하더라도 우주선이 우주의 입자들과 고속으로 충돌할 때 나오는 복사를 차단하여 인간을 보호할 방법이 없다.

49. 키르케고르의 "삶은 거꾸로 이해할 수 있지만 삶은 앞을 향해 살아야 한다" 라는 말은 상대성 이론과 일치한다. 고속 때문에 시간 응축이 얼마나 컸든지 간에 우주선 여행자는 기준 좌표계에 따라 시간이 경과하는 것을 느리게 할 수는 있지만, 시간을 되돌릴 수는 없다 – 상대성 이론은 시간이 거꾸로 흐르는 것을 허용하지 않는다. 시간은 그 빠르고 느림의 차이는 있지만 항상 앞으로만 흐른다.

실전문제

1. 주파수와 주기는 역수의 관계에 있다(19장). 주파수가 두 배가 되면 파장은 절반이 된다. 등속 운동을 할 때는 점등 사이에 걸리는 시간이 반으로 줄고 따라서 주파수는 두 배가 된다. 그러나 가속 운동일 때는 사정이 다르다. 광원이 관측자에 접근하는 동안 속력이 증가하면 점등 상의 시간 간격은 매 점등마다 줄어들어 주파수는 증가하게 되고 주기는 줄어들게 된다.

2. 우리는 공식 $V=(v_1+v_2)/(1+v_1v_2/c^2)$를 사용해야 한다. v_1=0.80c와 v_2=0.5c를 대입하면, V=(0.80c+0.05c)/(1+(0.80)(0.05))=1.30c/1.40=0.93c이다. 수 벌은 지구에 대해 빛의 속도의 93%로 운동한다.

3. $V=(c+c)/(1+c^2/c^2)=2c/(1+1)=c$.

4. γ 인자는 $\gamma = 1/((1-v^2/c^2))^{1/2} = 1/(1-0.992)^{1/2} = 1/(1-0.98)^{1/2} = 1/(0.02)^{1/2} = 7.1$ 5ns에 γ인자를 곱하면 약 35분이 된다. 당신의 시계에 따르면 35분간 낮잠을 잤다.

5. 앞의 문제에서 v=0.99c이면 γ는 7.1임을 보았다. 버스의 운동량은 고전 역학에서의 값보다 7.1배 크다. 전자에서나 이 속력으로 운동하는 어떤 물체에서도 이와 같이 되겠다.

6. 앞의 두 문제에서와 같이 감마 값은 7.1이다. 따라서 측정된 버스의 길이는 70ft/7.1 = 9.9ft 이다.

7. v=0.1c에서 감마의 값은 $\gamma = 1-(1-v^2/c^2)^{1/2} = 1/(1-0.10^2)^{1/2}=1.005$. 당신의 측정에 의하면 승객은 1.005×5분 = 5.03분 동안 낮잠을 잤을 것이다.

8. v=0.9999c에서 감마의 값은
$\gamma=1/(1-v^2/c^2)^{1/2}=1/(1-0.9999^2)^{1/2} = 70.71$
따라서 당신이 측정한 버스의 길이는 70ft/70.71=0.99ft 이다.

9. v=0.5c에서 감마는 $\gamma=1/(1-v^2/c^2)^{1/2}=1/(1-0.5^2)^{1/2}=1.15$
택시 탑승시간 1 시간에 γ를 곱하면 지구에서 관측된 시간인 1.15시간이 된다. 이 여행에서 운전수의 수당은 10시간×1.15 = 11.5 우주 시간이 되겠다.

10. 1kg의 우라늄이 핵분열을 하면 질량이 1g 또는 0.001kg 줄어든다. 여기서 에너지– 질량 비례 인자 c^2이 9.0×10^{16}J/kg(1J = kg · m^2/s^2)이므로, 0.001kg의 질량 손실은 $E=mc^2$ = (0.001kg)(9.0×10^{16}J/kg) = 9.0×10^{13}J 또는 9.0×10^{7}MJ(메가 주울)이다. MJ당 $0.03이므로 이를 곱하면 1g의 질량에 해당하는 에너지는 2.7백만 달러의 가치가 있다(1MJ당 3센트는 1kWh는 11센트에 해당한다).

제 36 장 General Theory of Relativity

36장 연습문제

1. 특수 상대성 이론에서 기준좌표계는 등속도 운동을 하는 좌표계만이 될 수 있다. – 등속도 운동. 그러나 일반 상대성 이론에서 기준좌표계는 가속하는 좌표계도 가능하다.

2. 등가 원리에 의하면 그녀는 가속 운동과 중력을 구별할 수 없다. 그들의 효과는 동등하다. 따라서 그녀가 다른 단서를 가지고 있지 않는 한 그녀가 차이점을 말하는 것은 불가능하다.

3. 궤도를 돌고 있는 우주 비행사는 지구의 중력을 받고 있음에도 불구하고 (원심력과 중력이 서로 상쇄되어) 지지하는 힘이 없어(9장에서 설명 되었듯이) 무게가 없다. 우주 항해사나 우주선 모두 자유낙하 운동을 한다.

4. 일단 우주선이 자전운동을 하면 자전하는 팽이처럼 자신의 회전 관성으로 계속 자전한다. 이 자전하는 우주선 안에 있는 우주 항해사는 원심력을 받게 되는데 이것이 “중력”의 역할을 한다. 원심력은 자전 운동 방향과 수직이므로 우주항해사에 아무런 일도 하지 않으며 따라서 이 효과를 유지하기 위해서 연료가 소모되지 않는다.

5. 우주선이 가속도 g로 가속하거나, 혹은 구심 가속도가 g가 되도록 자전하면 당신은 중력에 관한 한 지구 표면에 정지해있는 것 같은 느낌을 받을 것이다.

6. 이 경우에는 줄 베르느가 잘못 생각했다. 우주선 안에서 돌아 다닐 때는 우주선이 달이나, 지구 또는 그 어떤 중력을 주는 것의 영향 하에 있더라도 우주선과 그 탑승자는 자유낙하 상태에 있다 – 따라서 감각으로 위 아래를 구별하지 못한다. 우주선의 탑승자는 우주선이 자신의 발에서 머리쪽으로 가속할 때만 무게를 느낀다. 이 때만 그들은 발쪽이 밑이고 그 반대쪽이 위라고 느낀다.

7. 지구 적도에서 동시에 출발해 북쪽을 향해 걷는 두 사람의 간격은 점차 줄어든다. 이들이 북극에 도달하면 그들 사이의 거리는 영이 된다. 북극에서 한 발짝 내디디면 그 방향은 언제나 남쪽 방향이 된다.

8. 빛의 경로가 중력에 의해 휘는 현상을 보기에는 우리의 일상 환경에 존재하는 중력이 너무 미약하다. 태양계 가까이에 우주 블랙홀이 존재한다면 빛의 경로가 휘는 현상을 쉽게 볼 수 있을 것이다.

9. 경로가 휘는 현상은 짧은 거리에서는 그 효과가 무시할 정도이기 때문에 고려하지 않았다.

10. 측량사가 측정하는 거리 정도에서는 빛은 직선으로 보아도 무방하다. 그러나 레이저 빛이라도 중력에 의해 약간 휜다는 사실을 우리는 알고 있다. 그러나 일상 생활에서는 레이저 광선은 직선이라고 취급한다.

11. 동의한다. 일식을 이용하는 것은 보통 때 별빛이 강력한 햇빛에 의해 가려져 태양 근처를 지나오는 별빛을 보기 어려우나 일식 때는 햇빛이 가려져 태양의 중력에 의해 빛의 휘는 현상 때문에 해 뒤편에 있는 별들이 보이는 위치가 이동된 것을 보기가 쉽기 때문이다.

12. 이 효과가 관측되기에는 수성의 질량이 너무 작다.

13. 석양에 해가 찌그러져 보이는 현상은 대기 중에서 빛이 굴절하기 때문에 생긴다. 달에서는 대기가 없어 이러한 현상을 볼 수 없다. 달이나 지구를 스쳐 지나가는 빛이 중력에 의해서 편향하는 현상은 그 효과가 관측되기에는 너무 작다.

14. 1g 의 중력이 균일하게 분포된 공간을 빛이 중력 방향과 수직하게 1초 동안 진행하면 야구공과 같이 중력 방향으로 약 4.9m 떨어질 것이다. 이는 균일한 중력장이 300,000킬로미터의 거리에 걸쳐 분포되어 있는 경우에 한하며 이 거리는 지구 직경의 25배에 해당하므로 지상에서는 불가능하다(그림 36.8에서와 같이 거울을 배치해서 빛을 1g 크기의 중력장에 가두어 두지 않는 한). 빛이 2초 진행하면 야구공과 유사하게 $(1/2)g2^2 = 19.6$미터 떨어진다.

15. 빛의 주파수가 변한 것으로 미루어 볼 때 빛의 에너지도 변했다. 강한 중력장을 거슬러 갈 때와 같이 빛의 에너지가 감소하면 빛의 주파수도 감소하며 빛이 적색이동되었다고 말한다. 만약 빛이 중력장에 떨어질 때와 같이 빛의 에너지가 증가하면 주파수도 증가하고 빛은 청색이동 했다고 말한다.

16. 시계를 깊은 우물에 집어 넣으면 시계는 우물 표면에서 보다 우물 바닥에서 더 느리게 간다. 이는 시계가 중력이 끄는 방향으로 이동했기 때문이다. 우리는 시계가 낮은 중력장 퍼텐셜로 이동했다고 말한다.

17. 달에서 일어나는 사건을 지구에서 관찰하면 약간 빠르게 진행되고 빛은 약간 청색이동한 것으로 보인다. 달에서 떠난 빛이 달의 중력을 거슬러 나오면서 적색이동 되지만 지구의 중력장 안에 들어와 떨어지면서 지구 중력장이 더 강하기 때문에 청색이동이 더 크고 결과적으로 알짜 청색이동을 한다.

18. 빛은 적색이동될 것이다. 가속하고 있는 차는 차의 뒷면을 지상쪽으로 하여 지표면에 수직하게 서 있는 차와 동등하다. 가속하는 차의 뒤에서 앞으로 나오는 빛은 지표면에서 지구 밖으로 나가는 빛과 동등하다. 이 빛은 중력에 의해 적색이동된다.

19. 수축하고 있는 별에서는 별의 질량이 더 압축되어 한 곳에 밀집되어 집중되기 때문에 그 표면에서의 중력장은 증가할 것이다. 이는 물질의 질량이 m, 별의 질량이 M이고 둘 별의 반경이 d일 때 뉴톤의 방정식, $F = GmM/d^2$에 의하면 d만이 변하므로 d가 줄어들면서 힘 F가 커지는 것을 보면 알 수 있다.

20. 시계는 약간 느리게 갈 것이다. 지상에 위치한 관측자가 볼 때 시계를 극 지방에서 적도로 이동시키는 것은 시계를 원심력이 증가하는 방향으로 이동시키는 것과 같은데 원심력은 시계를 느리게 가게 한다(시계가 중력장 방향으로 이동하는 것과 같다). 밖의 관성 좌표계에 위치한 관측자에게는 적도에 위치한 시계가 느려지는 것은 일종의 시간 팽창의 예가 되겠고 이는 시계의 이동으로 생긴 특수 상대성의 예가 되겠다(상황이 그림 36.9와 유사하다).

21. 산 꼭대기에서 더 천천히 늙는다(그림 36.10을 보라).

22. 빌딩의 위로 올라가는 것은 중력장 방향과 반대 방향으로 가는 것이며, 이때 시간은 빨라진다. 조금이라도 더 살고 싶은 사람은 지상에 머물러 있어야 한다. 엄밀히 말하면 맨 위 층에 사는 사람은 더 빠른 생을 산다.

23. 시간은 가장자리에서 더 느리게 간다.

24. 푸르던스가 더 나이를 먹었다. 채리티가 회전하는 왕국의 가장자리에 가 있는 동안 채리티의 시간은 푸르던스의 시간보다 느리게 갔다(그림 36.9를 보라).

25. 광자들은 중력장을 거슬러 가고 있다. 에너지가 작으면 주파수도 작다. 따라서 당신의 친구는 적색이동 현상을 볼 것이다. 그녀가 보는 빛의 주파수는 당신이 보낼 때의 주파수보다 작다.

26. 별에서 복사된 빛의 주파수는 적색이동된다. 이 현상은 별의 표면에서 일어나는 중력에 의한 시간팽창의 결과로 볼 수도 있고, 빛이 별에서 빠져 나오는 동안 중력이 광자의 에너지를 뺏어가기 때문이라고 볼 수 있다.

27. 우리는 라디오 파와 같은 긴 파장의 전자파를 감지할 수 있는 망원경이 필요할 것이다. 우주항해사로부터 온 빛은 매우 긴 파장, 결국은 거의 무한대 길이의 파장으로 적색이동이 될 것이다.

28. 블랙홀로 떨어지고 있는 우주항해사에게는 나머지 우주가 모두 청색이동을 한 것으로 보이겠다. 우주항해사의 시간 척도는 느려지고, 이 때문에 우주항해사에게 다른 것들의 시간척도는 빠르게 보이겠다. 다른 관점에서 보면 블랙홀로 오는 광자에 블랙홀이 에너지를 더해주는 결과로 광자의 청색이동이 일어난다고 볼 수 있다. 에너지를 더해주면 주파수가 증가한다.

29. 블랙홀인지를 감별하는 데는 여러 방법이 있다. 블랙홀이 눈에 보이는 별과 쌍둥이라면 보리는 별의 궤도에 영향을 미치는 중력효과로 블랙홀을 짐작할 수 있다. 또는 블랙홀에 빨려 들지 않으면서도 경로가 휠 만큼 블랙홀에 가까이 지나는 빛에 블랙홀이 주는 영향을 보고 짐작할 수도 있다. 또 물질이 블랙홀에 빨려 들어가는 동안(사건 지평선을 넘기 전)에 복사하는 전자파를 관측해 볼 수도 있다. 미래에는 블랙홀이 형성되는 과정에서 복사한 중력장도 검출할 수 있을지 모른다.

30. 가능하다. 만약 별의 질량이 충분히 크고 밀집되어 있다면, 별의 중력은 충분히 광자가 별의 주위를 돌도록 할 수 있을 것이다.

31. 수성은 태양의 주위를 태양의 중력이 근일점에서 원일점보다 강한 곳에 둔 타원 궤도로 돌고 있다. 만약 수성이 원 궤도를 돌고 있다면 태양의 중력이 이 궤도 상에서 변할 필요가 없다.

32. 동의한다.

33. 존재한다. 예를 들어 그림 36.14에서 태양을 꼭지점 들 중 하나의 밖에 놓아 보아라.

34. 모든 가속되는 질량들이 중력파를 복사하듯이 짝 별들도 그들의 질량중심 주위를 돌면서 중력파를 복사한다.

35. 중력파의 파장은 매우 길다.

36. 가속하는 전하가 전자파를 복사하듯이, 진동하는 질량(좀더 일반적으로 말해 가속하는 질량)은 중력파를 복사한다. 대전된 물체가 전자파를 흡수하면 진동을 시작하듯이 질량이 중력파를 흡수하면 질량은 진동을 시작한다(중력파를 검출하려고 노력하는 과학자들은 중력파가 흡수되면서 발생하는 질량의 진동을 검출하려 시도하고 있다. 그림 36.16을 보아라).

37. 태양계와 같은 약한 중력장에서는 아이슈타인의 중력 이론은 뉴톤의 중력이론의 예측 결과와 같은 결과를 준다. 약한 중력장에서는 아인슈타인의 이론은 뉴톤의 이론과 겹치고, 일치하며 같은 결과를 주며, 따라서 대응원리를 잘 만족시킨다.

38. 평편한 우주는 영원히 팽창한다.

부록 E

지수함수 증가와 배증 시간

여기에 기술된 내용은 Al Barlett이 쓴 논문들로부터 따온 것으로 좋은 강의내용이 되겠다. 왜냐하면 내용이 중요할 뿐 아니라 설명이 매우 잘되어 있으며 폭넓게 다루어져 있기 때문이다. 이 내용은 15장 뒤에 지구의 온난화나 공업의 발전을 다룬 후에 다루어도 좋겠다. 또는 33장에서 방사능 붕괴의 반 수명 시간을 논할 때 다룰 수도 있겠다. 또는 시험을 본 후라든지 또는 각 장과 관계없는 내용을 다룰 때 취급해도 된다.

증가율에 대한 개념은 간단히 단계 별로 표시 될 수 있다:

1단계 : (새 값) = (기존 값) + k × (기존 값)
2단계 : (기존 값)을 (새 값)으로 대치
3단계 : 위의 과정을 되풀이 한다.

이것으로 설명이 다 된 것이다. 수학은 여기서는 산수이다. 증가할 때는 k가 양의 값을, 감소할 때는 k가 음의 값을 가진다.

첫 번째 예로서 통장에 저축된 1달러를 년 10% 이자로 계산해보자. 1년 후엔 A = 1 + 0.10(1) = 1.10; 2년 후에는 A = (1+0.10(1.10)) = 1.21; 3년 후에는 A = (1+0.10(1.21))등등. 저축된 돈이 은화라서 은행이 10%의 보관료를 받으면

	이자		보관료	
년	변화	잔액	변화	잔액
0		1.00		1.00
1	+0.100	1.10	−0.100	0.90
2	+0.110	1.21	−0.090	0.81
3	+0.121	1.33	−0.081	0.73
4	+0.133	1.46	−0.073	0.66
5	+0.146	1.61	−0.066	0.59
6	+0.161	1.77	−0.059	0.53
7	+0.177	1.95	−0.053	0.48
8	+0.195	2.14	−0.048	0.43
9	+0.214	2.36	−0.043	0.39
10	+0.236	2.59	−0.039	0.35
20	+0.612	6.73	−0.014	0.12

7년 동안 년 10%일 때 k값이 양이면 두 배로, 음이면 반으로 변한 사실에 주목하라.

방사선 붕괴처럼 붕괴하는 요소들의 특성으로는 통상 붕괴 과정의 반수명(반감기)를 사용한다. 배가 시간도 특별히 이상할 것이 없다. 3배 또는 3/2배-2/3배가 시간이나 다른 배가 인자와 역수 인자를 사용해도 된다. 이 시간 간격의 수가 증가하면서 과정은 연속적인 값으로 수렴하고 이 결과는 e^{kt}로 표현된다.

교재에서 배가 시간에 대한 공식이 유도되지 않고 사용되었는데 이는 물리학자가 아닌 사람들에게는 한계를 넘는 범위에 속하기 때문이었다. 이식에 대한 유도는 다음과 같다: 지수함수 증가는

$$A = A_o e^{kt}$$

로 표현되며 여기서 k는 A_o의 증가율이다. 이를 $A = 2A_0$가 되는 배가 시간 T에 대해서 다시 써보면

$$2A_0 = A_0 e^{kt}$$

위 식의 양 변을 자연 로그를 취하면

$$\ln 2 = kT$$

따라서

$$T = \frac{\ln 2}{k} = \frac{0.693}{k}$$

를 얻는다.
k를 %로 표현하면

$$T = \frac{69.3}{\%} \sim \frac{70}{\%}$$

이다.

이자율이나 인구 증가율 또는 재사용이 불가능한 자원의 소모율과 같이 %의 그래프가 주어질 때 이를 배가 시간 그래프로 바꾸어 보면 이들 그림의 의미가 분명해진다.

끝말에 대한 후기.

리차드 도킨스는 말한다.

"칼 세이건은 신앙이 있었는가? 사실 그는 신실한 신자였다. 그는기성 종교의 편협하고 편애만 일 삼는 중세기적 기성 종교를 버렸을 뿐이다; 그는 좁은 마음의 영적 빈곤 상태에 있는 신학자와 성직자 그리고 회교의 율법학자들에서 떠났을 뿐이다. 그는 신앙적으로 할 일이 매우 많아서 그들을 뒤로 하고 떠났다. 그들은 청동기 시대의 꾸민 이야기나, 중세기의 미신이나 어린아이 같은 바라는 마음에 젖어 있다. 그러나 칼 세이건은 우주를 품었다."

정가 17,000원

수학없는 물리 해답집

2012년 2월 16일 초판 인쇄
2012년 2월 25일 초판 발행

역 자 : 엄 정 인 · 임 동 건
발행자 : 우 명 찬 · 송 준
발행처 : 홍릉과학출판사

주 소 : ㉾142-885 서울시 강북구 인수동 455-60
등 록 : 1976년 10월 21일 제5-66호
전 화 : 999-2274~5, 903-7037
팩 스 : 905-6729
ISBN : 978-89-97570-01-0

hongpub@hongpub.co.kr
www.hongpub.co.kr